高等职业教育
建筑工程技术专业精品系列教材

U1021283

钢结构工程施工

主　编 /姚习红
副主编 /刘　敏　李　捷
参　编 /汪　泱　杨向华

重庆大学出版社

内容提要

本书根据专业人员职业成长规律，由浅入深地讲解了建筑钢结构的基本理论和施工图识图技巧以及钢结构工程施工工艺等。本书内容分为两大部分：第一部分为建筑钢结构基本理论，包括钢结构常用钢材、建筑钢结构的组成构件，以及各钢构件杆件的连接计算和结构杆件之间的节点构造识图；第二部分为钢结构施工工艺，包括从原材料进场管理到钢结构加工工艺、焊接工艺、涂装工艺，再到现场安装的安装工艺、现场施工安全管理、文明施工管理、竣工验收等钢结构工程施工的全流程内容。

本书可供高等职业教育建筑工程技术、工程造价、工程测量技术、安全技术管理、钢结构建造技术、建设工程监理、建设项目信息化管理等相关专业学生作为教材使用，也可供从事钢结构施工的专业人员作为参考书。

图书在版编目(CIP)数据

钢结构工程施工/姚习红主编. --重庆：重庆大学出版社，2019.5

高等职业教育建筑工程技术专业精品系列教材

ISBN 978-7-5689-1072-9

Ⅰ.①钢… Ⅱ.①姚… Ⅲ.①钢结构—工程施工—高等职业教育—教材 Ⅳ.①TU758.11

中国版本图书馆 CIP 数据核字(2018)第 087419 号

高等职业教育建筑工程技术专业精品系列教材

钢结构工程施工

主 编 姚习红

副主编 刘 敏 李 捷

责任编辑：范春青 版式设计：范春青

责任校对：万清菊 责任印制：张 策

*

重庆大学出版社出版发行

出版人：易树平

社址：重庆市沙坪坝区大学城西路 21 号

邮编：401331

电话：(023)88617190 88617185(中小学)

传真：(023)88617186 88617166

网址：http://www.cqup.com.cn

邮箱：fxk@cqup.com.cn (营销中心)

全国新华书店经销

重庆升光电力印务有限公司印刷

*

开本：787mm×1092mm 1/16 印张：15.5 字数：350 千

2019 年 5 月第 1 版 2019 年 5 月第 1 次印刷

印数：1—3 000

ISBN 978-7-5689-1072-9 定价：59.00 元

前　言

随着社会的高速发展，建筑钢结构在各种高层建筑结构、超高层建筑结构中得到了广泛应用。建筑钢结构原材料、施工工艺、结构形式不断更新。为了更加适应行业发展，作者在多方调研钢结构设计单位、施工单位以及从事建筑钢结构行业工作的毕业生的基础上编写了本书，以便于相关专业教师、学习者参考学习。

教材融合了现代科技手段：首先增加了三维彩色立体模型图片，通过二维码插入了展示三维图形的录屏视频、生产流水线视频资料，让学习者能够身临其境，体验现场施工场景，也便于学习者更加直观、快捷地学习建筑钢结构的组成材料、结构连接节点、施工工艺过程；其次，编者广泛搜集了设计单位、施工单位一线资料，资料真实、具体，与企业生产实际紧密结合，零距离接触生产场景，对学习者将来的工作和学习均有一定的帮助。

本书由武汉城市职业学院姚习红担任主编，负责全书总体内容设计，并具体负责项目 1、项目 2、项目 4—项目 7 的编写工作；武汉城市职业学院刘敏担任副主编，并具体负责项目 10、项目 11、项目 12 的编写工作；河南省开封市建筑工程质量监督站李捷担任副主编，并具体负责项目 8 和项目 9 的编写工作；武汉一冶钢结构有限责任公司钢结构详图设计师汪泱负责项目 3 的编写工作；武汉城市职业学院杨向华负责课后习题的编写工作。

本书在编写过程中得到了武汉一冶钢结构有限责任公司详图设计师汪泱、楚天技能名师梅先锋（高级技师，从事钢结构质量检验工作数十年）等的大力支持，在此表示感谢！

由于时间仓促，书中错漏之处在所难免，恳请读者批评指正。

编　者

2018 年 9 月

目　录

绪　论

1)钢结构建筑简介

钢结构建筑是一种主要由钢材建成的建筑物。钢结构构件广泛用于各种建筑物承重结构中,如高层及超高层主体结构、各种钢结构主体厂房、桥梁主体结构,以及体育馆、飞机场、火车站等的主体结构。

钢结构建筑用钢板和型钢替代了钢筋混凝土。与钢筋混凝土建筑相比,钢结构建筑具有质量轻、强度高、抗震性好等优点;同时,组成钢结构建筑的各种构件均可在工厂制造、现场安装,大大缩短了施工工期;钢构件可以拆除再次利用,减少建筑垃圾,绿色环保。但钢结构建筑具有耐热不耐火、易生锈、造价高等缺点。

因此,随着建筑业新工艺、新技术的发展,钢结构与钢筋混凝土有机结合,形成钢-混凝土组合结构。如在高层或超高层建筑物中,主体结构采用钢结构,基础和墙体、楼板等采用钢筋混凝土结构。

目前,钢结构建筑使用范围越来越广泛,成为高层、超高层、特殊造型建筑物中结构的主流形式。

2)钢结构建筑的发展实例

钢结构建筑相比于砖混结构建筑,在环保、节能、高效、工厂化生产等方面具有明显优势。我国典型的钢结构建筑如下:

①国家体育场(鸟巢):外部钢结构的钢材用量为4.2万t,如图0.1所示。

图0.1　国家体育场

②国家游泳中心(水立方):总用钢量 6 900 t,是跨度最大的膜结构建筑(最大跨度 130 m),如图 0.2 所示。

图 0.2　国家游泳中心

③国家大剧院:外部结构为半椭球形双层钢网壳结构,覆盖其内部的歌剧院、音乐厅和大剧场。该网壳长轴长约 212 m,短轴长约 144 m,高约 47 m,总建筑面积约 16.5 万 m^2,壳体钢结构重达 6 475 t,如图 0.3 所示。

图 0.3　国家大剧院

高层钢结构建筑屡见不鲜,如图 0.4—图 0.6 所示。

图 0.4　武汉绿地中心

图 0.5　上海环球金融中心

图 0.6　中央电视台新大楼

项目 1　单层厂房建筑钢结构常用钢材

任务 1　认识某单层工业厂房钢材的种类、规格

本任务以某单层工业厂房项目(图 1.1)为例,介绍钢材的种类和规格。

单层工业厂房三维立体模型

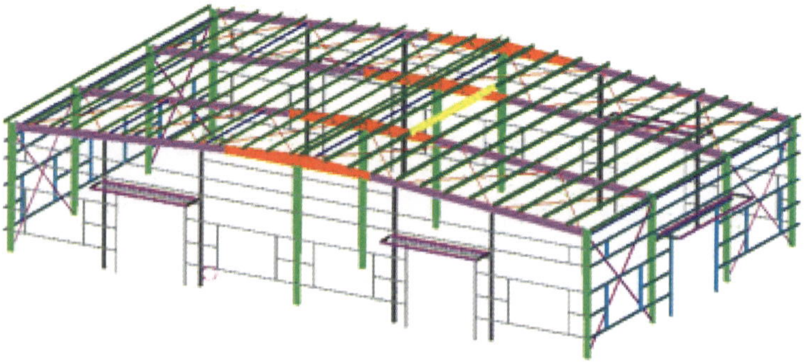

图 1.1　某单层工业厂房模型图

1.1.1　钢材的种类

对于该单层工业厂房项目,“结构设计总说明”(结施-01)第 6.3 条规定:“本工程刚架梁、柱采用 Q345B,屋檩及墙梁采用 Q235 冷弯薄壁型钢,其他未注明构件采用 Q235B。”

Q235 是碳素结构钢的牌号, 代表这种钢的屈服强度为 235 MPa,Q 即屈服强度拼音首字母。Q345B 是优质碳素结构钢的牌号,代表这种钢的屈服强度为 345 MPa。

无论是碳素结构钢还是优质碳素结构钢,均分为 A、B、C、D 4 个等级,由 A 到 D 表示质量由低到高。A 级钢保证抗拉强度、屈服点、伸长率,必要时可附加冷弯实验的要求,化学成分对碳、锰可以不作为交货条件;B、C、D 级钢除保证 A 级钢的性能外,还增加冷弯和冲击韧性等力学性能。

1.1.2 钢材的规格

1)分析材料表

根据某单层工业厂房的结构施工图纸，该厂房由钢柱、钢梁、钢檩条等组成，材料使用情况见表1.1。

表1.1 某单层工业厂房用钢材规格和材质

序号	构件名称	截面规格/mm	材质	备注
1	门式刚架 GZ1	H(250～400)×185×5×8	Q345B	变截面H型钢
2	门式刚架 GZ2	H(250～400)×220×5×8	Q345B	变截面H型钢
3	抗风柱 KFZ1	H 250×165×5×8	Q235B	焊接H型钢
4	雨篷梁 YPL1	[16	Q235B	热轧型钢——槽钢
5	支撑 ZC1	∟75×6	Q235B	热轧型钢——角钢
6	水平支撑 SC1	ϕ20	Q235B	热轧型钢——圆钢
7	系杆 XG1	ϕ114×3	Q235B	热轧型钢——钢管
8	屋面檩条 LT1	Z 200×70×20×1.8	Q235	热轧型钢——冷弯薄壁Z型钢
9	屋面檩条 LT2	C 200×70×20×1.8	Q235	热轧型钢——冷弯薄壁C型钢
10	隅撑 YC*	∟50×3	Q235B	热轧型钢——角钢
11	斜拉条 XLT*	ϕ10	Q235B	热轧型钢——圆钢
12	拉条 T*	ϕ10	Q235B	热轧型钢——圆钢
13	撑杆 C*	ϕ10外套ϕ32×2焊管	Q235B	热轧型钢——圆钢+焊管
14	墙面檩条 QLT1	C 200×70×20×2	Q235	冷弯薄壁C型钢
15	墙面檩条 QLT2	C 160×60×20×1.8	Q235	冷弯薄壁C型钢
16	门梁 ML	2C 200×70×20×2	Q235	冷弯薄壁C型钢
17	门柱 MZ	C 200×70×20×2	Q235	冷弯薄壁C型钢
18	窗柱 CZ	C 200×70×20×2	Q235	冷弯薄壁C型钢
19	角铁 JT	∟40×3	Q235B	热轧角钢
20	钢板	−250×300×20	Q345B	热轧钢板
21	钢板	−150×150×8	Q235B	热轧钢板

注：*代表编号，如YC1、YC2等。

在各种组成厂房的杆件材料中，材料的规格主要分成热轧钢板和型钢两大类。

2)热轧钢板

热轧钢板又称为板材,分为三类:薄钢板(厚度为 0.35 ~4 mm)、厚钢板(厚度为 4 ~60 mm)、特厚板(厚度 >60 mm)。其表示方法举例:−250 ×300 ×20,−150 ×150 ×8。以上两例分别表示厚度为 20 mm 和 8 mm 的钢板。上述两块钢板均由一定规格的钢板下料裁剪而成,钢板图形表示方法如图 1.2 所示。

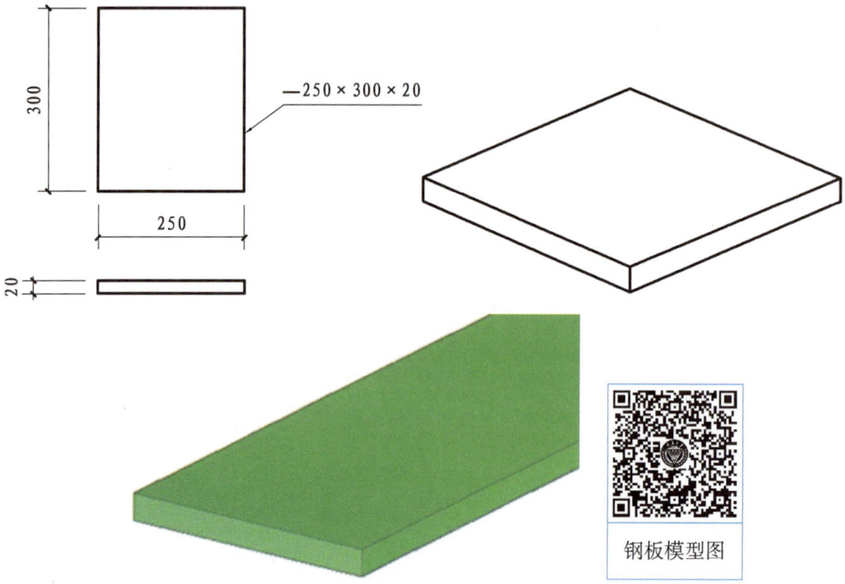

钢板模型图

图 1.2　钢板图形表示方法

钢板出厂的规格为:钢板(带)厚度 1.2 ~200 mm,宽度 700 ~1 550 mm,长度 2 000 ~12 000 mm。

3)型钢

型钢又称为型材。在本工程中,型钢主要有角钢、槽钢、钢管、冷弯薄壁型钢、圆钢等。

角钢模型图

(1)角钢

角钢分为等边和不等边两种。等边角钢表示两边相等,在图纸中柱间支撑 ZC1 是角钢,表示方法见表 1.1,如∟75 ×6;不等边角钢的两边不等,表示方法如∟75 ×63 ×6,单位均为 mm。角钢图形表示方法如图 1.3 所示。

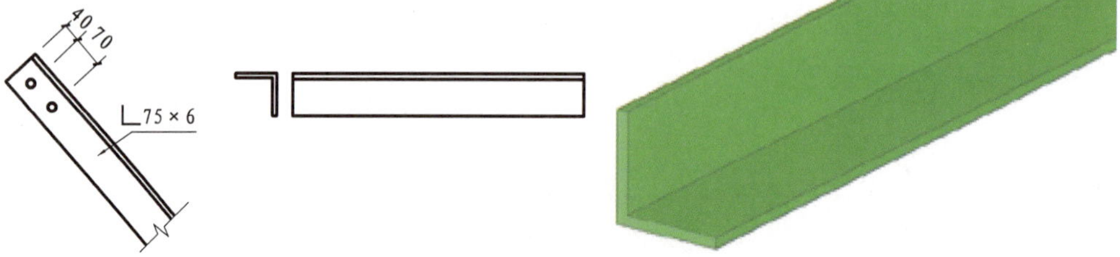

图 1.3　角钢图形表示方法

(2)槽钢

槽钢有普通槽钢和轻型槽钢两种。普通槽钢以其截面高度的厘米数前加上符号“[”表示,如[30a。号码相同的轻型槽钢,其翼缘较普通槽钢宽而薄,腹板也较薄,回转半径较大,质量较轻,表示方法为符号“Q[”加上截面高度的厘米数。在本工程中,雨篷梁YPL1由[16组成。槽钢图形表示方法如图1.4所示。

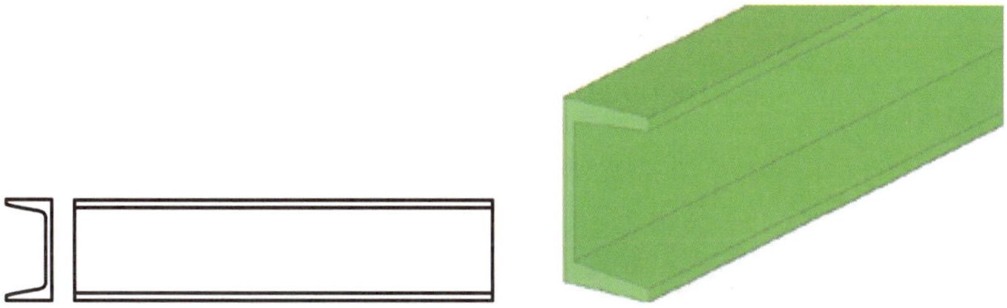

槽钢模型图

图1.4　槽钢图形表示方法

(3)钢管

钢管有无缝钢管和焊接钢管两种,用符号“ϕ”后加“外径×厚度”表示。如本工程中,系杆XG1:$\phi114\times3$,单位为mm;撑杆外套钢管:$\phi32\times2$焊管。钢管图形表示方法如图1.5所示。

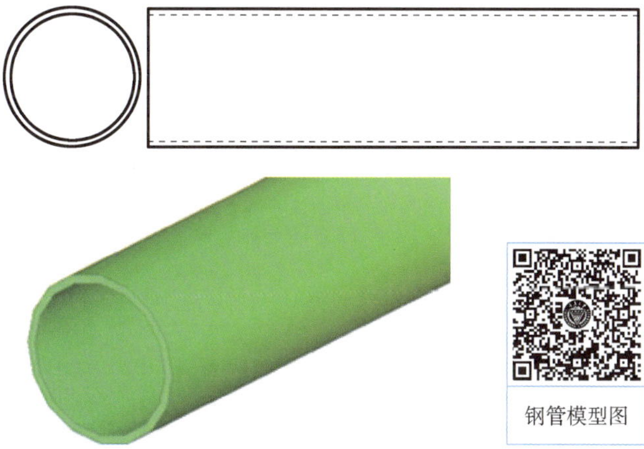

钢管模型图

图1.5　钢管图形表示方法

(4)冷弯薄壁型钢

冷弯薄壁型钢使用薄钢板(一般采用Q235钢或Q345钢),经模压或弯曲轧制而成。其壁厚一般为1.5~12 mm,在本工程中,有Z型钢、C型钢。冷弯薄壁型钢的表示方法为:“截面形状符号+长边宽度×短边宽度×卷边宽度×壁厚”,单位为mm。在表1.1中,屋面檩条LT1:Z型钢,表示为Z 200×70×20×1.8;墙面檩条QLT2:C型钢,表示为C 200×70×20×1.8。冷弯薄壁型钢图形表示方法如图1.6所示。

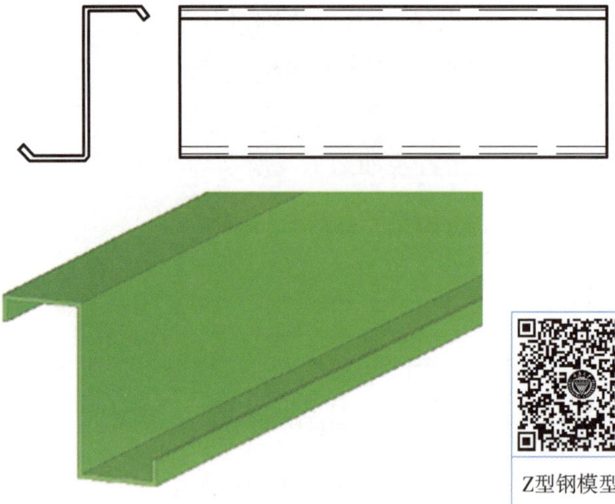

Z型钢模型图

(a) Z型钢图形表示方法

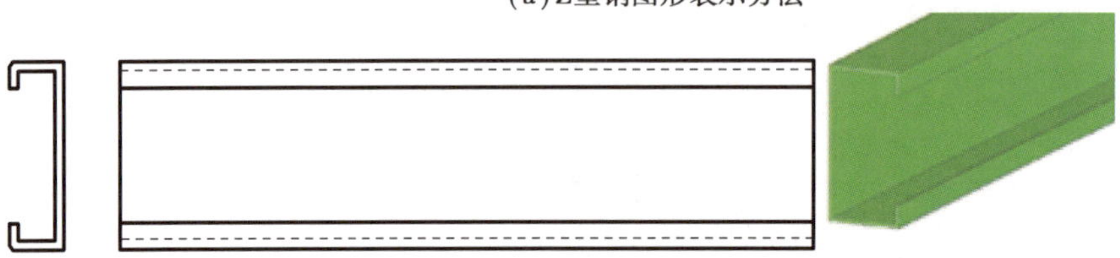

C型钢模型图

(b) C型钢图形表示方法

图 1.6　冷弯薄壁型钢图形表示方法

(5) 圆钢

圆钢即光圆钢筋。在表 1.1 中,拉条为 $\phi10$,水平支撑为 $\phi20$。圆钢图形表示方法如图 1.7 所示。

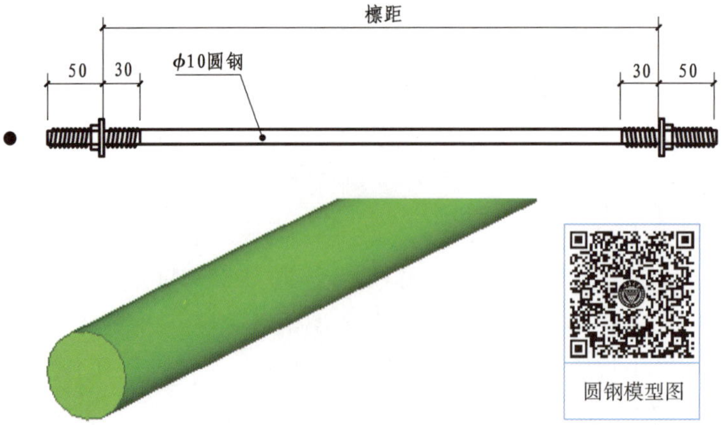

圆钢模型图

图 1.7　圆钢图形表示方法

(6) 焊接 H 型钢

目前,建筑钢结构中广泛使用的是热轧 H 型钢,但在某些工程中,轧制 H 型钢不能满足结构使用要求,需要用 3 块钢板焊接成 H 型钢。其中,有等截面的焊接 H 型钢和变截面焊接 H 型钢。表 1.1 中等截面 H 型钢:抗风柱 KFZ1, H 250 ×165 ×5 ×8,如图 1.8 所示。

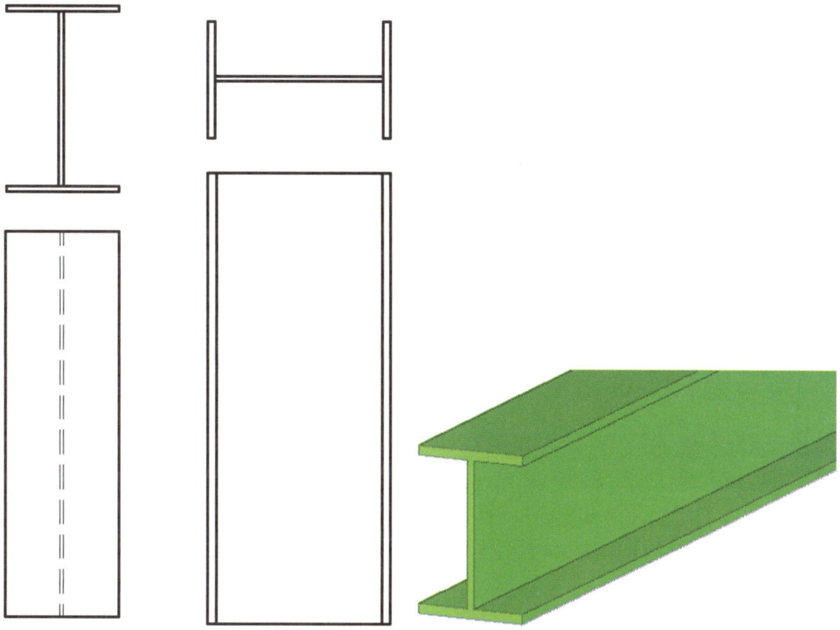

等截面焊接H型钢模型图

图 1.8　等截面焊接 H 型钢图形

表 1.1 中变截面 H 型钢:门式刚柱 GZ1:H(250 ~400) ×185 ×5 ×8,H 型钢截面高度由 250 mm 渐变成 400 mm,如图 1.9 所示。

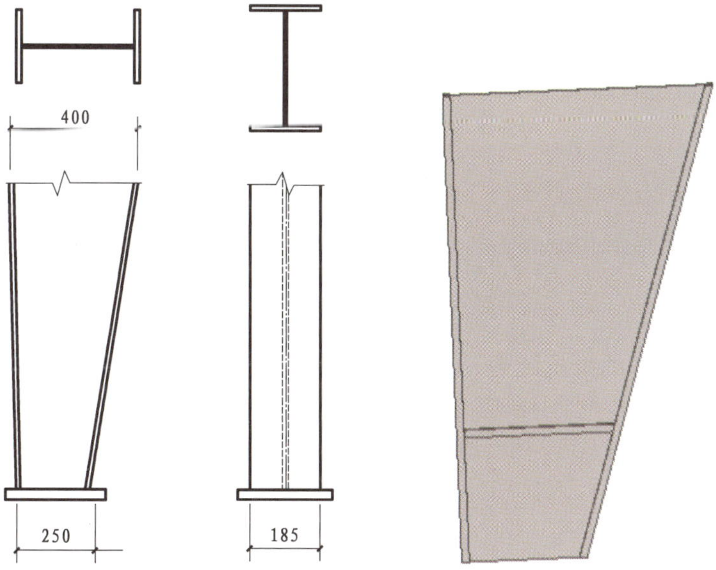

变截面焊接H型钢模型图

图 1.9　变截面焊接 H 型钢图形

任务2　了解某单层工业厂房钢材的性能

根据《钢结构工程施工规范》(GB 50755—2012)5.2.1条的规定:"钢材订货时,其品种、规格、性能等均应符合设计文件和国家现行有关钢材标准的规定。"品种即钢材的材质,规格即各种材料的断面要求,性能主要是指钢材的力学性能和工艺性能。

1.2.1　钢材的力学性能

钢材的力学性能主要有强度、塑性、韧性、冷弯性能、良好的工艺性能等。

1)强度

材料在外力作用下抵抗变形和断裂的能力称为强度。强度可以通过比例极限、弹性极限、屈服极限、抗拉强度等指标来反映。在上述指标中,屈服强度和抗拉强度是工程设计和选材的重要依据,也是材料购销和检验工作中的重要指标。其中,屈服强度是衡量结构承载力的指标,是设计时钢材可以达到的最大应力。屈服强度高则可减轻结构自重,节约钢材,降低造价。抗拉强度是衡量钢材经过较大变形后的抗拉能力,是钢材破坏前能够承受的最大应力。它直接反映钢材内部组织的优劣,抗拉强度高可以增加结构的安全保障。此外,工程上对屈强比还有要求。屈强比(屈服强度与抗拉强度的比值)是衡量钢材强度的一个系数,屈强比越低,钢材的强度安全储备越大。屈强比过小时,钢材强度的利用率太低,不够经济;屈强比过大时,安全储备太小,不够安全。

2)塑性

塑性是指钢材在应力超过屈服点后,能产生显著的残余变形(塑性变形)而不立即断裂的性质。它是钢材的一个重要性能指标,用伸长率表示。伸长率是指试件被拉断时的绝对变形值与原标距之比的百分数,代表材料在单位拉伸时的塑性应变能力,用下式计算:

$$\delta = \frac{l - l_0}{l_0} \times 100\%$$

式中　l_0——试件原始标距长度,mm;

l——试件拉断后的标距长度,mm。

$l_0 = 5d_0$ 和 $l_0 = 10d_0$ 对应的伸长率记为 δ_5 和 δ_{10},现常用 δ_5 表示塑性指标。

3)韧性

韧性是指材料对冲击荷载的抵抗能力,用冲击韧性值 a_k 来度量,单位为 J/cm^2。a_k 越大,材料韧性越好。温度对冲击韧性有重大影响,存在一个由可能塑性破坏到可能脆性破坏的转变温度区。材料转变温度越低,说明钢材的低温冲击韧性越好。为了避免钢材的低温脆断,结构使用温度需高于钢材的转变温度。各种钢材的转变温度都不同,应由试验确定。

1.2.2　钢材的工艺性能

1)冷弯性能

冷弯性能是指材料在常温下能承受弯曲而不破坏的能力。

2)可焊性

可焊性是指钢材对焊接工艺的适应能力。其包括两方面的要求:首先,通过一定的焊接工艺能保证焊接接头具有良好的力学性能;其次,施工过程中选择适宜的焊接材料和焊接工艺参数后,有可能避免焊缝金属和钢材热影响区产生热(冷)裂纹的敏感性。

1.2.3 影响钢材性能的因素

1)化学成分

碳是决定钢材性能的主要因素,随着含碳量的增加,钢材的强度和硬度增大,但塑性和韧性降低,同时钢材的冷弯性能和焊接性能降低。

硅和锰是有益元素。硅是脱氧剂,能提高钢的强度和刚度;锰也是脱氧剂,脱氧能力比硅元素弱,锰能提高钢的强度,还能消除硫、氧对钢材的影响。但硅、锰都要控制含量,避免对钢材产生其他不利影响。

硫和磷是钢中的有害元素。硫的存在可能导致钢材的热脆现象,同时硫又是钢中偏析最严重的杂质之一,偏析程度越大,造成危害越大。磷的存在可提高钢的强度,但会降低塑性、韧性,特别在低温时可使钢材产生冷脆性,使承受冲击荷载或在负温下使用的钢结构产生破坏。

低合金结构中的合金元素以锰、钒、铌、钛、铬、镍为主。钒、铌、钛等元素的添加,都能提高钢材的强度,改善可焊性。镍和铬是不锈钢的主要元素,能提高强度、淬硬性、耐磨性等性能,但对可焊性不利。低合金结构钢中还可以加入少量钼(Mo)和稀土(Re)元素,以改善其综合性能。

2)冶炼、轧制过程

建筑钢结构主要由氧气转炉和电炉来冶炼。电炉由于生产成本高,适用于冶炼质量要求高的钢材。从化学成分波动的范围及其平均值结果来看,转炉和电炉是很接近的,可以认为这两种方法冶炼的钢在化学成分和各项性能上基本相同,所以国家标准中都明确规定“除非需方有特殊要求,冶炼方法一般由供方选择”。

钢锭的热轧过程不仅仅改变钢材的外形尺寸,也改变了钢的内部组织及其性能。热轧过程始于1 200 ~1 300 ℃高温,终止于900 ~1 000 ℃。在压力作用下,钢锭中的小气泡、裂纹等缺陷会焊合起来,使金属组织更致密。轧制过程破坏钢锭的铸造组织、细化晶粒并消除显微组织缺陷,显然轧制钢材比铸钢具有更高的力学性能。一般来说,轧制型材规格越小,强度越高,而且塑性及冲击韧性也比较好,这是小型材的轧制压缩比大的缘故。若轧制压缩比过小,成品厚度较大,停轧温度过高,则在随后的冷却过程中会形成降低强度和塑性的金相组织;若停轧温度过低,会增加钢的冷脆性,并由于形成带状组织而破坏钢的各向同性的性质。

3)热处理

热处理分为退火处理和正火处理。热处理是一种时间漫长的工艺,其目的是细化晶粒、降低硬度、提高塑性、消除组织缺陷和改善力学性能等。

任务3 了解某单层工业厂房钢材的用途

1.3.1 各种型钢的用途

①槽钢用于单层工业厂房的雨篷梁,在其他工程中还用于平台梁或者支撑材料。

②角钢在本工程中用于支撑,在其他工程中主要用于支撑杆件或者是桁架杆件。

③C 型钢、Z 型钢在本工程中用于屋面檩条、墙皮檩条、门梁、门柱、窗梁、窗柱等,在其他工程中也是如此。

④圆钢在本工程中用于檩条之间的拉条支撑,在其他工程中也可用于柱间支撑。

⑤钢管在本工程中主要用于刚性撑杆套管,在其他工程中用于格构式柱子的主要组成材料或柱间支撑、柱间系杆等。

1.3.2 钢板的用途

①单层工业厂房变截面钢架柱和变截面钢架梁,均由钢板焊接而成。

②单层工业厂房中,各处加劲肋、连接节点板均由钢板组成。

③在其他工程中,钢板主要用于各种连接节点板,在轧制 H 型钢截面不能满足设计要求时,可用钢板焊接组合成设计所需截面,形成满足使用要求的构件。

任务4 了解某多层钢框架厂房钢材的种类、规格和用途

1.4.1 多层钢框架用钢的种类和规格

下面内容以某多层框架厂房项目为例进行介绍。分析多层钢框架材料表,详细内容见表 1.2。

表 1.2 多层钢框架材料表

序号	构件名称	截面规格	材质	备注
1	钢柱 GZ1	HW350 × 350 × 12 × 19	Q235B	宽翼缘 H 型钢
2	柱间支撑 ZC1	ϕ180 × 4.0 焊管	Q345B	无缝钢管
3	框架梁 ZKL1	HN 600 × 200 × 11 × 17	Q235B	窄翼缘 H 型钢
4	框架梁 ZKL2	HN 396 × 199 × 7 × 11	Q235B	窄翼缘 H 型钢
5	次梁 CL1	HN 396 × 199 × 7 × 11	Q235B	窄翼缘 H 型钢
6	镀锌楼承板	t = 1.2 mm	Q235B	压型钢板

1)轧制H型钢

目前建筑市场使用最广泛的是轧制H型钢,与普通工字钢相比,其翼缘内外两侧平行,便于与其他构件相连。它可分为宽翼缘H型钢(代号HW,翼缘宽度B与截面高度H相等)、中翼缘H型钢[代号HM,$B=(1/2\sim2/3)H$]、窄翼缘H型钢[代号HN,$B=(1/3\sim1/2)H$]。分析多层框架材料表1.2,如多层框架中的钢柱、框架梁、次梁等均是轧制H型钢,分别为钢柱HW350×350×12×19、框架梁HN 600×200×11×17、次梁HN 396×199×7×11,如图1.10所示。

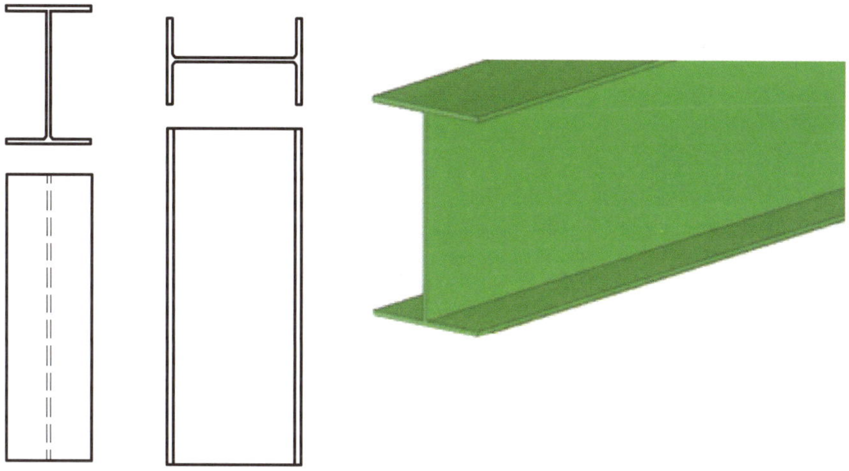

图1.10　轧制H型钢

2)镀锌楼承板

镀锌楼承板有以下叫法:楼承板、钢承板、压型钢板、楼层板、钢楼承板、组合楼层板、镀锌楼层板、镀锌楼板、组合楼承板、组合楼板、楼面钢承板、建筑压型钢板、组合楼板等。它又可分为开口型楼承板、全闭口型楼承板、燕尾式楼承板等。

(1)镀锌楼承板的主要特点

①适应主体钢结构快速施工的要求,能够在短时间内提供坚实的作业平台,并可采用多个楼层铺设压型钢板,分层浇筑混凝土板的流水施工。

②楼承板在使用阶段作为混凝土楼板的受拉钢筋,也提高了楼板的刚度,节省了钢筋和混凝土的用量。

③压型板表面压纹使楼承板与混凝土之间产生最大的结合力,使二者形成整体,配以加劲肋,使楼承板系统具有高强承载力。

④在悬臂条件下,楼承板仅作为永久性模板。悬挑的长度可根据楼承板的截面特性来定。为了防止悬挑板的开裂,需在支座处依结构工程师的设计配上负筋。

⑤已通过国家固定灭火系统及耐火构件质量检测中心的耐火极限检测的楼承板,作为组合楼承板无须进行防火喷涂,因此大大降低了工程造价。

镀锌楼承板广泛用于电厂、电力设备公司、汽车展厅、钢结构厂房、水泥库房、钢结构办公室、机场候机楼、火车站、体育场馆、音乐厅、大剧院、大型超市、物流中心、奥运场馆、体育场馆等钢结构建筑。

(2)楼承板的构造与使用方法

镀锌楼承板型材厚度有0.8,1.0,1.2 mm,宽688~940 mm,高51~76 mm。工程楼面楼承板与钢筋混凝土结构共同作用,是复合结构(图1.11)。楼承板铺设与钢梁连接,板端头与钢梁熔透点焊,中间采用栓钉与钢梁穿透熔焊;楼承板间用专用夹紧钳咬合压孔连接;堵头用专用镀锌堵头板与楼承板及钢梁点焊。如果是带弧形区域楼承板,异型裁切采用等离子切割机切割,其切口光滑,表面镀锌层完整。楼承板焊接采用手工电弧点焊,焊条为E4303,直径为3.2 mm,熔透焊接点为16 mm。常规焊点的最大间距为300 mm,亦可将焊点适当增加,以确保操作人员行走时楼承板不变形,混凝土浇筑时楼承板端头不漏浆。当楼面层结构标高变化不一致时,采取加焊型钢措施,使水平结构呈台阶过渡,当降低标高时工字梁腹板加焊角钢;抬升标高时工字梁翼缘加焊槽钢。若楼面有预留洞口,洞口尺寸大于500 mm×500 mm时采用先开洞措施,即在钢梁上加焊型钢托梁分隔,增加洞口刚度,网片钢筋在洞口断开,并与型钢焊接;洞口尺寸小于500 mm×500 mm时采取后开洞措施,即在楼承板上增加堵头分割板,网片钢筋贯通,混凝土浇筑成型后可剪断钢筋。

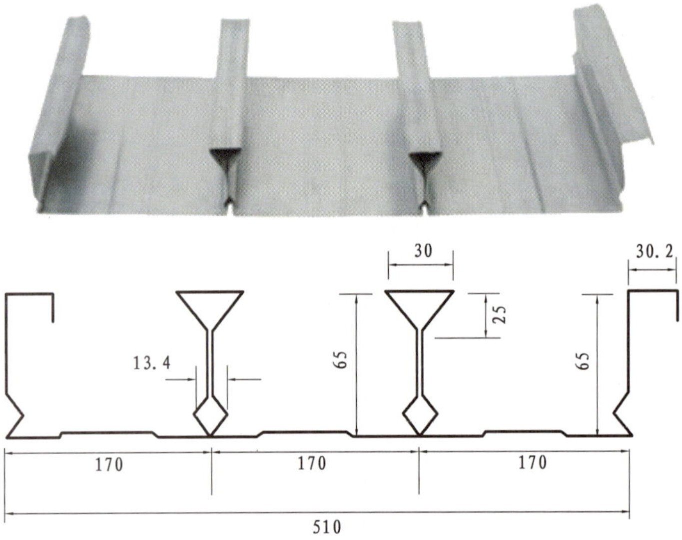

图1.11 镀锌楼承板

(3)楼承板安装注意事项

镀锌楼承板钢结构柱网间距一般为(5~9)m×(8~15)m,次梁间距3 m,而楼承板下料长度为4.97~8.97 m,运输与安装均较困难,尤其是在带有圆弧区垂直吊装楼承板,由上而下在次梁狭缝间穿套比较困难,且打乱了次梁焊接正常工序。控制下料长度为3~6 m,则可避免垂直运输时在次梁间无法吊运的问题。楼承板吊运时采用专用软吊索。每次吊装时应检查软吊索是否有撕裂、割断现象。楼承板搁置在钢梁上时应防止“探头”。铺料时操作人员应系安全带,并保证边铺设边固定在周边安全绳上。焊接采用熔透点焊连接,施焊前应准备边角料引弧试焊,调整施焊电流。因楼承板底部无水平模板及垂直支撑,浇筑混凝土时布料不宜太集中,采用平板振捣器及时分摊振捣。

1.4.2　多层钢框架用钢的用途

以某多层框架厂房项目为例,轧制 H 型钢主要用于建筑物骨架部分,即钢柱、钢梁、钢支撑等。

任务5　了解某超高层钢框架钢材的种类、规格和用途

以超高层框架剪力墙项目为例,介绍超高层建筑用钢的种类和规格。随着科技生产力的发展,越来越多的超高层建筑物剪力墙由钢结构和钢筋混凝土结合,形成钢-混结构。本任务主要介绍两类,即钢骨混凝土剪力墙和钢板剪力墙。

1.5.1　钢骨混凝土剪力墙用钢的种类和规格

①分析某超高层钢框架钢骨混凝土剪力墙中钢骨架定位图形,如图 1.12 所示。

在超高层建筑剪力墙中放入钢骨的钢筋混凝土剪力墙,被称为钢骨混凝土剪力墙(简称 SRC 剪力墙),其抗弯、抗剪性能及延性都很好。

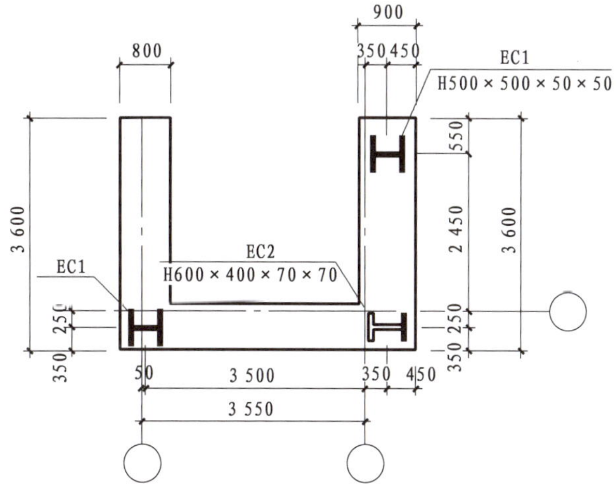

图 1.12　钢骨混凝土剪力墙钢骨架定位图

②分析某超高层钢框架钢骨混凝土剪力墙钢骨架材料表,见表 1.3。

表 1.3　某超高层钢框架剪力墙钢骨架材料表

序号	构件名称	截面规格	材质	备注
1	钢柱 EC1	H500×500×50×50	Q345GJB	焊接 H 型钢
2	钢柱 EC2	H600×400×70×70	Q345GJB	焊接 H 型钢

③分析钢骨混凝土剪力墙编号图。钢骨架与钢筋混凝土剪力墙组合而成核心筒剪力墙,如图 1.13 所示。

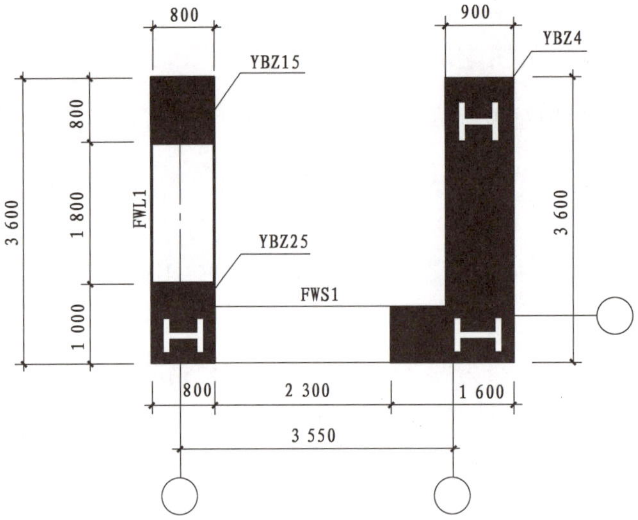

图 1.13　核心筒剪力墙编号图

④分析钢骨混凝土剪力墙结构图，了解钢结构与混凝土的连接结构图形，如图 1.14 所示。

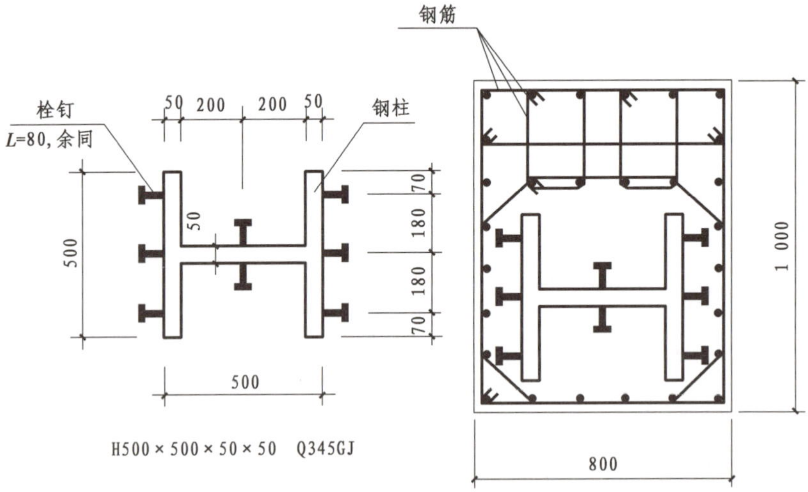

(a) YBZ25图形

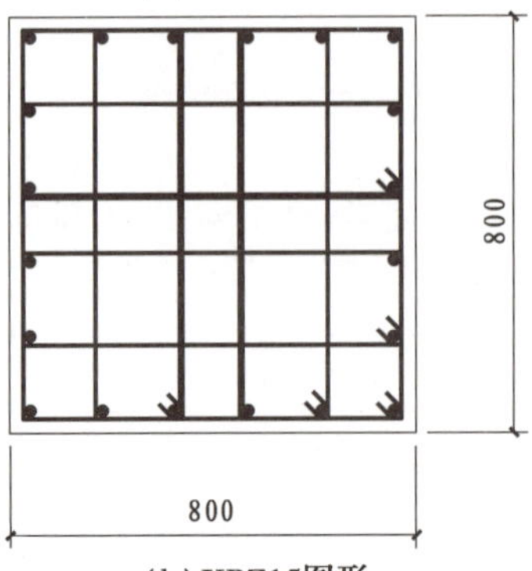

(b) YBZ15图形

图 1.14　核心筒剪力墙结构图

栓钉模型图

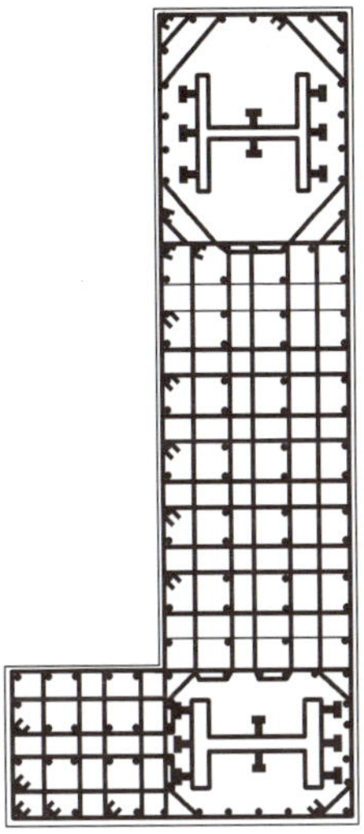

(c) YBZ4图形

图1.14　核心筒剪力墙结构图(续图)

1.5.2　钢板剪力墙用钢的种类和规格

①钢板剪力墙的概念。充分发挥钢与混凝土两种材料的各自优势,扬长避短。混凝土墙板具有较大的刚度,限制钢板的局部屈曲,而钢板使得墙体整体具有较好的延性和耗能性,满足大震下的延性和抗剪承载力要求,目前在超高层建筑结构中应用越来越广泛。

②钢板剪力墙的分类。按照钢板与混凝土的位置关系,将钢板混凝土组合剪力墙分为三类:内嵌钢板-混凝土组合剪力墙、单侧钢板-混凝土组合剪力墙、双侧钢板-混凝土组合剪力墙,如图1.15所示。

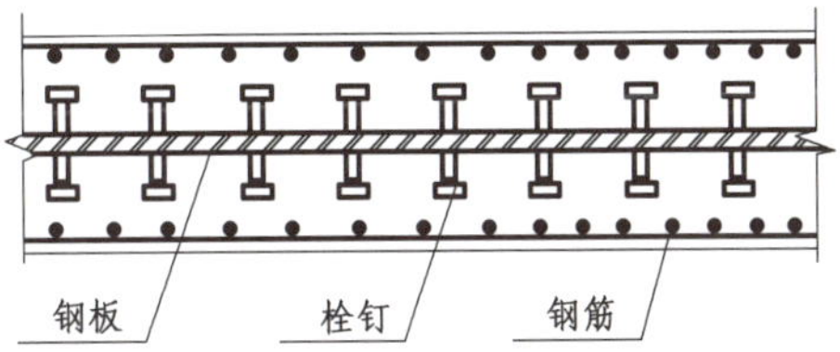

(a) 内嵌钢板-混凝土组合剪力墙

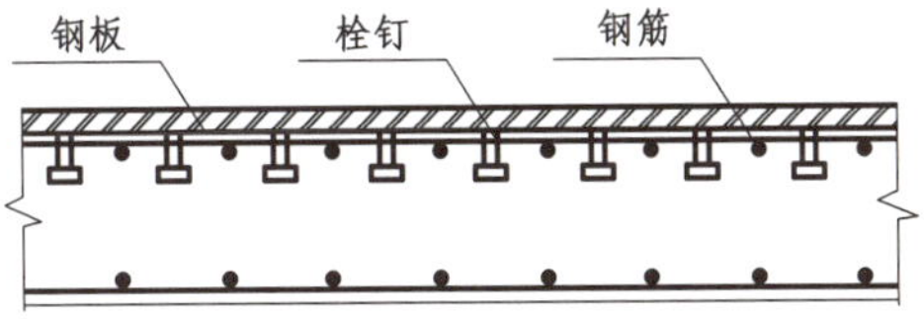

(b) 单侧钢板-混凝土组合剪力墙

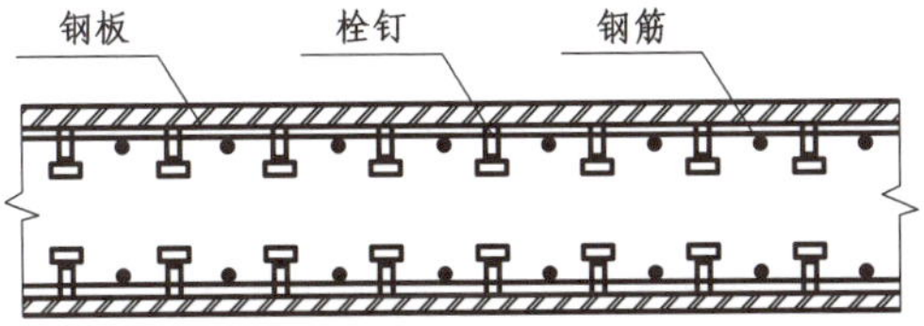

(c) 双侧钢板-混凝土组合剪力墙

图1.15　钢板-混凝土组合剪力墙

③以某超高层建筑物钢板剪力墙为例，其布置图如图 1.16 所示。

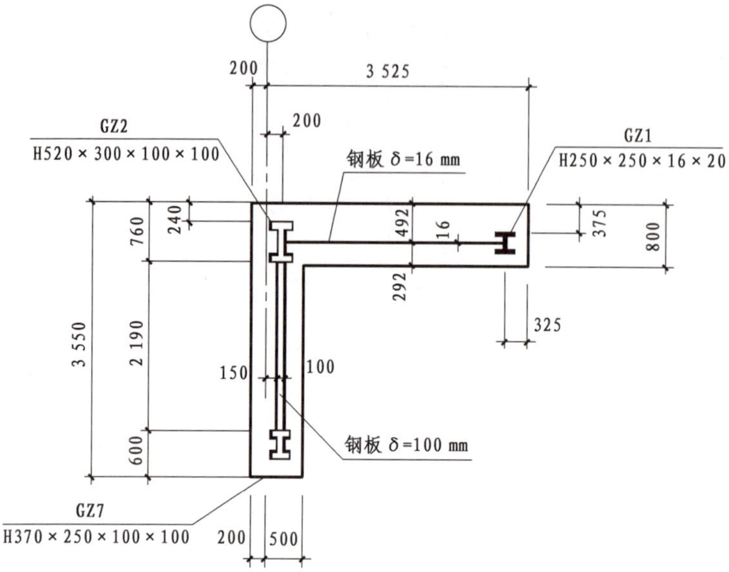

钢板剪力墙模型图

图 1.16 钢板剪力墙布置图

a. 分析钢板剪力墙结构图，了解钢结构与混凝土的连接结构图形，如图 1.17 所示。

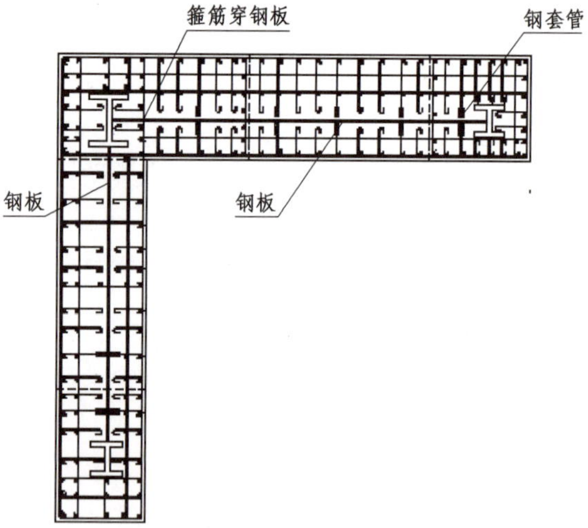

图 1.17 钢板剪力墙结构图

b. 分析某超高层钢框架钢板剪力墙材料表，见表 1.4。

表 1.4 某超高层钢框架钢板剪力墙钢骨架材料表

序号	构件名称	截面规格	材质	备注
1	钢柱 GZ1	H250 × 250 × 16 × 20	Q345GJB	焊接 H 型钢
2	钢柱 GZ2	H520 × 300 × 100 × 100	Q345GJB	焊接 H 型钢
3	钢柱 GZ7	H370 × 250 × 100 × 100	Q345GJB	焊接 H 型钢
4	剪力墙	δ = 16 mm　L = 2 942 mm	Q345GJB	钢板
5	剪力墙	δ = 100 mm　L = 2 190 mm	Q345GJB	钢板

1.5.3　超高层建筑结构用钢材的规格、材质、用途

由表1.3和表1.4可知：

①钢材材质：Q345GJB，即Q345的高层建筑钢B级钢。

②钢材规格：焊接H型钢和厚钢板。

③钢材用于主体承重结构。

任务6　了解其他建筑用钢的种类、规格和用途

1.6.1　工字钢

工字钢分为普通工字钢、轻型工字钢。普通工字钢和轻型工字钢用“I”后加其截面高度的厘米数表示。20号以上的工字钢，同一号数有三种腹板厚度，分别为a、b、c三类，其中a类腹板最薄，翼缘最窄，用作受弯构件较为经济，如I25a。轻型工字钢的腹板和翼缘均较普通工字钢薄，因而在相同质量下其截面模量和回转半径均较大，如图1.18所示。

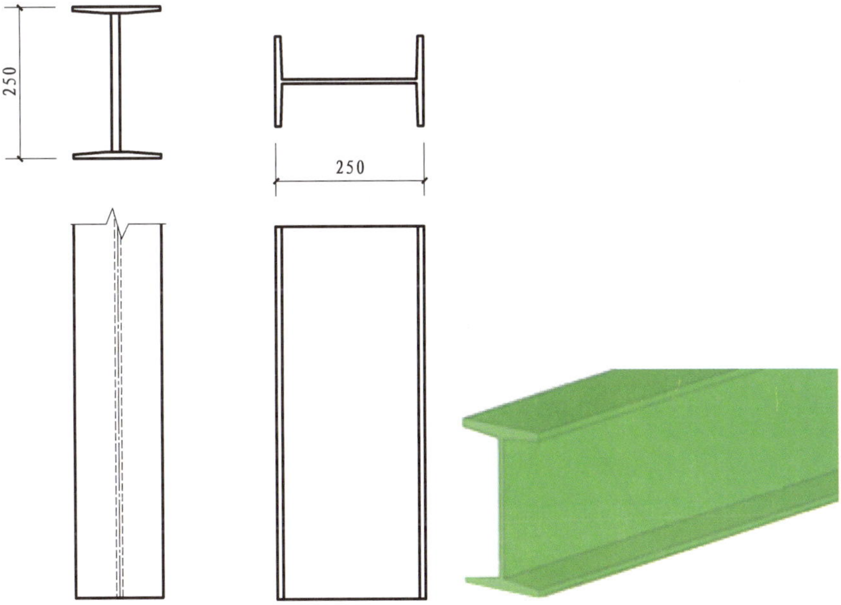

工字钢模型图

图1.18　工字钢图

1.6.2　压型钢板

1）压型钢板概述

薄钢板经冷压或冷轧成型的钢材称为压型钢板。钢板采用有机涂层薄钢板（或称为彩色钢板）、镀锌薄钢板、防腐薄钢板（含石棉沥青层）或其他薄钢板等。压型钢板具有单

位体积质量轻、强度高、抗震性能好、施工快速、外形美观等优点，是良好的建筑材料和构件，主要用于围护结构、楼板，也可用于其他构筑物。根据不同使用功能要求，压型钢板可压成波形、双曲波形、肋形、V 形、加劲型等。

2）压型钢板的品种、规格

压型钢板的板厚一般为 0.4 ~ 1.6 mm，波高一般为 10 ~ 200 mm 不等。YX114-333-666（角驰Ⅲ）型压型屋面板，展开宽度 1 000 mm，最大加工长度根据需要在现场轧制，如图 1.19 所示；屋面板还有其他型号，如 YX15-135-810 型（展开宽度 1 000 mm）、YX25-205-1020 型（展开宽度 1 200 mm）、YX25-210-840 型（展开宽度 1 000 mm）等。

3）压型钢板的用途

压型钢板用于墙面围护结构，又称为墙面彩板瓦；用于屋面围护结构，又称为屋面彩板瓦；用于楼板围护结构，又称为压型钢板混凝土组合楼板——利用凹凸相间的压型薄钢板作衬板，与现浇混凝土浇筑在一起，支承在钢梁上构成整体型楼板，主要由楼面层、组合板和钢梁三部分组成（具体做法参照“镀锌楼承板”）。

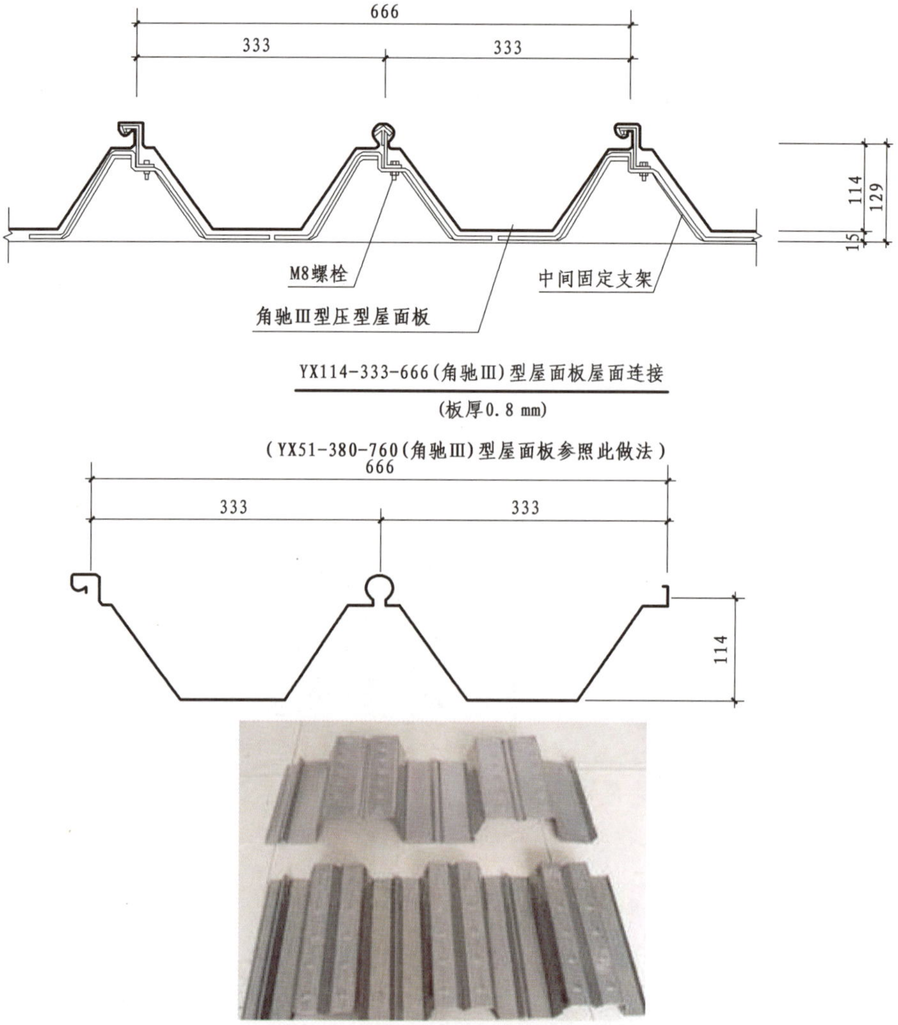

图 1.19　压型屋面板图

1.6.3　厚度方向性能钢板

厚度方向性能钢板不仅要求沿宽度方向和长度方向有一定的力学性能，而且要求厚度方向有良好的抗层状撕裂性能。钢板的抗层状撕裂性能采用厚度方向拉力试验时的断面收缩率来评定。

国家标准《厚度方向性能钢板》(GB/T 5313—2010)是对钢板做厚度方向性能试验时的专用规定。按硫含量和断面收缩率将钢板厚度方向性能级别分为 Z15、Z25、Z35 三级。Z 后面的数字是截面收缩率的指标(%)。

行业标准《高层建筑结构用钢板》(YB 4104—2000)中钢板牌号的表示方法为：屈服点的字母、屈服点数值、高层建筑字母 GJ、质量等级符号(A、B、C、D)，对厚度方向性能钢板再加后缀字母 Z。其 4 个牌号为 Q390GJ、Q390GJZ、Q345GJB、Q345GJBZ。钢材表示如图 1.20 所示。

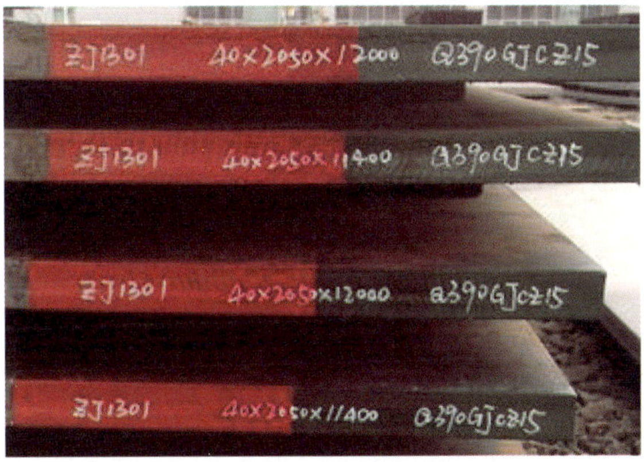

图 1.20　高层建筑用钢表示方法

实际工程中会以表格形式对钢材提出具体要求，此表格一般出现在图纸结构设计总说明中，详见如下工程实例。

某高层框架结构设计总说明中截取的“钢材技术要求”部分

结构钢材：除结构图纸中另有注明外，结构钢材(包括型钢和钢板)牌号和等级应符合下表：

	构件	钢材等级		冲击功 Akv		Z 向性能			
		$t<40$ mm	$t\geq40$ mm						
框架结构	框架梁	Q345B	Q345B	20 ℃	34 J	$40\leq t$	Z15	—	—
	巨柱、钢柱	Q345GJ-C	Q345GJ-C	0 ℃	34 J	$40\leq t<60$	Z15	$t\geq60$	Z25
楼面结构	次梁	Q235B		20 ℃	34 J	$40\leq t$	Z15		
		Q345B		20 ℃	34 J	$40\leq t$	Z15		

构件		钢材等级		冲击功 Akv		Z 向性能			
		$t<40$ mm	$t\geqslant40$ mm						
伸臂桁架(弦杆和斜杆) 环带桁架(弦杆和斜杆) 斜撑、楼面水平桁架		Q345GJ-C	Q345GJ-C	0 ℃	34 J	$40\leqslant t<60$	Z15	$t\geqslant60$	Z25
桁架连接板		Q420GJ-C	Q420GJ-C	0 ℃	34 J	$40\leqslant t<60$	Z15	$t\geqslant60$	Z25
核心筒	钢骨柱 组合钢板剪 力墙中钢板	Q345-C	Q345-C	0 ℃	34 J	$40\leqslant t<60$	Z15	$t\geqslant60$	Z25
		Q345GJ-C	Q345GJ-C	0 ℃	34 J	$40\leqslant t<60$	Z15	$t\geqslant60$	Z25
		Q390-C	Q390-C	0 ℃	34 J	$40\leqslant t<60$	Z15	$t\geqslant60$	Z25
		Q390GJ-C	Q345GJ-C	0 ℃	34 J	$40\leqslant t<60$	Z15	$t\geqslant60$	Z25
塔冠		Q345GJ-C	Q345GJ-C	0 ℃	34 J	$40\leqslant t<60$	Z15	$t\geqslant60$	Z25
柱脚	柱脚底板	钢材等级同钢柱		—		$40\leqslant t<60$	Z15	$t\geqslant60$	Z25

注:①Q235、Q345 及 Q390 钢材质量应分别符合现行国家标准《碳素结构钢》(GB/T 700—2006)和《低合金高强度结构钢》(GB/T 1591—2008)的规定,Q345GJ 应符合《建筑结构用钢板》(GB/T 19879—2015)的规定,并具有抗拉强度,伸长率,屈服强度,屈服点和硫、磷含量的合格保证,尚应具有碳含量、冷弯试验、冲击性的合格保证。

②钢材的屈服强度实测值与抗拉强度实测值的比值不应大于 0.85;钢材应有明显的屈服台阶,且伸长率 δ_5 不应小于 20%,钢材应有良好的焊接性能和合格的冲击韧性。

③钢材碳当量 C_{eq},焊接裂缝敏感性指数 P_{cm} 及屈服强度波动范围应符合《建筑结构用钢板》(GB/T 19879—2015)中的规定。

④采用焊接连接节点,当钢材板厚大于或等于 40 mm,并承受沿板厚方向的拉力时,应按现行国家标准《厚度方向性能钢板》(GB/T 5313—2010)的规定。

⑤交货状态:对 Q235、Q345、Q390 钢材采用正火或热轧状态交货。

⑥节点铸造钢材:铸钢件的材性、牌号与强度设计值应符合《铸钢节点应用技术规程》(CECS 235:2008)中的要求。

⑦热轧 H 型钢符合 GB/T 11263—2010 的规定;工字钢、角钢、槽钢符合 GB/T 706—2016 的规定;钢管符合 GB/T 8162—2008 的规定。

⑧当采用其他牌号的钢材代换时,须经设计单位认可并符合相应有关标准的要求。

课后拓展

请学生通过互联网查询以下建筑物钢材的材质、种类和断面形式。

①国家体育馆鸟巢工程;

②上海环球金融中心。

课后思考题

1. 影响钢材性能的因素有哪些?
2. 在钢材的化学成分中,应严格控制哪些有害成分的含量?
3. 镀锌楼承板的主要特点有哪些?
4. 楼承板安装的注意事项有哪些?
5. 简述超高层建筑钢板剪力墙用钢的种类和规格。

项目 2　建筑钢结构组成构件

单层工业厂房的组成构件有厂房柱、梁、支撑等，本项目主要讲解这些组成构件的种类、构造和结构验算。

任务 1　了解单层工业厂房结构受力体系

单层工业厂房主要由横向结构系统和纵向结构系统组成。横向结构系统是指排架（包括屋架或横梁、天窗架、柱），是单层工业厂房的基本承重结构，承受屋面荷载、横向风荷载、地震作用，在有吊车的工业厂房中还要承受吊车的竖向荷载和水平荷载。纵向结构系统由柱、托架（用于大柱距）、柱间支撑、墙梁等构成。工业厂房除上述构件外，还有吊车梁及吊车制动梁或桁架等构件，此外还有房屋外围墙架及屋面支撑，共同组成空间刚性骨架。

屋盖结构是由屋面材料、檩条、屋架、托架（用于大柱距）和天窗架等构件组成。根据屋面材料的不同，屋盖可分为有檩体系和无檩体系。当屋面材料采用石棉瓦、瓦楞铁、压型钢板（夹心钢板）、钢丝网水泥板或小型混凝土板时，屋面荷载通过檩条传给屋架，这种屋盖结构称为有檩体系；若屋面材料采用大型屋面板（含太空板）、预应力空心混凝土板时，屋面荷载可直接通过屋面板传递给屋架而无须檩条，这种屋盖结构称为无檩体系。

吊车梁和制动梁（桁架）承受吊车的竖向荷载及水平荷载。外围墙架承受墙体的重量和风力，墙体一般可采用压型钢板。

任务 2　验算某单层工业厂房钢柱

2.2.1　单层工业厂房柱的种类

由表 1.1 可知，单层厂房门式刚架柱为变截面焊接 H 型钢柱［H(250 ~ 400) ×185 ×

5 ×8]，山墙抗风柱为等截面焊接 H 型钢柱(H 250 ×165 ×5 ×8)。此时，无论是等截面还是变截面，均是焊接 H 型钢，即由上翼缘、腹板、下翼缘三块钢板，根据一定的尺寸焊接而成。

2.2.2　单层工业厂房柱的验算

轴心受力构件在进行设计时，应同时满足承载能力极限状态和正常使用极限状态的要求。对于承载能力极限状态，受拉构件一般以强度控制，而受压构件需同时满足强度和稳定性的要求。对于正常使用的极限状态，是通过保证构件的刚度——限制其长细比来达到的。因此，按其受力性质的不同，轴心受拉构件的设计需分别进行强度和刚度验算，而轴心受压构件的设计需进行强度、刚度和稳定性的验算。

由单层工业厂房结构受力体系可知，单层厂房柱主要承受竖向荷载，属于轴心受压构件。而根据《钢结构设计标准》(GB 50017—2017)，轴心受压构件需验算构件的强度、刚度、整体稳定性和局部稳定性。

1)轴心受力构件的强度

轴心受力构件在正常工作时材料处于单向应力状态。截面平均正应力 σ 是衡量强度条件的主要指标，当 σ 值达到钢材的屈服强度 f 时，构件达到强度承载力极限。构件正常工作的强度条件要求截面平均正应力不超过钢材强度的设计值。

(a)除高强度螺栓摩擦型连接外，其截面强度验算：

毛截面屈服
$$\delta = \frac{N}{A} \leqslant f \tag{2.1a}$$

净截面
$$\sigma = \frac{N}{A_n} \leqslant 0.7f_u \tag{2.1b}$$

(b)采用高强度螺栓摩擦型连接的构件，其截面强度验算：

$$\delta = \left(1 - 0.5 \times \frac{n_1}{n}\right)\frac{N}{A_n} \leqslant 0.7f_u \tag{2.1c}$$

式中　N——构件的轴心拉力或压力设计值；

f——钢材的抗拉强度设计值；

f_u——抗拉强度最小值(Q235 的值为 375 N/mm^2，Q345 的值为 490 N/mm^2)；

A_n——构件的净截面面积。

2)轴心受力构件的刚度要求

轴心受力构件一般比较细长，为了避免构件在制作和安装过程中以及正常使用过程中因刚度不足而引起太大的变形，必须保证构件具有足够的刚度。

衡量轴心受力构件刚度的指标是构件的长细比 λ。规范要求 λ 值不得超过规定的容许值[λ]，其计算公式为：

$$\lambda = \frac{l_0}{i} \leqslant [\lambda] \tag{2.2}$$

式中　λ——构件的最大长细比；

l_0——构件的计算长度(上端与梁或桁架铰接且不能侧向移动的轴心受压柱，计算

长度系数应根据柱脚构造情况采用,对铰接柱脚应取 1.0,对底板厚度 2 倍的平板支座脚可取为 0.8);

i——截面的回转半径;

[λ]——构件的容许长细比。

当构件的长细比太大时,会产生下列不利影响:

①在运输和安装过程中会产生弯曲或过大的变形;

②使用期间因其自重而明显下挠;

③在动力荷载作用下发生较大的振动;

④除具有前述各种不利因素外,还使得构件的极限承载力显著降低,同时初弯曲和自重产生的挠度也将对构件的整体稳定带来不利影响。

规范在总结了钢结构长期使用经验的基础上,根据构件的重要性和荷载情况,对受拉构件的容许长细比规定了不同的要求和数值,见表 2.1。规范对压杆容许长细比的规定更为严格,见表 2.2。

表 2.1 受拉构件的容许长细比

项次	构件名称	承受静力荷载或间接承受动力荷载的结构		直接承受动力荷载的结构
		一般建筑结构	有重级工作制吊车的厂房	
1	桁架的杆件	350	250	250
2	吊车梁或吊车桁架以下的柱间支撑	300	200	—
3	其他拉杆、支撑、系杆等(拉紧的圆钢除外)	400	350	—

注:①除对腹杆提供平面外支点的弦杆外,承受静力荷载的结构中,可仅计算受拉构件在竖向平面内的长细比;
②中、重级工作制吊车桁架下弦杆的长细比不宜超过 200;
③在设有夹钳或刚性料耙等硬钩吊车的厂房中,支撑的长细比不宜超过 300;
④受拉构件在永久荷载与风荷载组合作用下受压时,其长细比不宜超过 250;
⑤跨度大于等于 60 m 的桁架,其受拉弦杆与腹杆的长细比,承受静力荷载或间接承受动力荷载不宜超过 300 或直接承受动力荷载不宜超过 250;
⑥受拉构件的长细比不宜超过表中规定的容许值,柱间支撑按拉杆设计时,竖向荷载作用下柱子的轴力应按无支撑时考虑。

3)轴心受压构件的稳定

(1)轴心受压构件整体稳定性的概念

细长的轴心受压构件,当长细比较大而截面又没有孔洞消弱时,往往不会因截面的平均应力达到抗压强度设计值而发生破坏,而是应力还低于屈服点时,就会发生屈曲破坏而丧失承载能力,这就是轴心受压构件的“失稳”破坏,因而不必进行强度计算。对轴心受压构件来说,整体稳定是确定构件截面的最重要因素。

表2.2　受压构件的容许长细比

项次	构件名称	容许长细比
1	柱、桁架和天窗架中的受压构件	150
	柱的缀条、吊车梁或吊车桁架以下的柱间支撑	
2	支撑(吊车梁或吊车桁架以下的柱间支撑除外)	200
	用以减小受压构件计算长度的构件	

注:①桁架(包括空间桁架)的受压腹杆,当其内力设计值等于或小于承载能力的50%时,容许长细比值可取200;

②计算单角钢受压构件的长细比时,应采用角钢的最小回转半径,但计算在交叉点相互连接的单角钢交叉杆件在支撑平面外的长细比时,可采用与角钢肢边平行轴的回转半径;

③跨度大于等于60 m的桁架,其受压弦杆端压杆和直接承受动力荷载的受压腹杆的长细比不宜大于120;

④验算容许长细比时可不考虑扭转效应。

(2)整体稳定性的破坏形式

①弯曲失稳。无缺陷的轴心受压构件,当轴心压力 N 较小时,构件保持顺直。如果有干扰力,则使其产生微弯曲;当干扰力除去后,构件恢复直线状态。这种直线状态的平衡是稳定的。当轴力增加到一定程度,直线形式的平衡就会变成不稳定的,这时如有干扰力则使其发生微弯,在外力除去后,构件仍保持原微弯状态,这种微弯状态称为平衡状态的分支。如果外力继续增加,则弯曲变形迅速扩展致使构件丧失承载能力,这种现象称为构件弯曲失稳。

②扭转失稳。对某些抗扭刚度较差的轴心受压构件,压力 N 达到某一临界值时,稳定平衡状态不再保持,不是发生弯曲变形,而是发生扭转变形,直至构件丧失承载能力,这种现象称为扭转失稳。

③弯扭失稳。当轴心受压构件截面为双轴对称,如工字形、箱形、十字形截面时,常发生扭转弯曲。对称截面的两种弯曲是互不相关的,究竟发生哪种变形形态,取决于截面绕 x 轴或 y 轴的抗弯刚度、抗扭刚度、构件长度、构件支承约束条件等情况。每个屈曲形态都可求出相应的临界力,其中最小的将起控制作用。

大量研究表明,真正的轴心受压杆件并不存在,实际构件都具有一些初始缺陷和残余应力,它们对构件的稳定承载力有一定影响。因此,目前在研究钢结构轴心受压构件的整体稳定性时,已不采用理想轴心压杆的假定,而以具有初始缺陷和残余应力的偏心压杆作为研究的力学模型,以稳定极限承载力作为依据。

(3)实际影响轴心受压构件整体稳定性的其他因素

实际钢结构中的轴心受压构件的稳定性还受到多种其他因素的影响,包括构件的初始缺陷、加工制作过程中产生的残余应力、杆件轴线的初始弯曲以及轴向力的初始偏心等因素,这些因素的存在都使轴心受压构件的承载能力降低。

(4)实际轴心受压构件整体稳定性的计算方法

规范对不同类型的实际受压构件,根据大量试验数据在科学统计的基础上,对原始条件作出了合理的计算假设,并提出了统一的标准计算公式。

《钢结构设计标准》(GB 50017—2017)对轴心受压构件的整体稳定性计算采用以下

公式：

$$\delta = \frac{N}{A} \leqslant \varphi \cdot f \tag{2.3}$$

式中 N——轴心压力设计值；

A——构件截面的毛截面面积；

f——钢材的抗压强度设计值；

φ——轴心受压构件的整体稳定系数。

整体稳定系数 φ 表示构件整体稳定性对承载力的影响。φ 是小于 1 的数，在式(2.3)中应取截面尺寸两主轴稳定系数中的较小者。整体构件的长细比 λ 是影响 φ 值的主要因素，对不同的钢材、不同截面类型的构件还考虑了其他因素的影响，给出了 λ-φ 值的对应关系。构件截面形式分类见表 2.3 和表 2.4；规范按钢材种类和截面类型将 λ-φ 关系编制成表格供查用，参见附录Ⅰ。

表 2.3　常见轴心受压杆件(厂房柱)截面分类(板厚<40 mm)

截面形式		对 x 轴	对 y 轴
轧制圆钢管		a 类	a 类
轧制 H 型钢	$b/h \leqslant 0.8$	a 类	b 类
	$b/h > 0.8$	a* 类	b* 类
焊接 H 型钢，翼缘为焰切边	焊接圆钢管	b 类	b 类

注：①b 代表 H 型钢翼缘宽度，h 代表 H 型钢高度。

②a* 类含义为 Q235 钢取 b 类，Q345、Q390、Q420、Q460 钢取 a 类；b* 类含义为 Q235 钢取 c 类，Q345、Q390、Q420 和 Q460 钢取 b 类。

表 2.4　常见轴心受压杆件(厂房柱)截面分类(板厚≥40 mm)

截面形式		对 x 轴	对 y 轴
轧制工字形或 H 形截面	$t<80$ mm	b 类	c 类
	$t \geqslant 80$ mm	c 类	d 类
焊接工字形截面或 H 形截面	翼缘为焰切边	b 类	b 类
	翼缘为轧制或剪切边	c 类	d 类
焊接箱形截面	板件宽厚比>20	b 类	b 类
	板件宽厚比≤20	c 类	c 类

对长细比 λ 的计算规定如下：

①截面为双轴对称的构件：

$$\left.\begin{aligned} \lambda_x &= \frac{l_{0x}}{i_x} \\ \lambda_y &= \frac{l_{0y}}{i_y} \end{aligned}\right\} \tag{2.4}$$

式中　l_{0x}，l_{0y}——构件对主轴 x 轴和 y 轴的计算长度，节点中心之间距离或侧向支承点之间距离；

i_x，i_y——构件截面对主轴 x 轴和 y 轴的回转半径。

②截面为单轴对称的构件：以上讨论柱的整体稳定临界力时，假定构件失稳时只发生弯曲而没有扭转，即所谓弯曲屈曲。对于单轴对称截面，由于截面形心与剪切中心不重合，绕对称轴失稳时，在弯曲的同时总伴随着扭转，即形成弯扭屈曲。在相同情况下，弯扭失稳比弯曲失稳的临界点要低。因此，对双板T形和槽形等单轴对称截面进行弯扭分析后，认为绕对称轴（设为 y 轴）的稳定应计取扭转效应的换算长细比。

无任何对称轴不宜用作轴心受压构件。对单面连接的单角钢轴心受压构件，考虑折减系数0.85后，可不考虑弯扭效应。当槽形截面用于格构式构件的分肢，计算分肢绕对称轴（y 轴）的稳定性时，不必考虑扭转效应，直接用 λ_y 代替 φ_y 值。

【例2.1】　如图2.1所示的一操作平台柱子（属轴心受压杆件），截面为轧制工字钢I36a型，计算长度 $l_{0x}=750$ cm，$l_{0y}=300$ cm，承受的轴心压力设计值为700 kN，钢材为Q235，试验算该柱的刚度和整体稳定性是否满足要求。

【解】　查附录Ⅰ可知，$f=215$ N/mm²，查附录Ⅲ可知，I36a的截面特性为：

$A=76.480$ cm²，$i_x=14.4$ cm，$i_y=2.69$ cm

柱子的长细比为：

$$\lambda_x=\frac{l_{0x}}{i_x}=\frac{750}{14.4}=52.1<[\lambda]=150$$

$$\lambda_y=\frac{l_{0y}}{i_y}=\frac{300}{2.69}=111.5<[\lambda]=150$$

由表2.3可知，截面对 x 轴是a类，对 y 轴是b类，分别查附录Ⅱ可知，$\varphi_x=0.910$，$\varphi_y=0.485$，取 $\varphi=\varphi_y=0.485$，则

$$\delta=\frac{N}{\varphi A}=\frac{700\times10^3}{0.485\times76.48\times10^2}=188.7(\text{N/mm}^2)<f=215\ \text{N/mm}^2$$

因此，该截面满足刚度和整体稳定性的要求。

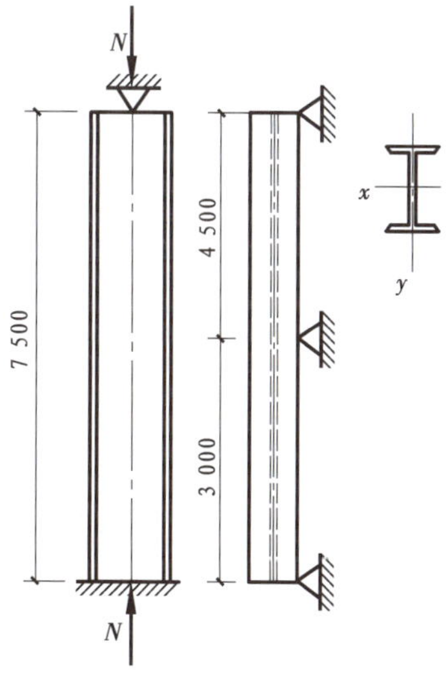

图2.1　例2.1图

4）轴心受压构件的局部稳定

当实腹柱的腹板、翼缘板或其他组成部件的厚度相对较小时，可能在柱丧失整体稳定前的较小荷载下产生局部屈曲，即受压的腹板或翼缘板偏离其原来的平面位置而发生波状翘曲的现象称为柱丧失局部稳定。柱的局部丧失稳定后，使柱的受力状况恶化，有可能导致柱较早地丧失整体稳定。

为了使钢柱各组成部件有足够的局部稳定性，通常按板件的应力和支承等情况限制其宽厚比不超过一定数值。以工字形截面为例，《钢结构设计标准》规定如下所述：

（1）翼缘

由于工字形截面的腹板一般较翼缘板薄，腹板对翼缘几乎没有约束作用，因此翼缘

可视为三边简支一边自由的均匀受压板。由于翼缘板悬伸部分的宽厚比 b/t 与长细比 λ 的关系曲线的关系式较复杂，为了便于应用，采用下列简单的直线式表达：

$$\frac{b}{t} \leqslant (10 + 0.1\lambda)\sqrt{\frac{235}{f_y}} \tag{2.5}$$

式中，λ 为构件两方向长细比的较大值。当 $\lambda < 30$ 时，取 $\lambda = 30$；当 $\lambda > 100$ 时，取 $\lambda = 100$。当翼缘宽厚比不能满足式(2.5)要求时，需设置横向加劲肋，如图 2.2 所示。

(2)腹板

腹板可视为四边简支板，当腹板发生变形时，翼缘板作为腹板纵向边的支撑，将对腹板起一定的弹性嵌固作用，这种嵌固作用可使腹板的临界应力提高，经简化可得腹板高厚比 h_0/t_w 的简化表达式为：

$$\frac{h_0}{t_w} \leqslant (25 + 0.5\lambda)\sqrt{\frac{235}{f_y}} \tag{2.6}$$

式中，f_y 为钢材屈服强度。

当工字形截面的腹板高厚比 h_0/t_w 不满足式(2.6)的要求时，可采用以下两种措施：一是加厚腹板；二是在腹板中部设置纵向加劲肋，用纵向加劲肋加强后的腹板仍按式(2.6)计算，但 h_0 应取翼缘与纵向加劲肋之间的距离，如图 2.2 所示。

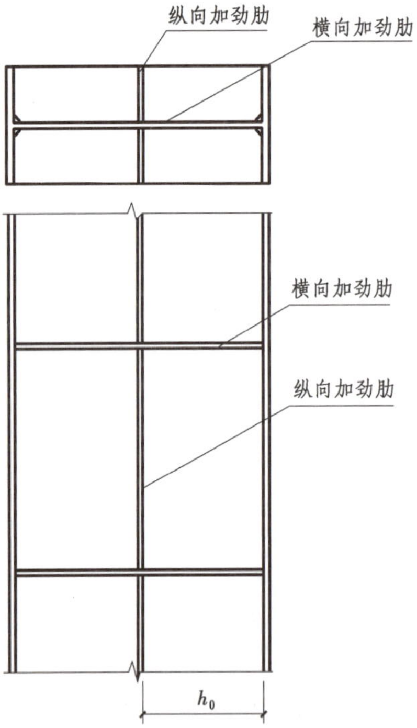

纵向、横向加劲肋模型图

图 2.2　实腹柱的横向加劲肋和纵向加劲肋

(注：当纵向加劲肋与横向加劲肋相交时，纵向加劲肋断开，以保证横向加劲肋的完整)

任务 3　验算某单层工业厂房钢梁

建筑结构中，承受横向荷载的构件称为受弯构件，简称为梁，其形式有实腹式和格构式两个系列。下面以某单层工业厂房中实腹式梁为例，讲解钢梁的种类和结构验算。

1）实腹式梁的分类

该单层工业厂房有门式刚架横梁、雨篷梁、系杆、屋面檩条、墙面檩条、门梁等。这些构件的共同点是受弯构件，截面形式可以通过表1.1查出；这些梁的断面均为实腹式，可以分为型钢梁和组合梁两大类。

（1）型钢梁

型钢梁又分为热轧型钢梁和冷轧型钢梁。

型钢梁构造简单、制作省时省工、成本较低，因此被优先采用。

热轧型钢梁的截面有热轧工字钢、槽钢和热轧钢管，如本单层工业厂房中的雨篷梁（槽钢）、系杆（热轧钢管）。

冷轧型钢梁，即冷弯薄壁型钢梁，如本单层工业厂房中的屋面檩条（Z型钢、C型钢）、墙面檩条（C型钢）、窗柱（C型钢）、门梁（C型钢）等。

（2）组合梁

当荷载和跨度较大时，型钢梁受到尺寸和规格的限制，往往不能满足承载力和刚度的要求，此时应采用组合梁。其截面组成比较灵活，可使材料在截面上的分布更为合理。按其连接方法和使用材料的不同，组合梁可以分为焊接H型钢梁、铆接组合梁（现极少采用）、异种钢组合梁、钢-混凝土组合梁等几种。最常用的组合梁一般采用三块钢板焊接而成的工字形截面组合梁——焊接H型钢。荷载很大而高度受到限制或梁的抗扭要求较高时，可采用箱形截面。部分组合梁的截面类型如图2.3所示。混凝土适于受压，钢材适于受拉，钢-混凝土组合梁可以充分发挥两种材料的优势，使材料在截面上的分布更为合理，节约钢材，经济性更明显。

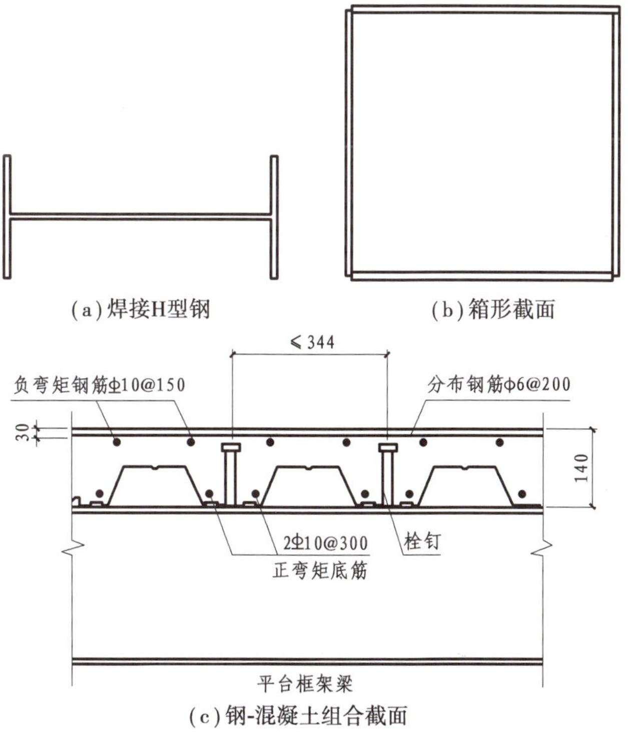

组合梁模型图

图2.3　组合梁截面

2）实腹式梁的强度和刚度验算

为确保安全使用，经济合理，钢梁在设计时必须同时考虑承载力极限状态和正常使用极限状态。其中，承载力极限状态包括强度、整体稳定性和局部稳定性三个方面。它要求在荷载设计值作用下，梁的弯曲正应力、剪应力、局部压应力和折算应力均不超过规范规定的相应强度设计值；整个梁不会侧向弯扭屈曲；组成梁的板件不会出现波状的局部屈曲。而正常使用极限状态主要考虑梁的刚度，设计时要求梁有足够的抗弯刚度，即在荷载标准值作用下，梁的最大挠度不大于《钢结构设计标准》规定的容许挠度。

（1）梁的强度

梁的强度分为抗弯强度、抗剪强度、局部承压强度、在复杂应力作用下的强度，其中抗弯强度的计算是首要的。

①梁的抗弯强度。梁截面的弯曲应力随弯矩的增加而变化。在屈服点之前其性质接近理想的弹性体，而在屈服点之后又接近于理想的塑性体，因此钢材可视为理想的弹塑性体。在弯矩作用下，梁截面上的正应力发展过程可分为三个阶段：弹性工作阶段、弹塑性工作阶段、塑性工作阶段。

把边缘纤维达到屈服点视为梁承载能力的极限状态，作为设计时的依据，这称为弹性设计；在一定条件下，考虑塑性变形的发展，这时的设计称为塑性设计。显然，塑性设计比弹性设计更充分地发挥了材料的作用，但为了使梁的塑性变形不致过大，发生早期破坏，保证塑性设计的正确性，《钢结构设计标准》在弹性设计的基础上引入塑性发展系数。

这样，梁的抗弯强度按下列规定计算：

$$\frac{M_x}{\gamma_x W_{nx}} + \frac{M_y}{\gamma_y W_{ny}} \leqslant f \tag{2.7}$$

式中　M_x, M_y——同一截面处绕 x 轴、绕 y 轴的弯矩设计值（对工字形截面，x 轴为强轴，y 轴为弱轴）。

W_{nx}, W_{ny}——对 x 轴、y 轴的净截面模量。

γ_x, γ_y——截面塑性发展系数。对工字形截面，$\gamma_x = 1.05$，$\gamma_y = 1.20$；对箱形截面，$\gamma_x = \gamma_x = 1.05$；对其他截面，可查《钢结构设计标准》。

单向弯曲时：

$$\frac{M}{\gamma W} \leqslant f \tag{2.8}$$

当梁的抗弯强度不够时，增加梁截面的任意尺寸均可，但以梁的高度增加最为有效。

②梁的抗剪强度。一般情况下，梁既承受弯矩又承受剪力。对于工字形和槽形截面，其最大剪应力在腹板中和轴处。因此，在主平面内受弯的实腹构件，其抗剪强度按下式计算：

$$\tau = \frac{VS}{It_w} \leqslant f_v \tag{2.9}$$

式中　V——计算截面沿腹板平面作用的剪力设计值，N；

S——计算剪应力处以上（或以下）毛截面对中和轴的面积矩，mm^3；

I——毛截面惯性矩，mm^4；

t_w——腹板厚度，mm；

f_v——钢材的抗剪强度设计值，N/mm^2。

当梁的抗剪强度不足时，最有效的办法是增大腹板的面积，但腹板高度 h_w 一般由梁的刚度条件和构造要求确定，故设计时常采用加大腹板厚度 t_w 的办法来增大梁的抗剪强度。

③梁的局部承压强度。当梁的翼缘受沿腹板平面作用的固定集中荷载（包括支座反力）且该荷载处又未设置支撑加劲肋时（图2.4），应验算腹板计算高度边缘的局部承压强度。假定集中荷载从作用点处以1∶2.5（在 h_y 高度范围内）和1∶1（在 h_R 高度范围内）扩散，均匀分布于腹板计算高度边缘。

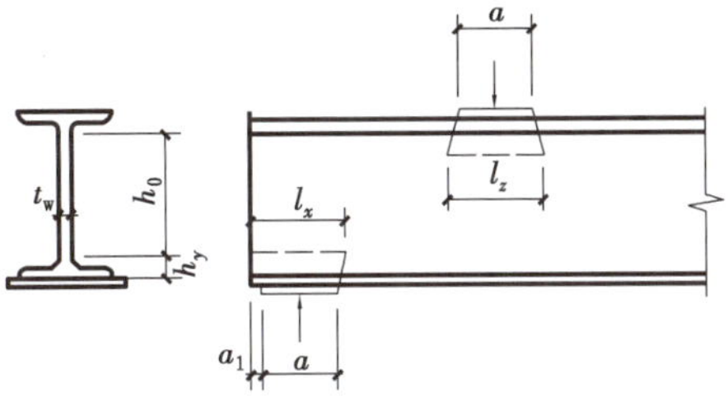

图2.4 集中荷载处未设置加劲肋

按这种假定计算的均布压应力 σ_c 与理论的局部压应力的最大值十分接近。于是，梁的局部承压强度可按下式计算：

$$\sigma_c = \frac{\psi F}{t_w l_z} \leqslant f \tag{2.10}$$

式中 F——集中荷载，对动力荷载应考虑动力系数。

ψ——集中荷载增大系数。对重级工作制吊车梁，$\psi=1.35$；对其他荷载，$\psi=1.0$。

l_z——集中荷载在腹板计算高度边缘上的假定分布长度，按下式计算：

跨中集中荷载：$l_z=a+5h_y+2h_R$；

两端支反力：$l_z=a+2.5h_y+a_1$。

a——集中荷载沿梁跨度方向的支承长度，对钢轨上的轮压可取50 mm。

h_y——自梁顶面至腹板计算高度边缘上的距离。

h_R——轨道的高度，对梁顶无轨道的梁 $h_R=0$。

a_1——梁端到支座板外边缘的距离，按实取，但不大于 $2.5h_y$。

④梁在复杂应力作用下的强度计算。在组合梁的腹板计算高度边缘处，当同时受到较大正应力、剪应力和局部压应力时，或同时受有较大正应力和剪应力时（如连续梁的支座处或梁的翼缘截面改变处等），应按下式验算该处的折算应力：

$$\sqrt{\sigma^2+\sigma_c^2-\sigma\sigma_c+3\tau^2} \leqslant \beta_1 f \tag{2.11}$$

式中 σ——验算处的弯曲正应力，$\sigma=\dfrac{M}{I_n}y_1$；

M——验算截面的弯矩；

y_1——验算点至中和轴的距离；

σ_c——计算点处的局部压应力；

τ——验算点处的剪应力，按式(2.9)计算；

σ,τ,σ_c——腹板计算高度边缘处同一点上同时产生的正应力、剪应力和局部压应力，σ 和 σ_c 均以拉应力为正值、压应力为负值；

β_1——折算应力的强度设计值增大系数，当 σ 和 σ_c 异号时取 $\beta_1=1.2$，当 σ 和 σ_c 同号或 $\sigma_c=0$ 时取 $\beta_1=1.1$。

在式(2.11)中，考虑到所验算部位是腹板边缘的局部区域，且几种应力皆以其较大值出现在同一点上的概率很小，故将强度设计值乘以 β_1 予以提高。当 σ 和 σ_c 异号时，其塑性变形能力比 σ 和 σ_c 同号时大，因此前者的 β_1 值大于后者。

(2)梁的刚度

梁的刚度属于正常使用要求，按正常使用极限状态理论进行计算，以荷载标准值引起的挠度作为计算指标。梁的刚度一般是经过强度计算选定截面后进行验算，梁的刚度必须满足下式要求

$$v \leqslant [v] \tag{2.12}$$

式中 v——由荷载标准值(不考虑荷载分项系数和动力系数)产生的最大挠度；

$[v]$——梁的容许挠度值，对某些常用的受弯构件，规范根据实践经验规定的容许挠度值$[v]$见表2.5。

表2.5 受弯构件容许挠度值

项次	构件类别	挠度容许值	
		$[v_T]$	$[v_Q]$
1	吊车梁和吊车桁架(按自重和起重量最大的一台吊车计算挠度) (1)手动吊车和单梁吊车(含悬挂吊车) (2)轻级工作制桥式吊车 (3)中级工作制桥式吊车 (4)重级工作制桥式吊车	 $l/500$ $l/800$ $l/1\ 000$ $l/1\ 200$	—
2	手动或电动葫芦的轨道梁	$l/400$	—
3	有重轨(每米质量等于或大于38 kg)轨道的工作平台梁 有轻轨(每米质量等于或大于24 kg)轨道的工作平台梁	$l/600$ $l/400$	—
4	楼(屋)盖梁或桁架、工作平台梁(第3项除外)和平台板 (1)主梁或桁架(包括设有悬挂设备的梁和桁架) (2)抹灰顶棚的次梁 (3)除(1)(2)款外的其他梁(包括楼梯梁) (4)屋盖檩条 支承无积灰的瓦楞铁和石棉瓦屋面者 支承压型金属板、有积灰的瓦楞铁和石棉瓦等屋面者 支撑其他屋面材料者 (5)平台板	 $l/400$ $l/250$ $l/250$ $l/150$ $l/200$ $l/200$ $l/150$	 $l/500$ $l/350$ $l/300$

续表

项次	构件类别	挠度容许值	
		$[v_T]$	$[v_Q]$
5	墙架构件（风荷载不考虑阵风影响系数）		
	（1）支柱	—	$l/400$
	（2）抗风桁架（作为连续支柱的支承时）	—	$l/1\ 000$
	（3）砌体墙的横梁（水平方向）	—	$l/300$
	（4）支承压型金属板、瓦楞铁和石棉瓦墙面的横梁（水平方向）	—	$l/200$
	（5）带有玻璃窗的横梁（竖直和水平方向）	$l/200$	$l/200$

注：①l 为受弯构件的跨度（对悬臂梁为悬伸长度的2倍）。

②$[v_T]$ 为永久和可变荷载标准值产生的挠度（如有起拱应减去起拱）的容许值；$[v_Q]$ 为可变荷载标准值产生的挠度容许值。

梁的挠度可按材料力学和结构力学的方法计算，也可由结构静力计算手册取用。受多个集中荷载的梁（如吊车梁、楼盖主梁等），其挠度精确计算较为复杂，但与产生相同最大弯矩的均布荷载作用下的挠度接近，于是可采用近似公式验算梁的挠度。

计算梁的挠度值时，取用的荷载标准值应与表2.5规定的挠度容许值相对应。例如，对吊车梁，挠度应按自重和起重量最大的一台吊车计算；对楼盖或工作平台梁，应分别验算全部荷载产生挠度和仅有可变荷载产生挠度。由于截面削弱对梁的整体刚度影响不大，习惯上用毛截面特性按结构力学方法确定梁的最大挠度，表2.6给出了几种常用等截面简支梁的最大挠度计算公式。

表2.6　等截面简支梁的最大挠度计算公式

荷载情况	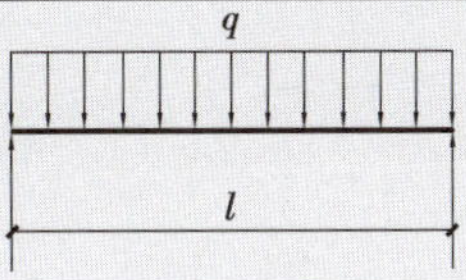	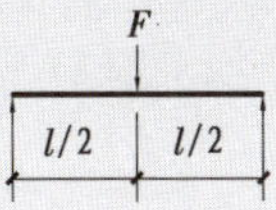	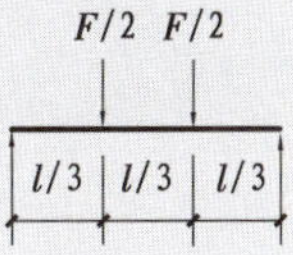	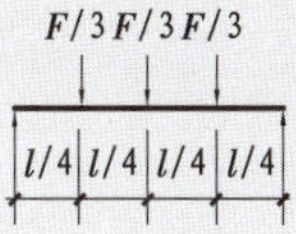
计算公式	$\frac{5}{384}\cdot\frac{ql^4}{EI}$	$\frac{1}{48}\cdot\frac{Fl^3}{EI}$	$\frac{23}{1\ 296}\cdot\frac{Fl^3}{EI}$	$\frac{19}{1\ 152}\cdot\frac{Fl^3}{EI}$

3）梁的整体稳定

（1）梁的整体稳定性的概念

为了提高梁的抗弯强度，节省钢材，钢梁截面一般做成高而窄的形式，受荷方向刚度大，侧向刚度较小。如果梁的侧向支承较弱（比如仅在支座处有侧向支承），梁的弯曲会随荷载大小变化而呈现两种截然不同的平衡状态。

工字形截面梁，荷载作用在其最大刚度平面内。当荷载较小时，梁的弯曲平衡状态是稳定的。虽然外界各种因素会使梁产生微小的侧向弯曲和扭转变形，但外界影响消失后，梁仍能恢复原来的弯曲平衡状态。然而，当荷载增大到某一数值后，梁在向下弯曲的同时，将突然发生侧向弯曲和扭转变形而破坏，这种现象称为梁的侧向弯扭屈曲或整体失稳。梁维持其稳定平衡状态所承担的最大荷载或最大弯矩，称为临界荷载或临界弯

矩 M_{cr}。

(2)梁的整体稳定性的保证

《钢结构设计标准》规定，当符合下列情况之一时，梁的整体稳定性可以得到保证，不必计算：

①有刚性铺板密铺在梁的受压翼缘上并与其牢固连接，能阻止梁受压翼缘的侧向位移时；

②工字形截面简支梁，受压翼缘的自由长度与其宽度之比 l_1/b_0 不超过表 2.7 规定的数值时；

③箱形截面简支梁，其截面尺寸满足 $h/b_0 \leqslant 6$，且 $l_1/b_0 \leqslant 95(235/f_y)$ 时（箱形截面很容易满足此条件）。

表 2.7　工字形截面简支梁 l_1/b_0 的限值

钢号	跨中无侧向支承点的梁		跨中受压翼缘有侧向支承点的梁，不论荷载作用在何处
	荷载作用在上翼缘	荷载作用在下翼缘	
Q235	13.0	20.0	16.0
Q345	10.5	16.5	13.0

注：其他钢号的梁不需计算整体稳定性的 $\frac{l_1}{b_0}$ 最大值，应取 Q235 钢的数值乘以 $\sqrt{235/f_y}$。

(3)梁的整体稳定性的验算

当不满足前述条件时，需要对梁的整体稳定性进行计算。计算时根据梁整体稳定临界弯矩 M_{cr}，可求出相应的临界应力 $\sigma_{cr} = M_{cr}/W_x$，并考虑钢材抗力分项系数 γ_R，对于在最大刚度平面内单向弯曲的构件，其整体稳定性条件为：

$$\sigma = \frac{M_{cr}}{W_x} \leqslant \frac{\sigma_{cr}}{\gamma_R} = \frac{\sigma_{cr} f_y}{f_y \gamma_R} \tag{2.13}$$

令 $\sigma_{cr}/f_y = \varphi_b$，则在最大刚度平面内受弯的构件，其整体稳定性应按下式计算：

$$\sigma = \frac{M_x}{\varphi_b W_x} \leqslant f \tag{2.14}$$

式中　M_x——绕强轴作用的最大弯矩；

W_x——按受压纤维确定的梁毛截面模量；

φ_b——梁的整体稳定性系数。

在整体稳定性计算中，整体稳定性系数 φ_b 的确定非常关键。根据实验与理论推导，它主要与梁的刚度、跨度、侧向支承点的距离、荷载的性质和作用位置等因素有关。因而，《钢结构设计标准》给出了相应的计算公式。

当梁的整体稳定性承载力不足时，可采用加大梁的截面尺寸或增加侧向支承的办法予以解决，前一种办法中尤其以增大受压翼缘的宽度最为有效。此外，不论梁是否需要计算整体稳定性，梁的支承处均应采取构造措施以阻止其端截面的扭转。

4)梁的局部稳定

从用材经济性的角度出发,选择组合梁截面时总是力求采用高而薄的腹板以增大截面的惯性矩和抵抗矩,同时也希望采用宽而薄的翼缘以提高梁的稳定性。但是,如果将这些板件进行不适当的减薄加宽,板中压应力或剪应力尚未达到强度限值或梁未丧失整体稳定前,腹板或受压翼缘有可能偏离其平面位置,出现波形鼓曲,这种现象称为局部失稳或失去局部稳定性。

如果梁的腹板或翼缘局部失稳,整体构件一般不会立即丧失承载能力,但由于对称截面转化为非对称截面而产生扭转以及部分截面退出工作等原因,大大降低了构件的承载能力。因此虽说局部失稳的危险性小于整体失稳,但它往往导致钢结构早期破坏。

热轧型钢由于轧制条件的原因,其板件宽厚比较小,都能满足局部稳定的要求,不需计算。

对冷弯薄壁型钢梁的受压或受弯板件,宽厚比不超过规定的限制时,认为板件全部有效;当超过此限制时,则只考虑一部分宽度有效(称为有效宽度),应按现行《冷弯薄壁型钢结构设计规范》(GB 50018—2002)的规定进行计算。这里主要讲述一般钢结构组合梁中翼缘和腹板的基本稳定。为了避免组合梁出现局部失稳的现象,工程中主要采取以下两种措施:限制板件的宽厚比(或高厚比);在垂直于钢板平面方向设置加劲肋。

(1)受压翼缘的局部稳定

对于梁的受压翼缘,为了充分发挥材料强度,只能通过限制其自由外伸宽度 b 与厚度 t 之比来保证翼缘板的局部稳定,即:

$$\frac{b}{t} \leqslant 13\sqrt{\frac{235}{f_y}} \tag{2.15}$$

当梁在绕强轴的弯矩 M_x 作用下的强度按弹性设计(即 $\gamma_x = 1.0$)时,b/t 值可放宽为:

$$\frac{b}{t} \leqslant 15\sqrt{\frac{235}{f_y}} \tag{2.16}$$

翼缘板自由外伸宽度 b 的取值:对焊接构件,取腹板边缘至翼缘板(肢)边缘的距离;对轧制构件,取内圆弧起点至翼缘板(肢)边缘的距离。

箱形梁翼缘板在两腹板之间的部分,相当于四边简支单向均匀受压板,《钢结构设计标准》要求两腹板之间的无支承宽度 b_0 与其厚度 t 之比,应符合下式要求:

$$\frac{b_0}{t} \leqslant 40\sqrt{\frac{235}{f_y}} \tag{2.17}$$

(2)腹板的局部稳定

梁的腹板以承受剪力为主,所需的厚度一般很小,此时如果仅为保证局部稳定而加厚腹板或降低梁高,显然是不经济的。因此,组合梁主要是通过采用加劲肋将腹板分割成较小的区格来提高抵抗局部屈曲的能力。

腹板加劲肋(图2.5),主要分为以下几类:

①横向加劲肋:防止由剪应力和局部压应力引起的腹板失稳。

②纵向加劲肋:防止由弯曲压应力引起的腹板失稳,通常布置在受压区域。

③短加劲肋:防止局部压应力引起的失稳,布置在受压区。

④支承加劲肋:支座处和上翼缘受有较大固定集中荷载处设置。

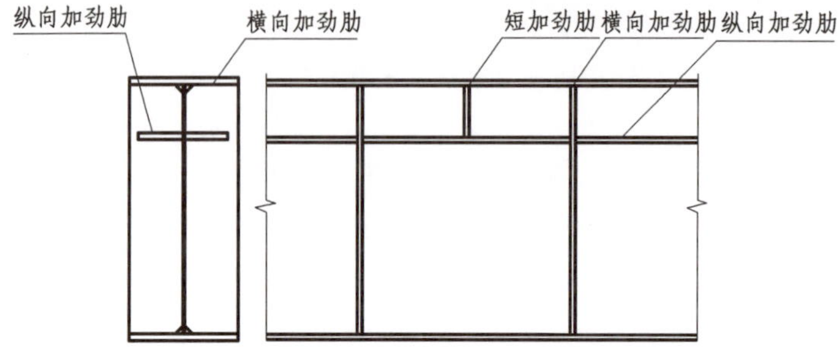

腹板加劲肋模型图

图2.5　梁的纵向加劲肋、横向加劲肋、短加劲肋图形

任务4　了解其他结构形式的柱、梁、支撑的种类

2.4.1　格构式柱

格构式:由型钢、钢管或组合截面杆件连接而成的杆系结构,多做成桁架和格构式柱。格构式构件容易使压杆实现两主轴方向的等稳定性,刚度大,抗扭性能好,用料较省。其截面一般由两个或多个型钢肢件组成,肢件间采用缀条和缀板,缀条和缀板统称为缀材。根据社会生产力的发展和钢材性能的提高,格构式柱的形式也逐渐发生演变。

①工字钢组成的格构式柱,缀条由角钢组成,如图2.6所示。

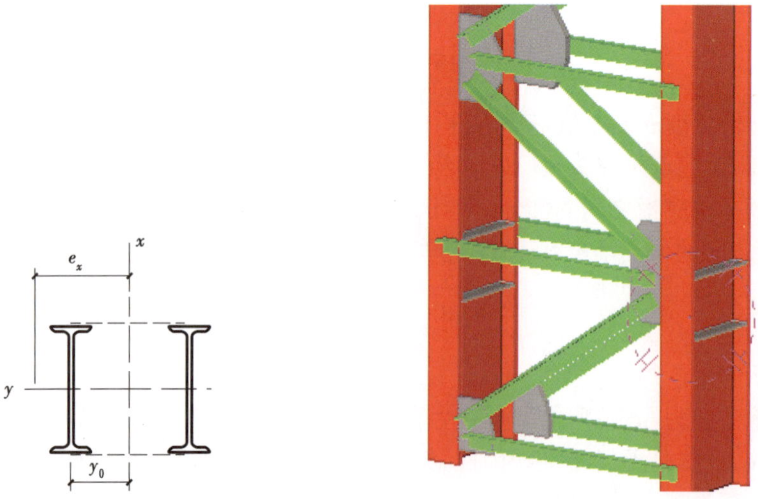

工字钢格构式柱模型图

(a)格构式柱施工图纸断面图形　　(b)格构式柱三维图形

图2.6　工字钢断面组成的格构式柱

(c)格构式柱制作图形

图2.6　工字钢断面组成的格构式柱(续图)

②钢管组成的格构式柱,缀条和立柱均由钢管组成,如图2.7所示。

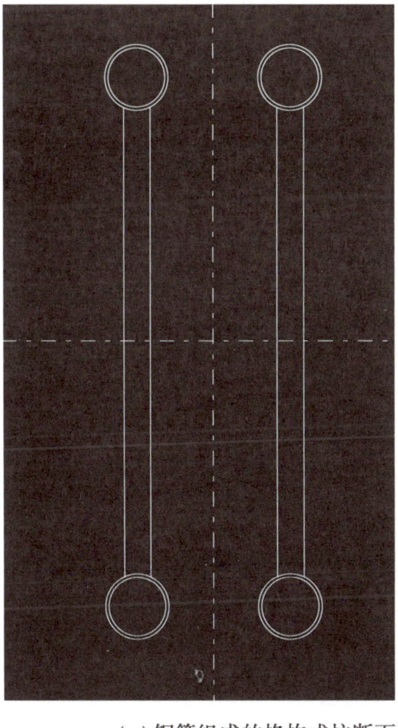

(a)钢管组成的格构式柱断面图

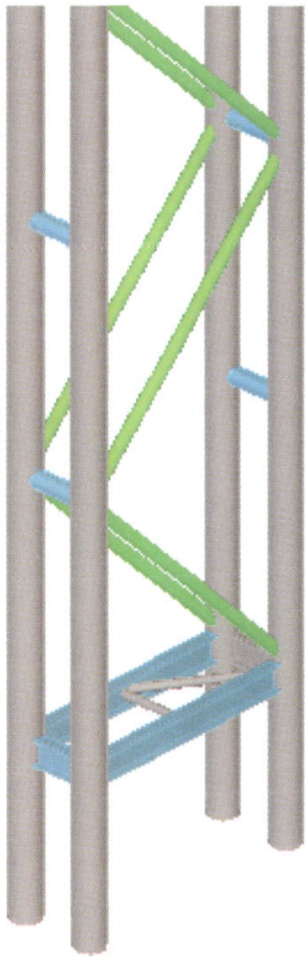

钢管格构式柱模型图

(b)钢管组成的格构式柱三维图

图2.7　钢管组成的格构式柱

2.4.2 格构式梁

格构式梁又称为桁架梁,多用于屋面梁、辅助桁架等。下面分别举例说明。

1)屋面梁

格构式屋面梁又称为屋架,即用角钢或钢管组成的钢屋架,如图 2.8 所示。

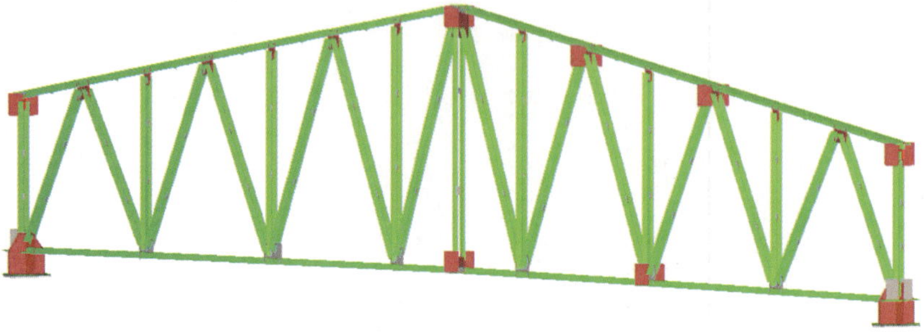

角钢组成屋面梁模型图

(a)角钢组成格构式屋面梁

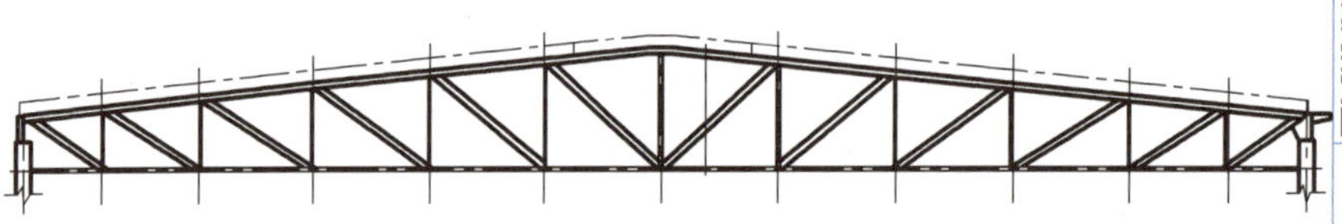

钢管组成屋面梁模型图

(b)钢管组成格构式屋面梁

图 2.8 格构式屋面梁

2)辅助桁架

格构式辅助桁架如图 2.9 所示。

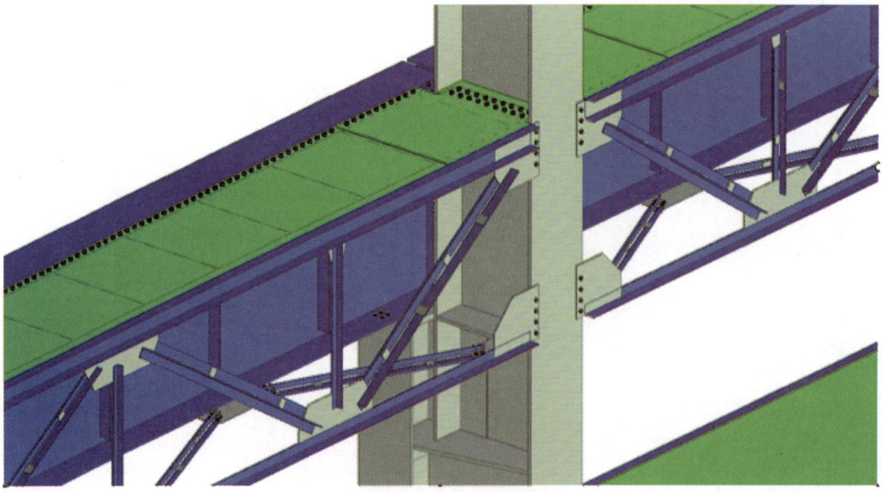

(a)模型中的辅助桁架梁

图 2.9 格构式辅助桁架梁

(b)制作厂中的辅助桁架梁

吊车梁辅助桁架模型图

图2.9 格构式辅助桁架梁(续图)

课后思考题

1. 轴心受压构件整体失稳的形式有哪些?与哪些因素有关?
2. 当构件的长细比太大时会产生哪些不利影响?
3. 影响钢梁整体稳定的主要因素有哪些?

项目 3　建筑钢结构杆件连接计算

任务 1　钢结构连接形式

钢结构连接形式分为两大类:焊缝连接和螺栓连接,如图 3.1 所示。其中,焊缝连接分为对接焊缝连接和角焊缝连接;螺栓连接分为普通螺栓连接和高强螺栓连接。目前两种形式焊缝连接都被广泛采用,是钢结构连接中必不可少的连接形式。螺栓连接中,普通螺栓在工程中主要用于构件安装,起临时固定作用,后期采用焊缝连接来固定。高强度螺栓连接主要用于承受动力荷载的结构连接中。根据现场施工实际情况,这里主要讲解杆件的角焊缝连接和高强度螺栓连接计算。

- 钢结构连接分类
  - 焊缝连接
    - 对接焊缝连接
    - 角焊缝连接
  - 螺栓连接
    - 普通螺栓连接
    - 高强度螺栓连接

图 3.1　钢结构连接分类

3.1.1　焊缝连接的构造要求

1)焊接材料的选用原则和设计指标

(1)选用原则

用作钢结构连接的材料均应与被连接构件所采用的钢材材质相适应。两种不同强度钢材的连接材料选用原则为:选用与低强度钢材相匹配的连接材料。比如,当 Q235 钢与 Q345 钢焊接连接时,连接材料应该选择与 Q235 钢材相适应的连接材料,即 E43 × × 型焊条(焊丝和焊剂)。

(2)设计指标

焊缝强度的设计值见表3.1。

表3.1　焊缝的强度设计值　　单位:N/mm²

焊接方法和焊条型号	构件钢材		对接焊缝				角焊缝
	牌号	厚度或直径/mm	抗压强度 f_c^w	焊缝质量为下列等级时,抗拉 f_t^w		抗剪强度 f_v^w	抗拉、抗压和抗剪 f_f^w
				一级、二级	三级		
自动焊、半自动焊和E43××型焊条的手工焊	Q235钢	≤16	215	215	185	125	160
		>16~40	205	205	175	120	
		>40~60	200	200	170	115	
		>60~100	190	190	160	110	
自动焊、半自动焊和E50××型焊条的手工焊	Q345钢	≤16	310	310	265	180	200
		>16~35	295	295	250	170	
		>35~50	265	265	225	155	
		>50~100	250	250	210	145	
自动焊、半自动焊和E55××型焊条的手工焊	Q390钢	≤16	350	350	300	205	220
		>16~35	335	335	285	190	
		>35~50	315	315	270	180	
		>50~100	295	295	250	170	
自动焊、半自动焊和E55××型焊条的手工焊	Q420钢	≤16	380	380	320	220	220
		>16~35	360	360	305	210	
		>35~50	340	340	290	195	
		>50~100	325	325	275	185	

2)对接焊缝连接的构造要求

对接焊缝连接的形式、焊缝符号表示方法及适用范围见表3.2。

表3.2　对接焊缝分类、表示方法及适用范围

序号	分类	图形表示	焊缝符号	适用范围
1	平接	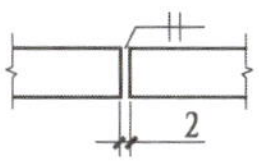	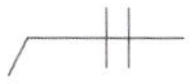	4 mm < t ≤ 10 mm
2	单边V形	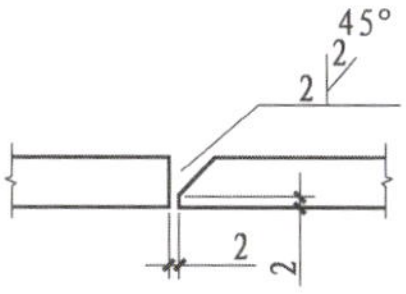	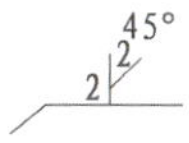	10 mm < t ≤ 20 mm

续表

序号	分类	图形表示	焊缝符号	适用范围
3	V 形	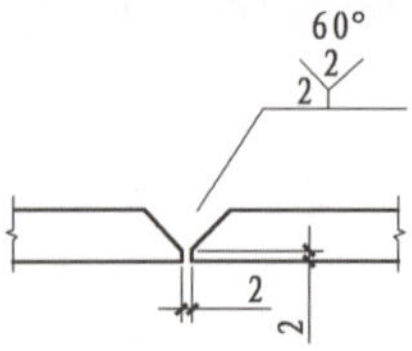	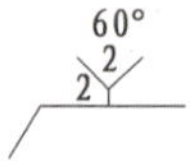	10 mm < t ≤ 20 mm
4	K 形	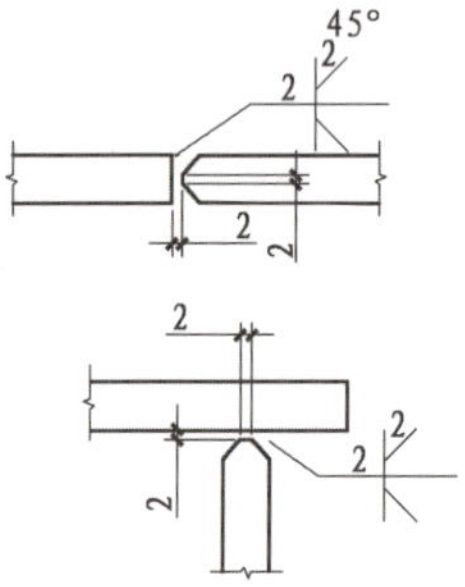	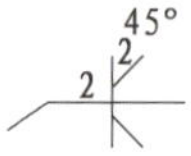	t ≥ 20 mm
5	X 形	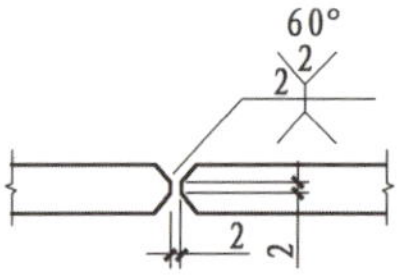	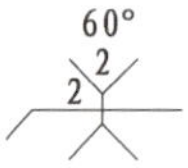	t ≥ 20 mm

对接焊缝连接的构造要求如下：

①在焊缝的起灭弧处，常会出现弧坑等缺陷，此处极易产生应力集中和裂纹，对承受动力荷载尤为不利，故焊接时对直接承受动力荷载的焊缝，必须采用引弧板，焊后将它用火焰气割除去。对承受静力荷载的结构设置引弧板不方便时，允许不设置引弧板，则每条焊缝的引弧和灭弧端各减去 t（t 为两个连接板中较薄钢板的厚度）后作为焊缝的计算长度。引弧板构造设置如图 3.2 所示。

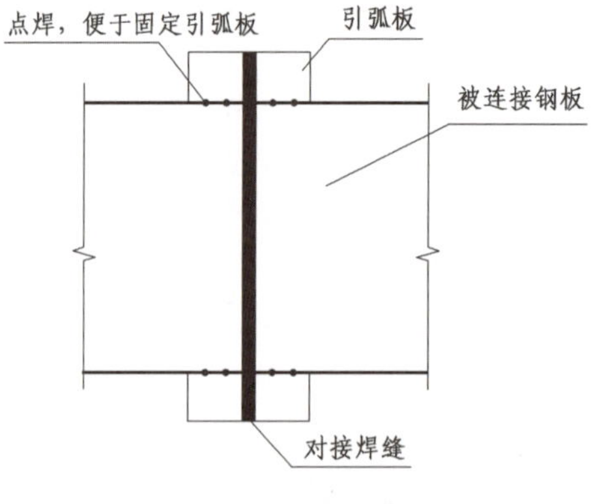

图 3.2 引弧板设置

②对接焊缝拼接时，当焊件宽度不同或焊件厚度在一侧相差 4 mm 以上时，应分别在宽度方向或厚度方向从一侧或两侧做成坡度不大于 1:2.5 的斜坡（图 3.3），使截面过度

缓和，减小应力集中。如果两钢板厚度相差≤4 mm 时，也可不做斜坡，直接用焊缝表面斜坡来找坡（图 3.4），焊缝的计算厚度等于较薄钢板的厚度。

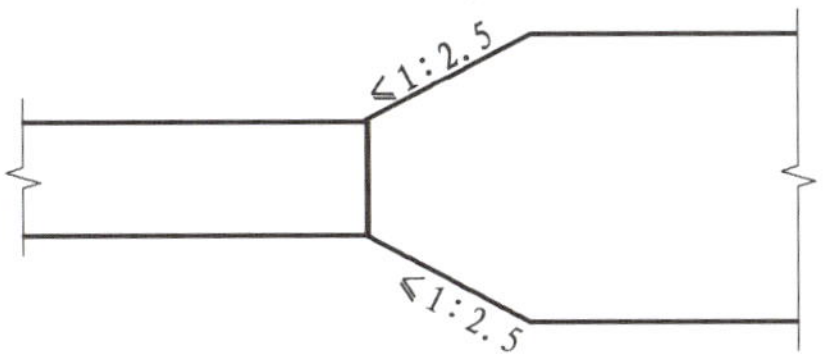

（a）钢板宽度两侧做成斜坡

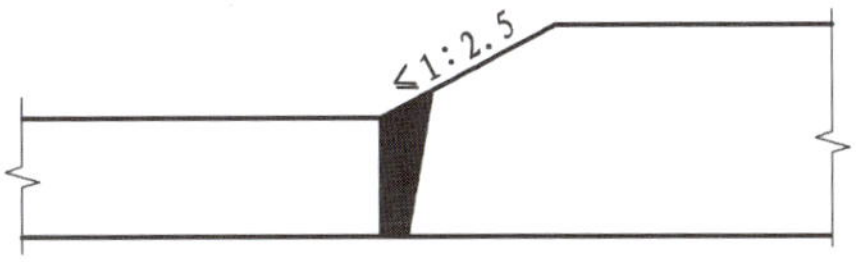

（b）钢板厚度单侧做成斜坡

图 3.3　焊件宽度或厚度不同（大于 4 mm）时的斜坡处理

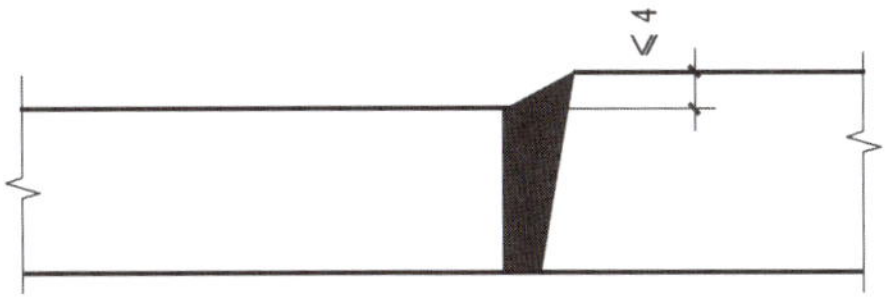

图 3.4　直接用焊缝表面斜坡来找坡

3）角焊缝连接的构造要求

角焊缝连接的形式、焊缝符号表示方法及适用范围见表 3.3。

表 3.3　角焊缝分类、表示方法及适用范围

序号	分类	图形表示	焊缝符号	备注
1	单面角焊缝	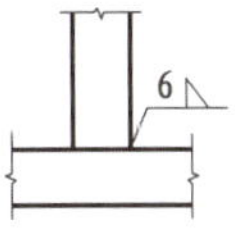	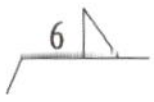	6 表示焊缝高度 h_f 为 6 mm
2	双面角焊缝	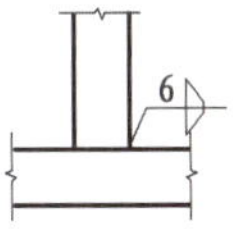	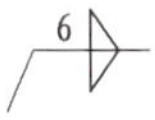	表示部分焊缝需现场施焊，如钢梁与钢柱的连接焊缝
3	现场角焊缝	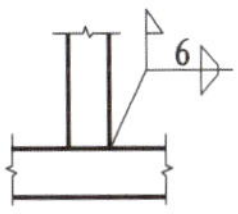		
4	相同焊缝	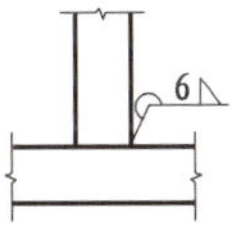	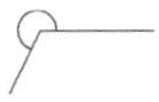	表示结构形式相同，采用焊缝形式也相同

角焊缝连接的构造要求如下：

①焊缝最大焊脚尺寸。角焊缝的尺寸 h_f 应适中，如 h_f 过大，则焊接时热量输入过

大，焊缝收缩时将产生较大的焊接残余应力，形成较大的残余变形，当焊件热影响区扩大时易产生脆裂，破坏迅速扩展，乃至整条焊缝撕裂；同时，较薄焊件极易被烧穿。当板件边缘的角焊缝与板件等厚时，会导致焊接咬边现象。因此，板件边缘的角焊缝应满足以下要求：

a. 当 $t>6$ mm 时，$h_{fmax} \leqslant t-(1 \sim 2)$ mm；

b. 当 $t \leqslant 6$ mm 时，$h_{fmax} \leqslant t$。

②焊缝最小焊脚尺寸。如果焊件厚度较大而焊缝尺寸 h_f 过小，则施焊时焊缝冷却速度过快，焊缝周围母材易产生淬硬组织，焊缝附近的母材容易产生裂纹或发生层状撕裂。因此，《钢结构设计标准》规定，焊缝最小焊脚尺寸 $h_{fmin} \geqslant 1.5\sqrt{t_{max}}$（$t_{max}$ 为较厚钢板的厚度）。

③最小焊缝长度。角焊缝的焊缝长度过短，使得焊件局部受热严重，且施焊时起弧落弧相距过小，再加上一些可能产生的缺陷使焊缝不可靠。因此，规范要求侧面角焊缝或正面角焊缝的计算长度 $l_w \geqslant 8h_f$，且 $l_w \geqslant 40$ mm。

④侧面角焊缝的最大计算长度。侧焊缝沿长度方向的剪应力分布很不均匀，梁端大而中间小，且随焊缝长度与其焊脚尺寸比值的增大而更为严重。若焊缝过长，其梁端应力可能达到极限，而中间焊缝却未充分发挥承载力，对直接承受动力荷载的结构更为不利。因此，侧面角焊缝的计算长度应满足：$l_w \leqslant 60h_f$。承受静力荷载或间接承受动力荷载的构件，当焊缝的实际长度超过上述规定数值时，超过部分不计算。若内力沿侧缝全长分布时则不受此限制，如焊接 H 型钢柱或梁的翼缘和腹板的角焊缝连接。

3.1.2 螺栓连接的构造要求

1）螺栓规格及螺栓图例

螺栓规格：钢结构采用普通螺栓形式为大六角头型，其代号用 M 和公称直径的毫米数表示，高强度螺栓六角头型分 8.8 级和 10.9 级两大类，见表 3.4。

表 3.4 螺栓规格和图例

序号	螺栓规格	螺栓孔径 d_0/mm	螺栓图例	备注
1	普通螺栓 M16，M20	17.5，22	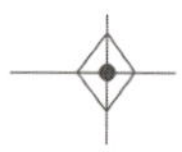	
2	高强度螺栓 M20，M22，M24	22，24，26	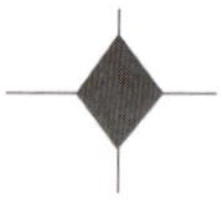	

2）螺栓排列构造要求

螺栓采用并列和错列两种布置形式。根据现场施工条件，为了方便工厂制作，螺栓通常采用并列布置，螺栓中心距和螺栓中心至构件边缘的距离，应符合表 3.5 的要求。

表 3.5　螺栓构造要求表

<table>
<tr><th>名称</th><th colspan="3">位置和方向</th><th>最大容许距离
（取两者的较小值）</th><th>最小容许距离</th></tr>
<tr><td rowspan="5">中心间距</td><td colspan="3">外排（垂直内力方向或顺内力方向）</td><td>$8d_0$ 或 $12t$</td><td rowspan="5">$3d_0$</td></tr>
<tr><td rowspan="3">中间排</td><td colspan="2">垂直内力方向</td><td>$16d_0$ 或 $24t$</td></tr>
<tr><td rowspan="2">顺内力方向</td><td>构件受压力</td><td>$12d_0$ 或 $18t$</td></tr>
<tr><td>构件受拉力</td><td>$16d_0$ 或 $24t$</td></tr>
<tr><td colspan="3">沿对角线方向</td><td>—</td></tr>
<tr><td rowspan="4">中心至构件边缘距离</td><td colspan="3">顺内力方向</td><td rowspan="4">$4d_0$ 或 $8t$</td><td>$2d_0$</td></tr>
<tr><td rowspan="3">垂直内力方向</td><td colspan="2">剪切边或手工气割边</td><td rowspan="2">$1.5d_0$</td></tr>
<tr><td rowspan="2">轧制边、自动气割或锯割边</td><td>高强度螺栓</td></tr>
<tr><td>其他螺栓或铆钉</td><td>$1.2d_0$</td></tr>
</table>

注：1. d_0 为螺栓的孔径，t 为螺栓连接或拼接处较薄板件的厚度；

2. 钢板边缘与型钢（如角钢或槽钢）相连的螺栓的最大间距，可按中间排的数值采用。

3）螺栓连接构造破坏的形式

螺栓连接构造中抗剪螺栓破坏的几种形式，如图 3.5 所示。

①当栓杆直径较小、板件较厚时，栓杆可能先被剪断，如图 3.5(a)所示；

②当栓杆直径较大时，板件可能先被挤压破坏，如图 3.5(b)所示；

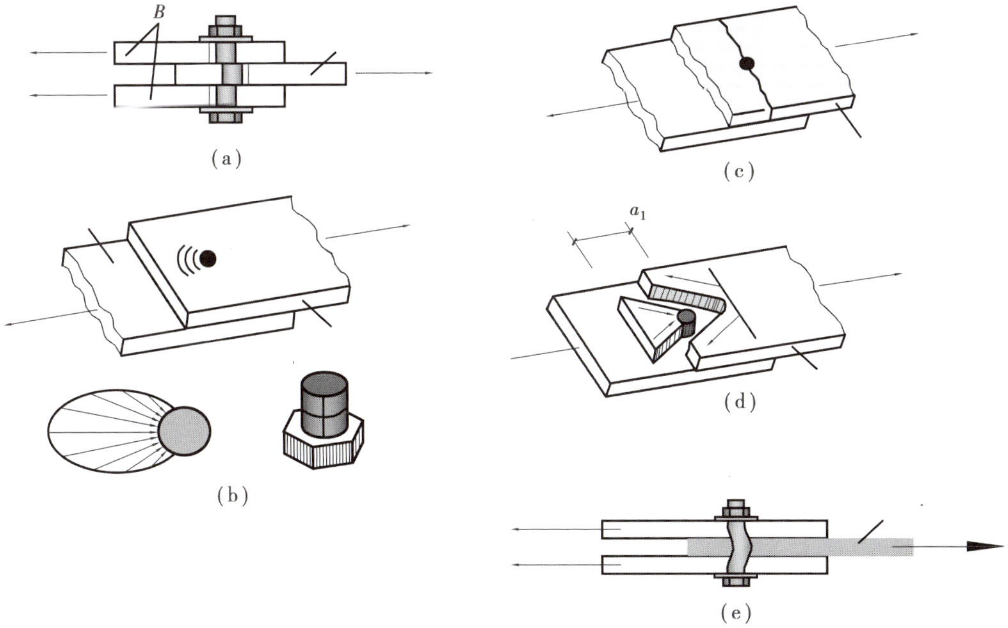

图 3.5　抗剪螺栓的几种破坏形式

③板件可能因螺栓孔削弱太多而被拉断,如图 3.5(c)所示;

④当端距太小时,端距范围内的板件有可能被栓杆冲剪破坏,如图 3.5(d)所示;

⑤当板件太厚、栓杆太长时,栓杆可能会受弯破坏,如图 3.5(e)所示。

任务 2　钢支撑的连接计算

3.2.1　钢支撑杆件的对接焊缝连接计算

对接焊缝的截面与被焊构件截面相同,焊缝中的应力情况与被焊构件原来的情况基本相同,故对接焊缝连接的计算方法与构件的强度计算相似。

轴心受力的对接焊缝截面应力强度可按下式计算:

$$\sigma = \frac{N}{l_w h_e} \leqslant f_t^w \text{和} f_c^w$$

式中　N——轴心拉力或压力,N;

l_w——焊缝的计算长度,(当未采用引弧板时,取实际长度减去 $2t$),mm;

h_e——对接焊缝的计算厚度,在对接接头中为连接件的较小厚度,在 T 形接头中为腹板厚度,mm;

f_t^w——对接接头的抗拉强度设计值,N/mm^2;

f_c^w——对接接头的抗压强度设计值,N/mm^2。

由于一、二级质量的焊缝与母材强度相等,故只有三级质量的焊缝才需按上式进行抗拉强度验算。如果用直缝不能满足强度要求时,可采用斜对接焊缝。计算证明,焊缝与作用力间的夹角 θ 满足 $\tan\theta \leqslant 1.5$ 时,斜焊缝的强度不低于母材强度,可不再进行验算。由于现场施工中采用三级对接焊缝连接较少,因此此处计算省略。

3.2.2　钢支撑杆件的角焊缝连接计算

在钢结构工程施工中,重要杆件的连接与节点计算,设计院已经给出了相应节点设计,而对于部分次要构件,如支撑的焊缝连接计算需施工单位自己设计,因此本节主要讲解支撑(比如角钢)与节点板的焊缝连接计算。

1)角焊缝受力形式分类

角焊缝是最常用的焊缝形式。角焊缝按其与作用力的关系可分为正面角焊缝和侧面角焊缝。

①正面角焊缝:焊缝长度方向与受力方向垂直;

②侧面角焊缝:焊缝长度方向与受力方向平行。

2)受轴心力作用角焊缝连接计算公式

①正面角焊缝强度计算:

$$\sigma_f = \frac{N}{h_e \sum l_w} \leqslant \beta_f f_f^w$$

②侧面角焊缝强度计算：

$$\tau_f = \frac{N}{h_e \sum l_w} \leqslant f_f^w$$

式中 σ_f——按焊缝有效截面计算，垂直于焊缝长度方向的应力，N/mm^2；

τ_f——按焊缝有效截面计算，平行于焊缝长度方向的应力，N/mm^2；

N——轴心拉力或压力；

h_e——角焊缝的计算厚度（对直角焊缝有 $h_e = 0.7h_f$），mm；

$\sum l_w$——连接一侧角焊缝的总计算长度（若考虑起落弧缺陷影响，每条焊缝取其实际长度减去 $2h_f$），mm；

β_f——正面角焊缝的强度设计值提高系数，对承受静力或间接承受动力荷载的结构取 $\beta_f = 1.22$，对直接承受动力荷载的结构取 $\beta_f = 1.0$；

f_f^w——角焊缝的强度设计值，N/mm^2。

3）角钢连接的角焊缝受轴心力作用的计算

角钢与节点板的连接主要采用两侧焊，为避免偏心受力，应使焊缝传递的合力作用线与角钢杆件的轴线相重合。

由于角钢截面不对称，中心线与重心线不重合，因此角钢两侧焊缝受力不相等。靠近重心线一侧的肢背受力为 N_1，另一侧肢尖受力为 N_2，若杆件轴线力为 N，则

$$N_1 = K_1 N$$
$$N_2 = K_2 N$$

式中 K_1，K_2——角钢肢背和肢尖的内力分配系数，可按表3.6取值。

表3.6 角钢焊缝内力分配系数

角钢类型		图形	分配系数	
			角钢肢背 K_1	角钢肢尖 K_2
等肢角钢			0.7	0.30
不等肢角钢	长肢相连		0.65	0.35
	短肢相连		0.75	0.25

【例3.1】 某单层工业厂房柱间支撑与柱脚连接节点如图3.6所示。角钢为∟75×6，杆件受力520 kN，采用两侧焊，焊缝高度 $h_f = 6$ mm，试确定肢尖与肢背实际所需焊缝长度。

【解】 角焊缝强度设计值，$f_f^w = 160$ N/mm^2；

查表3.6，焊接内力分配系数为：$K_1 = 0.7$，$K_2 = 0.3$；

则肢背分配内力：

$$N_1 = K_1 N = 0.7 \times 520 = 364(\text{kN}), N_2 = K_2 N = 0.3 \times 520 = 156(\text{kN})$$

肢背焊缝

$$l_{w1} = \frac{N_1}{2 \times 0.7 h_f f_f^w} = \frac{364 \times 10^3}{2 \times 0.7 \times 6 \times 160} = 270.8(\text{mm})$$

肢背实际所需焊缝长度 $= 270.8 + 2 \times 6 \approx 283$(mm)，取值为290 mm。

同理可求出肢尖所需焊缝实际长度 = 116.1 + 2 × 6 = 128.1(mm),取值为 135 mm。(注:加 2 × 6 mm 是考虑起弧或落弧的因素)

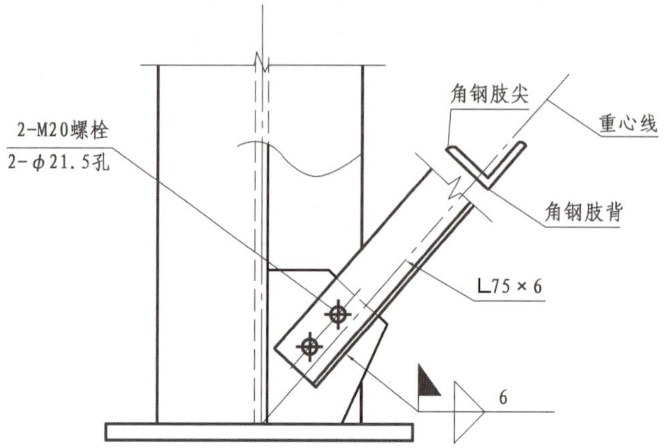

图 3.6　某单层工业厂房柱间支撑与柱脚连接节点

3.2.3　钢支撑杆件的高强度螺栓连接计算

1)高强度螺栓连接分类

高强度螺栓连接副其实是高强度螺栓和配套螺母、垫圈的合称,强度等级 8.8 和 10.9 级,常用规格见表 3.4。

高强度螺栓连接按受力特征分为摩擦型连接和承压型连接两种。

摩擦型连接:连接件间的剪力完全靠摩擦力传递,以剪力等于摩擦力为设计极限状态。连接件间不允许相互滑动,变形小,承载力相对承压型连接小。

承压型连接:连接件间允许相互滑动。传力开始时在标准荷载作用下动连接件间无滑动,剪力由摩擦力和螺杆抗剪力共同传递。但当荷载很大时,连接件间有较大塑性变形。接近破坏时,连接件间有相对滑动,摩擦只起推迟滑移作用。剪力由螺杆传递,其特点与普通螺栓相同。因此,高强度螺栓有与普通螺栓相同的极限状态——螺栓剪坏,孔壁挤压坏,构件被拉断。由于变形大,因此其不适于受动荷载的连接。

2)单个高强度螺栓抗剪承载力计算

$$N_v^b = 0.9 n_f \mu P$$

式中　n_f——传力摩擦面数目,单剪时为 1,双剪时为 2;

P——高强度螺栓的设计预拉力值(按表 3.7 取值),kN;

μ——摩擦面的抗滑移系数(按表 3.8 取值);

0.9——螺栓受力不均匀系数。

表 3.7　高强螺栓的设计预拉力值　　单位:kN

螺栓性能等级	螺栓公称直径					
	M16	M20	M22	M24	M27	M30
8.8 级	80	125	150	175	230	280
10.9 级	100	155	190	225	290	355

表 3.8　摩擦面的抗滑移系数 μ 值

在连接处构件接触面的处理方法	钢材牌号		
	Q235	Q345　Q390	Q420
喷砂(丸)	0.45	0.50	0.50
喷砂(丸)后涂无机富锌漆	0.35	0.40	0.40
喷砂(丸)后生赤绣	0.45	0.50	0.50
钢丝刷清除浮锈或未经处理的干净轧制表面	0.30	0.35	0.40

3)高强度螺栓群连接接头计算

高强度螺栓摩擦型连接接头一侧所需螺栓数：

$$n \geqslant \frac{N}{N_v^b}$$

由于高强度螺栓连接时需开孔，会削弱钢板截面，因此需验算开孔截面处钢板的净截面强度。连接一侧的螺栓数为 n，计算截面处的螺栓数为 n_1，则构件净截面强度计算公式为：

$$\sigma = \left(1 - 0.5\frac{n_1}{n}\right)\frac{N}{A_n} \leqslant f$$

式中　A_n——开孔处净截面面积；

f——钢材抗拉(或抗压)强度设计值，见附录 I 。

【例 3.2】　试设计一套双盖板拼接的钢板连接，被连接钢板规格：－560 mm × 10 mm，拼接盖板规格：－560 mm × 8 mm，钢材材质为 Q345，高强度螺栓 10.9 级 M22，接触面喷砂处理，杆件轴心拉力设计值 N = 1 400 kN，按摩擦型连接接头设计。

【解】　第一步：查表 3.7 可知 P = 190 kN，查表 3.8 可知 μ = 0.5，双盖板 n_f = 2。

第二步：求单个螺栓抗剪承载力设计值：

$$N_v^b = 0.9n_f\mu P = 0.9 \times 2 \times 0.5 \times 190 = 171(\text{kN})$$

第三步：求接头一侧螺栓数目：

接头一侧所需螺栓数：$n \geqslant \frac{N}{N_v^b} = \frac{1\ 400}{171} = 8.2$，取 9 个。

第四步：螺栓排列，一般采取并列排列，3 排 3 列布置。

根据螺栓构造要求(表 3.5)：

螺栓孔中心距边缘距离 $L_1 \leqslant 4d_0 = 4 \times 24$ mm = 96 mm，取 80 mm；

螺栓孔中心间距：$L_2 \geqslant 3d_0 = 3 \times 24$ mm = 72 mm，x 方向取 100 mm，y 方向取 200 mm。排列方式如图 3.7 所示。

第五步：验算开孔处钢板净截面强度

$$\sigma = \left(1 - 0.5\frac{n_1}{n}\right)\frac{N}{A_n} \leqslant f$$

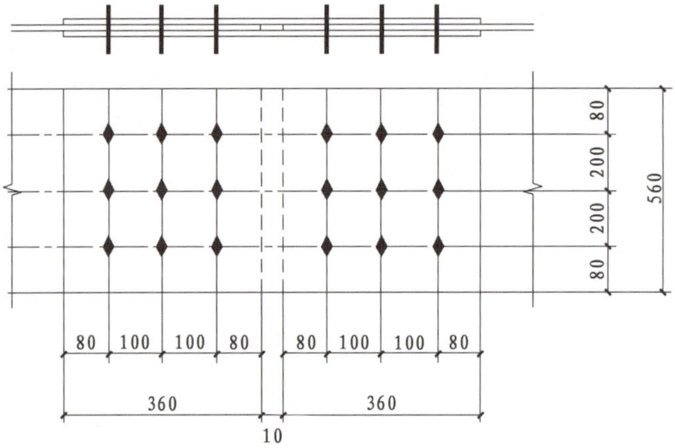

图 3.7　高强度螺栓排列

$$\sigma = \left(1-0.5\times\frac{3}{9}\right)\frac{1\,400\times10^3}{(560-3\times24)\times10} = 239.1(\text{N/mm}^2) \leqslant f = 310\ \text{N/mm}^2,$$

合格。

连接盖板:2 块,规格为－560 mm×730 mm×8 mm,接头两侧均布 9 个 10.9 级 M22 的高强度螺栓。

任务 3　钢梁的连接计算

下面以某工程框架梁与梁拼接连接节点设计为例,讲解钢梁的连接计算。

3.3.1　连接设计的一般规定

①本书所述的梁与梁现场拼接,主要是针对大跨度梁多段现场拼装,或高层框架柱自带外伸悬臂梁与跨中梁的施工现场拼接连接。

②一般情况下,梁承受轴向拉力或轴向压力在内力综合效应上(即在轴向力、弯矩、剪力和复杂应力作用下)对梁的受力效应较小。因此,框架梁在进行内力计算时,不考虑轴向力和复杂应力作用,仅考虑承受的弯矩和剪力来进行拼接连接计算。

③设计人员在进行梁的拼接位置设计时,既要考虑梁的受力特点,又要方便现场拼装施工。根据受力分析和现场施工特点,节点位置一般设在离柱侧 1.0 m 处,此构造点的剪力和弯矩相对较小,且便于现场工人施工操作。同时,为了保证框架结构有良好延展性的抗震设计,设计者应根据框架梁截面面积利用等强设计法设计连接接头。

④设计人员进行梁翼缘拼接设计时,当上下翼缘采用高强度螺栓摩擦型连接时,靠近腹板一侧的连接板厚度应大于等于外侧的连接板厚度,并且上下翼缘连接板的净截面模量应大于上下翼缘板的净截面模量。

3.3.2　常用连接接头形式

当采用刚性连接接头进行工字形截面现场拼接时，常用形式如下：

①采用高强度螺栓摩擦型连接工字形截面的两侧上下翼缘和腹板。

②两侧腹板高度方向采用高强度螺栓摩擦型连接；上下翼缘采用对接坡口焊，焊缝质量等级为一级。

③上下翼缘和腹板均采用熔透焊，焊缝质量等级为一级对接焊缝（现场施工难度较大，较少采用）。

当采用引弧板焊接上下翼缘和腹板且焊缝质量等级为一级时，连接处的焊缝强度与母材强度相等，不必验算对接焊缝强度。

腹板高度方向采用摩擦型高强度螺栓连接时，根据杆件内力进行高强度螺栓的设计，并进行相应的截面强度验算；上下翼缘采用一级对接焊缝连接时，由于焊缝与母材强度相等，因此不必验算一级焊缝强度。

3.3.3　设计计算方法

设计计算方法主要有如下四类：

①等强度设计法；

②实用设计法；

③精确计算设计法；

④常用的简化设计法。

3.3.4　等强度设计计算方法

①等强度设计法按照工字形截面上下翼缘和腹板两侧对接净截面面积的强度相等条件下进行连接设计，此设计方法侧重保证构件受力的连续性，截面承受荷载具有良好的延展性。

②在等强度设计法中，为了便于估算连接高强度螺栓数量和对螺栓进行合理排列，需预估净截面面积，此时净截面面积预估值取毛截面面积的85%。

③等强度设计法的验算：根据估算的螺栓数量和排列形式进行连接接头强度的计算，校核螺栓群受力、设计拼接板规格、校核拼接板强度、对拼接板和被连接件净截面抗震校核等。

采用等强度设计法进行梁的拼接连接节点设计时，按以下要求考虑。

作用于梁拼接处的内力有弯矩和剪力，如图3.8所示。

梁的拼接连接根据等强度设计法的设计内力值，可按下式计算：

弯矩　$M_n^b = W_n^b f$

剪力　$V_n^b = A_{nw}^b f_v$

式中　W_n^b——梁扣除高强度螺栓孔后的净截面模量，$W_n^b = \dfrac{I_n^b}{0.5H_b}$；

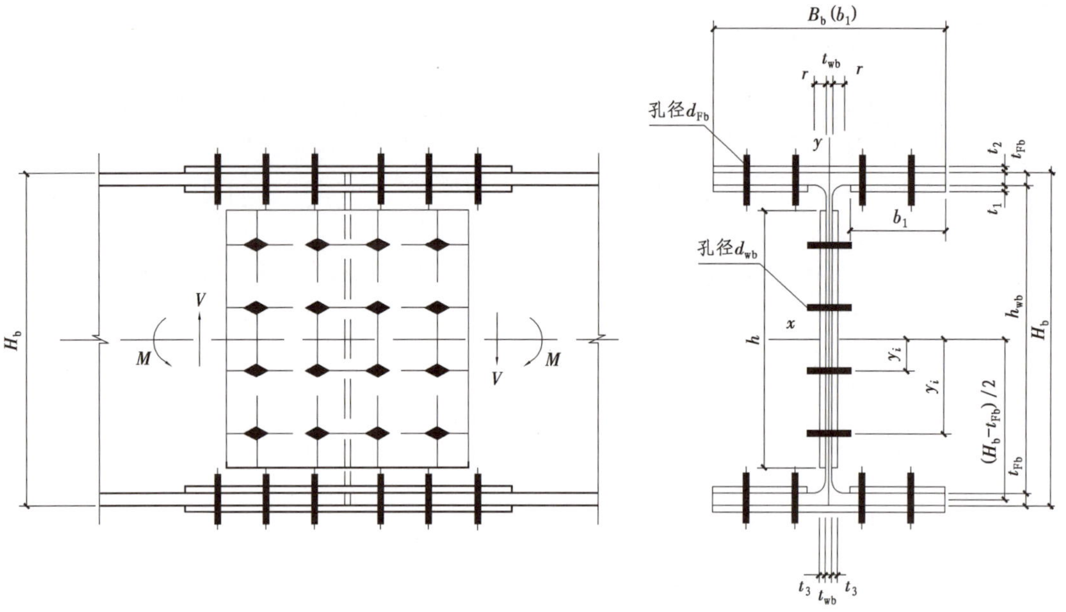

图 3.8　框架梁拼接连接处的内力图

I_n^b——梁扣除高强度螺栓孔后的净截面惯性矩，$I_n^b = I_0^b - \dfrac{2n_{FP}d_{Fb}t_{Fb}^3}{12} - 2n_{FP}d_{Fb}t_{Fb}\left(\dfrac{H_b - t_{Fb}}{2}\right)^2 - \sum_i\left(\dfrac{1}{12}t_{wb}d_{wb}^3 + t_{wb}d_{wb}y_i^2\right)$；

I_0^b——梁的毛截面惯性矩，$I_0^b = I_F^b + I_w^b$；

I_F^b——梁翼缘的毛截面惯性矩，$I_F^b = \dfrac{1}{2}B_b t_{Fb}(H_b - t_{Fb})^2 + \dfrac{1}{6}B_b t_{Fb}^3$；

I_W^b——梁腹板的毛截面惯性矩，$I_W^b = \dfrac{1}{12}t_{wb}(H_b - 2t_{Fb})^3$；

H_b——梁的截面高度；

B_b——梁的截面宽度（翼缘宽度）；

n_{FP}——梁单侧翼缘计算削弱截面上的高强度螺栓数目，对并列布置 $n_{FP}=2$，或者 $n_{FP}=4$，对错列布置可近似取 $n_{FP}\approx 3$；

d_{Fb}——梁翼缘的高强度螺栓孔径；

t_{Fb}——梁翼缘的厚度；

t_{wb}——梁腹板的厚度；

d_{wb}——梁腹板的高强度螺栓孔径；

y_i——梁截面中和轴至腹板的高强度螺栓孔中心的距离；

A_n^b——梁扣除高强度螺栓孔径后净截面面积；

A_{nF}^b——梁单侧翼缘扣除高强度螺栓孔径后净截面面积，$A_{nF}^b = B_b t_{Fb} - n_{FP}d_{Fb}t_{Fb}$；

A_{nw}^b——梁腹板扣除高强度螺栓孔径后净截面面积，$A_{nw}^b = t_{wb}h_{wb} - n_{wP}d_{wb}t_{wb}$，也可近似地取腹板毛截面面积的 0.85 倍；

h_{wb}——梁腹板的高度；

n_{wP}——梁腹板计算削弱截面上的高强度螺栓数目；

f——钢材的抗拉、抗压和抗弯强度设计值；

f_v——钢材的抗剪强度设计值。

④梁单侧翼缘连接所需的高强度螺栓数目，应按下式计算：

$$n_{Fb} \geqslant \frac{W_n^b f}{(H_b - t_{Fb}) N_v^{bH}}$$

⑤梁腹板连接所需的高强度螺栓数目，应按下式计算：

$$n_{wb} \geqslant \frac{A_{nw}^b f_v}{N_v^{bH}}$$

式中　N_v^{bH}——单个高强度螺栓承载力设计值。

3.3.5　某工程框架梁与梁的拼接连接设计

分析本工程的布置图与剖面图，需要设计框架梁与框架梁刚性连接，主要集中在梁 1.5 m 处设置断点，以 1/0 线 C 列框架柱与标高 47.5 m 处框架梁"L"刚接节点设计为例，根据图纸说明要求，应采用等强度设计法进行设计。

①分析设计院给出的节点示意图，如图 3.9 所示。

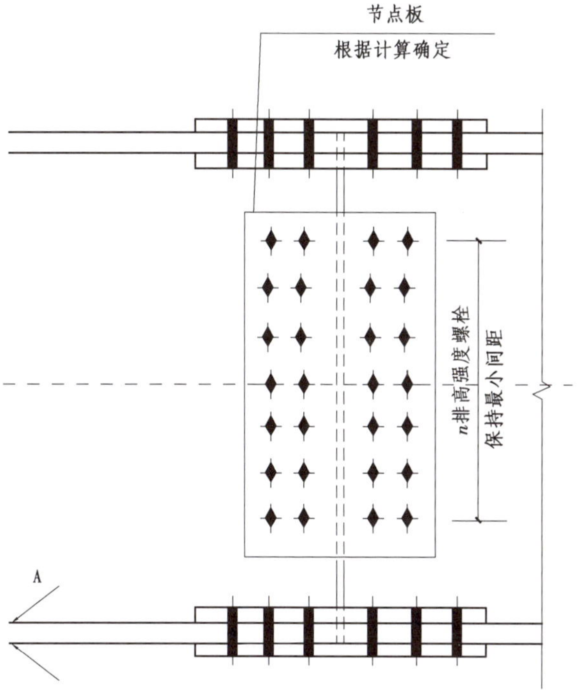

图 3.9　框架梁现场拼接示意图

②从梁表图中提取出相应基础数据。框架梁断面：HA10040-2032，即表示 HA1000 × 400 × 20 × 32。

③根据《钢结构设计标准》和设计施工总说明给出的条件，得出所需的相关数据

如下：

- 钢梁材质采用 Q345B，拼接用 10.9 级 M24 高强度螺栓，螺栓孔 25.5 mm；
- 拼接板极限抗拉强度最小值 $f_u = 500\ \text{N/mm}^2$；
- 拼接板屈服强度最小值 $f_y = 325\ \text{N/mm}^2$；
- 翼缘腹板的抗拉、抗压、抗弯强度设计值 $f = 295\ \text{N/mm}^2$；
- 翼缘腹板的抗剪强度设计值 $f_v = 170\ \text{N/mm}^2$；
- 螺栓在螺纹处的有效面积 $A_e = 353\ \text{mm}^2$；
- 高强度螺栓抗拉强度 $f_u^{bH} = 1\ 040\ \text{N/mm}^2$；
- 截面高度 $H_b = 1\ 000\ \text{mm}$；
- 翼缘宽度 $B_b = 400\ \text{mm}$；
- 翼缘厚度 $t_{Fb} = 32\ \text{mm}$；
- 型钢内弧半径 $r = 20\ \text{mm}$；
- 腹板厚度 $t_{wb} = 20\ \text{mm}$；
- 梁内侧截面高度 $h_{wb} = H_b - 2t_{Fb} = 936\ \text{mm}$；
- 翼缘连接用高强度螺栓孔直径 $d_0 = 25.5\ \text{mm}$；
- 腹板连接用高强度螺栓孔直径 $d_0 = 25.5\ \text{mm}$；
- 高强度螺栓预拉力设计值 $P = 225\ \text{kN}$；
- 摩擦面的抗滑移系数 $\mu = 0.45$；
- 翼缘摩擦面数目 $n_f = 2$；
- 腹板摩擦面数目 $n_{wf} = 2$；
- 端距 $a_0 = 50\ \text{mm}$；
- 边距：$a = 50\ \text{mm}$。

④计算梁截面特性：

- H 型钢截面面积：$A = 2 \times B_b \times t_{Fb} + t_{wb} \times h_{wb} = 4.43 \times 10^4\ \text{mm}^2$；
- 翼缘面积：$A_F = B_b \times t_{Fb} = 1.28 \times 10^4\ \text{mm}^2$；
- 腹板面积：$A_w = B_{wb} \times t_{wb} = 1.87 \times 10^4\ \text{mm}^2$；
- 平面内惯性矩：

$$I_x = B_b \times \frac{H_b^3}{12} - (B_b - t_{wb}) \times \frac{h_{wb}^3}{12} = 7.37 \times 10^9\ \text{mm}^4\ ;$$

- 平面内抵抗矩：$W_x = \dfrac{I_x}{H_b/2} = 1.47 \times 10^7\ \text{mm}^3$；
- 平面内弯矩：$M_f = f \times W_x = 4.35 \times 10^9\ \text{N} \cdot \text{mm}$。

⑤设计梁翼缘拼接接头：

a. 计算翼缘拼接接头所需高强度螺栓数目。

- 翼缘高强度螺栓的抗剪承载力：$N_v^{bH} = 0.9 \times n_f \times \mu \times P = 1.82 \times 10^5\ \text{N}$；
- 翼缘螺栓个数：$n_0 = \dfrac{M_f}{(H_b - t_{Fb}) \times N_v^{bH}} = 24.6$ 个；
- 高强度螺栓受力方向的拼接长度：$L_1 = 480\ \text{mm}$；

- 考虑折减系数的条件：$60d_0 \geq L_1 \geq 15d_0$（需考虑折减系数）；
- 折减系数：$\beta_s = 1.1 - \dfrac{l_1}{150d_0} = 0.975$；
- 螺栓个数调整取值：$n_1 = \dfrac{n_0}{\beta_s} = 25.8$；
- 螺栓个数实际取值 $n = 28$ 个。

b. 计算翼缘拼接连接板的规格。

- 翼缘外侧拼接板的厚度：$t_1 = \dfrac{t_{Fb}}{2} + 3 = 19$ mm，实际取值为 22 mm；
- 根据螺栓间距、端距、边距的构造要求，接头一侧连接板长度：$l_{pl} = 580$ mm，拼接板总长：$l_p = 1\ 170$ mm；
- 外侧拼接板宽度：根据构造要求，取与翼缘同宽，即 $b_1 = 400$ mm；

因此，外侧连接板采用：-22 mm × 400 mm × 1 170 mm。

- 翼缘内侧连接板宽度 $b_2 = \dfrac{B_b - (t_{wb} + 2r)}{2} = 170$ mm；
- 翼缘内侧连接板宽度实际取值 $b_2 = 180$ mm；
- 翼缘内侧连接板厚度：$t_2 = \dfrac{t_{Fb} \times B_b}{4 \times b_2} + 3 = 20.8$ mm，如果考虑内侧拼接连接板的截面面积与外侧拼接连接截面积相等，则 $t_2 = 24.4$ mm；

因此，内侧连接板采用：-28 mm × 180 mm × 1 170 mm。

c. 排列翼缘高强度螺栓群。根据螺栓构造要求，合理布置螺栓边距、端距和中心间距，进行螺栓群排列。翼缘一端所需螺栓共 28 个，7 排 4 列，端距、边距均取 50 mm，中心距 80 mm。接头一侧螺栓排列如图 3.10 所示。

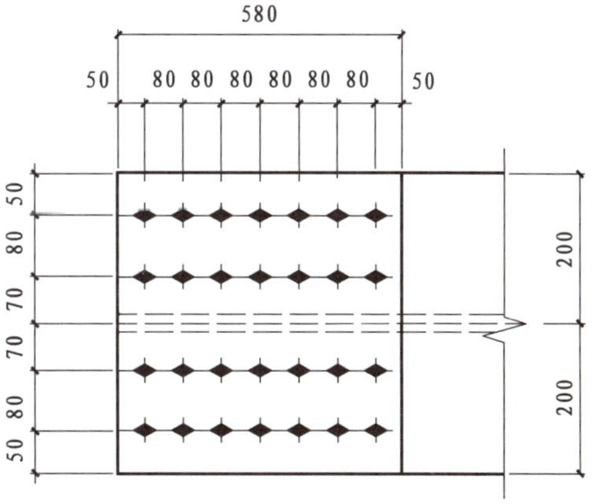

图 3.10　框架梁翼缘高强度螺栓连接详图

⑥设计腹板拼接所需螺栓：在设计腹板拼接螺栓时，由于设计院没有给出该拼接处的内力，因此只能用假设法进行设计。即预估拼接接头所需的螺栓总数，按照螺栓构造要求进行排列，然后验算螺栓受力、拼接板受力、拼接钢梁受力，保证高强度螺栓、拼接板材和钢梁自身受力安全可靠，同时考虑经济合理因素，此处预估接头两侧共需螺栓数目 96 个，接头一侧需 48 个高强度螺栓（即 $n_w = 48$）。

a. 接头一侧腹板螺栓根据构造要求排列 48 个高强度螺栓，8 行 6 列，并排布置，如图 3.11 所示。

b. 验算高强度螺栓群受力。高强度螺栓群在弯矩作用下受拉。在弯矩作用下，离中和轴越远的螺栓所受拉力越大，此处应验算外侧最边缘处 1 号螺栓。

x 方向螺栓群形心轴至最外排螺栓的距离：$x = 200$ mm；

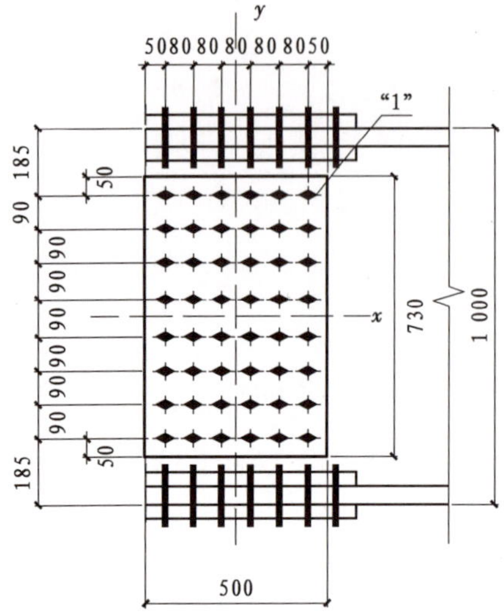

图 3.11　框架梁腹板高强度螺栓连接详图

y 方向螺栓群形心轴至最外排螺栓的距离：$y = 315$ mm。

高强度螺栓受力方向的拼接长度 $l_1 = 2y = 630$ mm，此时 $15d_0 \leqslant l_1 \leqslant 60d_0$，需考虑折减系数 $\beta_{sw} = 1.1 - \dfrac{l_{w1}}{150d_0} = 0.935$；

腹板单个高强度螺栓承载力设计值：$N_v^{bW} = 0.9\beta_{sw} n_f \mu P = 1.70 \times 10^5$ N；

腹板全截面承受的最大剪力设计值：$V = A_w \times f_v = 3.18 \times 10^6$ N；

螺栓群附加偏心距(即接头一侧螺栓群中心 O_1 至拼接接头中心 O 的距离)：$e_1 = 120$ mm；

计算弯矩时的剪力：$V_1 = 0.6V = 1.91 \times 10^6$ N(系数 0.6 为设计标准取值)；

x 方向每个螺栓至螺栓群中心线距离的平方和：$m\sum x_i^2 = 8.96 \times 10^5\ \text{mm}^2$；

y 方向每个螺栓至螺栓群中心线距离的平方和：$n\sum y_i^2 = 2.04 \times 10^6\ \text{mm}^2$；

最外层边缘螺栓所受剪力：

$$N_1 = \sqrt{\left(\frac{V_1 \times e_1 \times x}{m\sum x_i^2 + n\sum y_i^2} + \frac{V}{n^w}\right)^2 + \left(\frac{V_1 \times e_1 \times y}{m\sum x_i^2 + n\sum y_i^2}\right)^2} = 9.11 \times 10^4\ \text{N}$$

此时，单个螺栓抗剪承载力设计值 $N_v^{bW} = 1.82 \times 10^5\ \text{N} \geqslant \text{N}_1$，合格。

c. 设计腹板拼接板规格：

- 腹板拼接板高度：$h_w^P = 2y + 2a_0 = 730$ mm；
- 腹板拼接板长度：$l_3 = 500\ \text{mm} \times 2 + 10\ \text{mm} = 1\ 010$ mm；
- 腹板拼接板厚度理论计算值：$t_3 = 3 + \dfrac{t_{wb} \times h_{wb}}{n_{wf} \times h_w^P} = 15.82$ mm；
- 腹板拼接板厚度实际取值：$t_3 = 18$ mm；
- 拼接板规格：$-18\ \text{mm} \times 730\ \text{mm} \times 1\ 010$ mm。

⑦拼接连接板的校核：

a. 净截面面积的校核：

对翼缘：

翼缘净截面面积：$A_{nF}^b = B_b \cdot t_{Fb} - n_{f1} \cdot d_0 \cdot t_{Fb} = 9.54 \times 10^3\ \text{mm}^2$，式中 n_{f1} 为翼缘单列螺栓个数；

拼接板净截面面积：$A_{nF}^{PL} = B_b \cdot t_1 + 2 \times b_2 \cdot t_2 - n_{f1} \cdot d_0 \cdot (t_1 + t_2) = 1.38 \times 10^4\ \text{mm}^2$；

$A_{nF}^{PL} \geqslant A_{nF}^b$，合格。

对腹板：

腹板净截面面积：$A_{nW}^b = t_{wb} \cdot h_{wb} - n_{w1} \cdot d_0 \cdot t_{wb} = 1.46 \times 10^4\ \text{mm}^2$，式中 n_{w1} 腹板单列螺栓个数；

拼接板净截面面积：$A_{nW}^{PL}=n_{wf}\cdot t_3\cdot h_w^p-n_{w1}\cdot d_0+t_w^p\cdot n_{wf}=1.89\times10^4\ mm^2$；

$A_{nW}^{PL}\geqslant A_{nW}^{b}$，合格。

b. 拼接板刚性校核：

● 梁的截面特性

梁的毛截面惯性矩：$I_x=7.37\times10^9\ mm^4$。

梁上螺栓孔截面惯性矩：

$$I_{x_1}=\frac{2n_{f1}d_0t_{Fb}^3}{12}+2n_{f1}d_0t_{Fb}\left(\frac{H_b-t_{Fb}}{2}\right)^2+\sum\left(\frac{1}{12}t_{wb}d_0^3+t_{wb}d_0y_i^2\right)$$

式中 n_{f1}——梁单侧翼缘计算削弱截面上的高强度螺栓数目，并列布置时 $n_{f1}=2$ 或者 $n_{f1}=4$，此处 $n_{f1}=4$；

y_i——梁截面中和轴至腹板的高强度螺栓孔中心的距离。

因此，$I_{x1}=1.70\times10^9\ mm^4$。

梁扣除螺栓孔后净截面惯性矩：$I_{x0}=I_x-I_{x1}=5.66\times10^9\ mm^4$。

梁扣除螺栓孔后净截面抵抗矩：$W_{x0}=\dfrac{I_{x0}}{\dfrac{H_b}{2}}=1.13\times10^7\ mm^3$。

● 拼接板的截面特性

拼接板的毛截面惯性矩：

$$I_{xp}=\left[\frac{B_bt_1^3}{12}+B_bt_1\left(\frac{H_b+t_1}{2}\right)^2+\frac{b_2\times t_2^3}{12}\times2+b_2\times t_2\times\left(\frac{h_{wb}-t_2}{2}\right)^2\times2\right]\times2+\frac{t_3\times h_w^p}{12}\times2$$
$$=9.92\times10^9\ mm^4$$

拼接板螺栓孔毛截面惯性矩：

$$I_{xp1}=\left[\frac{n_{f1}d_0t_1^3}{12}+n_{f1}d_0t_1\left(\frac{H_b+t_1}{2}\right)^2+\frac{n_{f2}d_0t_2^3}{12}+n_{f2}d_0t_2\left(\frac{h_{wb}-t_2}{2}\right)^2\right]\times n_f+$$
$$\left[\frac{n_{w1}t_3d_0^3}{12}+\sum_i(t_3d_0y_i^2)\right]\times n_{wf}=2.07\times10^9\ mm^4$$

式中 n_{f1}——翼缘外侧拼接板单列螺栓数目；

n_{f2}——翼缘内侧拼接板单列螺栓数目；

n_{w1}——腹板拼接板单列螺栓数目；

t_1——翼缘外侧拼接板厚度；

t_2——翼缘内侧拼接板厚度；

t_3——腹板拼接板厚度；

d_0——螺栓孔径；

n_f——翼缘摩擦面数目，此处 $n_f=2$；

n_{wf}——腹板摩擦面数目，此处 $n_{wf}=2$；

拼接板扣除螺栓孔后净截面惯性矩：

$$I_{xp0}=I_{xp}-I_{xp1}=7.85\times10^9\ mm^4$$

拼接板扣除螺栓孔后净截面抵抗矩：

$$W_{xp0}=\frac{I_{xp0}}{\frac{H_b}{2}+t_1}=\frac{7.85\times10^9\ \text{mm}^4}{500\ \text{mm}+22\ \text{mm}}=1.5\times10^7\ \text{mm}^3>W_{x0}=1.13\times10^7\ \text{mm}^3$$

由以上数据可知刚性校核合格。

⑧拼接连接的抗震校核：

a.梁的全塑性弯矩：

$$M_{px}^{b}=W_p f_y=B_b\cdot t_{Fb}\cdot(H_b-t_{Fb})+h_{wb}^2\cdot t_{wb}/4=5.45\times10^9\ \text{N}\cdot\text{mm}$$

b.拼接连接节点最大承载力的校核：

• 验算弯矩

梁翼缘拼接连接板净截面抗拉最大承载力的相应最大弯矩：

$$\begin{aligned}M_{u1}&=A_{nF1}f_u(H_b+t_1)+A_{nF2}f_u(H_b-2t_{Fb}-t_2)\\&=6.63\times10^9\ \text{N}\cdot\text{mm}\end{aligned}$$

式中 A_{nF1}——翼缘外侧拼接板净截面面积；

A_{nF2}——翼缘内侧拼接板净截面面积。

梁翼缘拼接板高强度螺栓的抗剪最大承载力的相应最大弯矩：

$$\begin{aligned}M_{u2}&=0.58n_f nA_e f_u^{bH}(H_b-t_{Fb})\\&=1.15\times10^{10}\ \text{N}\cdot\text{mm}\geqslant M_{u1}\end{aligned}$$

梁翼缘板边端截面抗拉最大承载力的相应最大弯矩：

$$\begin{aligned}M_{u3}&=na_0t_{Fb}f_u(H_b-t_{Fb})\\&=2.17\times10^{10}\ \text{N}\cdot\text{mm}\geqslant M_{u1}\end{aligned}$$

梁翼缘拼接连接板边端截面抗拉最大承载力的相应最大弯矩：

$$\begin{aligned}M_{u4}&=na_0f_u[t_1(H_b+t_1)+t_2(H_b-2t_{Fb}-t_2)]\\&=3.35\times10^{10}\ \text{N}\cdot\text{mm}\geqslant M_{u1}\end{aligned}$$

$$\begin{aligned}M_u&=\min(M_{u1},M_{u2},M_{u3},M_{u4})\\&=6.63\times10^9\ \text{N}\cdot\text{mm}\geqslant1.2M_{px}^{b}=6.54\times10^9\ \text{mm}\end{aligned}$$

由数据可知，弯矩合格。

• 验算剪力

梁腹板净截面面积的抗剪最大承载力：

$$V_{u1}=A_{nw}^{b}f_v=2.49\times10^6\ \text{N}$$

梁腹板拼接连接板净截面面积的抗剪最大承载力：

$$A_{nw}^{pL}=1.89\times10^4\ \text{mm}^2$$

$$V_{u2}=A_{nw}^{pL}f_v=3.22\times10^6\ \text{N}\geqslant V_{u1}$$

梁腹板连接高强度螺栓的抗剪最大承载力：

$$V_{u3}=0.58n_{wf}n_wA_ef_u^{bH}=2.04\times10^7\ \text{N}\geqslant V_{u1}$$

梁腹板拼接板的边端截面抗剪最大承载力：

$$V_{u4}=d_0t_{wb}\times1.5f_un_w=1.84\times10^7\ \text{N}\geqslant V_{u1}$$

$$V_u=\min(V_{u2},V_{u3},V_{u4})=3.22\times10^6\ \text{N}$$

$V_u\geqslant V_{u1}$，剪力合格。

c.螺栓孔对梁截面的削弱率校核：

梁的毛截面面积：$A=4.43\times10^4\ \text{mm}^2$；

螺栓孔的削弱面积：

$$A_r=(2n_{f1}t_{Fb}+n_{w1}t_{wb})d_0=9.59\times10^3\ \text{mm}^2;$$

$\mu_r=\dfrac{A_r}{A}=21.6\%\leqslant25\%$，合格。

梁上下翼缘外侧拼接板：2 件，$-22\ \text{mm}\times400\ \text{mm}\times1\ 170\ \text{mm}$；

梁上下翼缘内侧拼接板：4 件，$-28\ \text{mm}\times180\ \text{mm}\times1\ 170\ \text{mm}$；

梁腹板拼接板：2 件，$-18\ \text{mm}\times730\ \text{mm}\times1\ 010\ \text{mm}$。

设计完成的框架梁现场拼接高强度螺栓连接节点详图如图 3.12 所示。

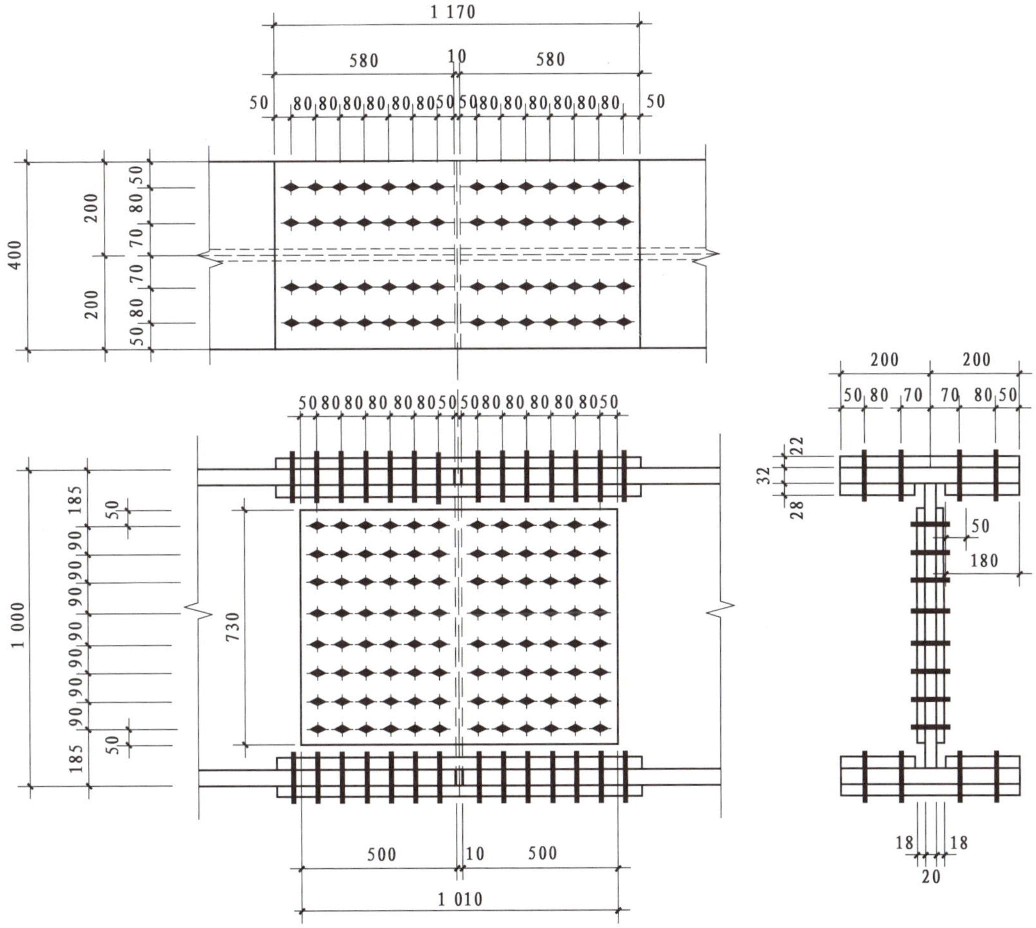

图 3.12　框架梁现场拼接高强度螺栓连接节点详图

任务4　钢梁与钢柱刚性连接计算

3.4.1　框架梁、柱刚性节点设计的一般规定

1）框架梁、柱刚性连接的一般形式

框架柱为主体承重构件，因此框架梁与柱的刚性连接必须保证柱的整体性。柱为上下贯通型，两侧（或单侧）框架梁与柱刚性连接。

工字形截面梁与柱刚性连接可分为以下三类：

①工字形梁上下翼缘及腹板与柱的连接全部采用全坡口熔透焊，焊缝质量等级为一级。

②工字形梁上下翼缘与柱的连接采用全坡口熔透焊，焊缝质量等级为一级；腹板与柱的连接采用高强度螺栓摩擦型连接。

③梁端与柱的连接采用普通T形连接件的高强度螺栓连接。

2）梁与柱连接的设计计算方法

梁与柱连接的设计计算方法主要有以下两种：

①常用设计法；

②精确计算法。

3）常用设计法计算原理

在框架梁与柱翼缘（强轴）刚性连接设计时，为简化计算，梁端部上下翼缘承担端部全部弯矩，梁端部净截面腹板承担端部全部剪力，此时应以腹板净截面面积的抗剪承载力设计值的1/2或梁的左右两端作用弯矩的和除以梁净跨长度所得的剪力来确定。

为保证刚性连接强度，梁上下翼缘与柱翼缘焊接采用坡口熔透焊，并采用引弧板，焊缝等级为一级对接焊缝；梁腹板与柱翼缘采用双面角焊缝连接，其连接按以下要求确定，如图3.13所示。

①梁翼缘与柱相连的完全焊透的坡口对接焊缝的强度，一般采用引弧板，此时：

$$\sigma = \frac{M}{h_0 B_c t_{Fb}} \leqslant f_t^W \text{或} f_c^W$$

式中　M——梁端的弯矩；

f_t^W, f_c^W——对接焊缝的抗拉或抗压强度设计值。

②梁腹板或连接板与柱相连的双面角焊缝的焊脚尺寸 h_f 为：

$$h_f = \frac{V}{2 \times 0.7 l_w f_f^W} \text{或} h_f = \frac{A_{nw} f_v}{2 \times 0.7 l_w f_f^W}\text{（取二者中的较大者）}$$

式中　V——梁端的剪力；

A_{nw}——梁腹板在连接处的净截面面积，$A_{nw} = (H_b - 2t_{Fb} - 2r) \times t_{wb}$；

l_w——角焊缝的计算长度。

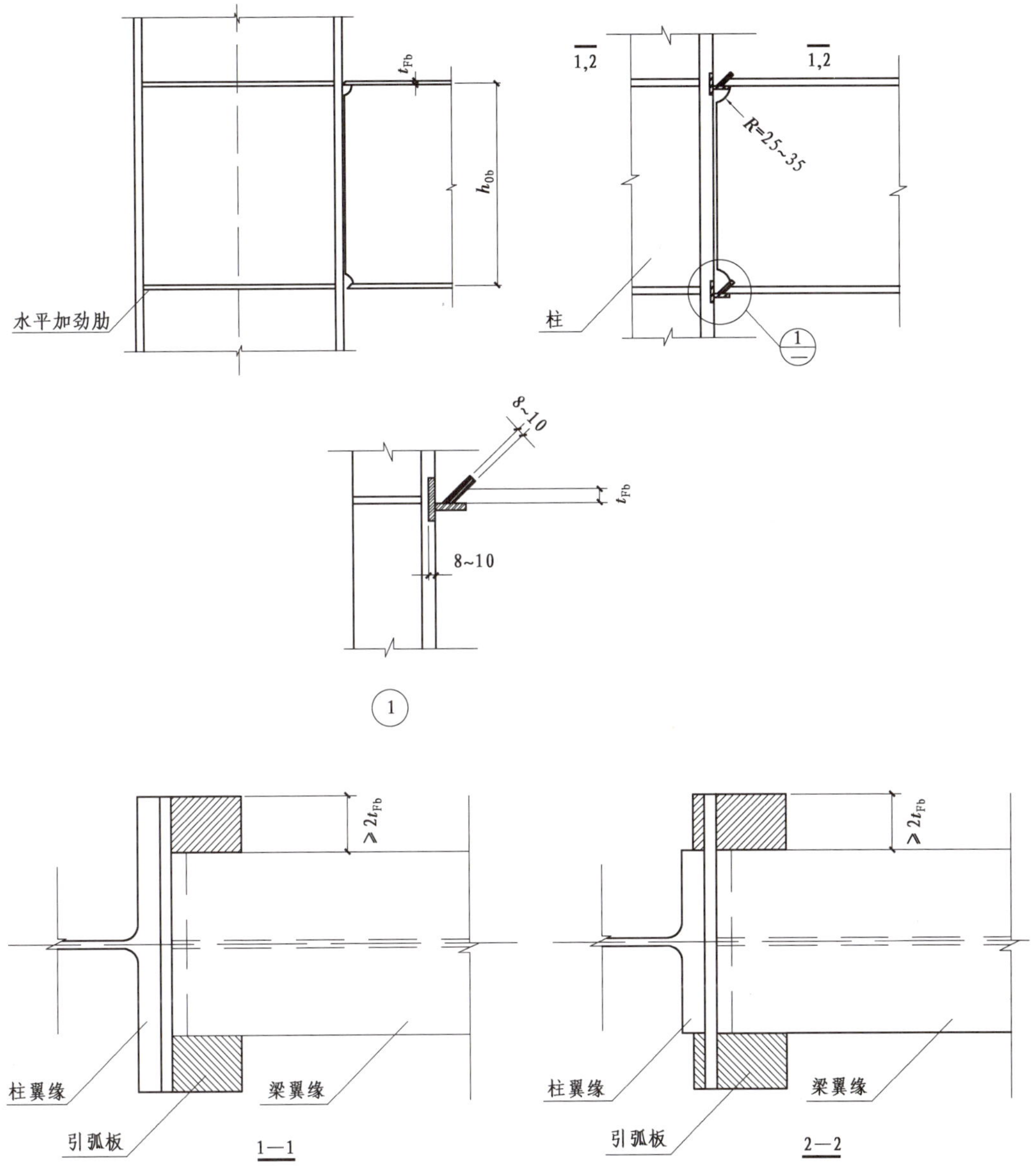

图3.13　框架梁与柱刚性连接示意图

4)精确计算法的计算原理

采用精确计算法设计框架梁与柱翼缘(强轴)刚性连接时,梁上下翼缘只承担弯矩,不承担剪力,并且根据翼缘截面惯性矩分担梁端弯矩 M_F;梁腹板根据截面惯性矩既分担部分梁端弯矩 M_W,同时全部承担梁端剪力 V。

当梁上下翼缘与柱的连接采用坡口熔透焊、焊缝质量等级为一级的对接焊缝连接,而梁腹板与柱的连接采用双面角焊缝连接时,其连接可按以下要求确定:

上下翼缘对接焊缝质量等级为一级,焊缝强度与母材等强度,可不必验算对接焊缝强度,而梁腹板采用双面角焊缝连接,角焊缝可按下式计算:

$$h_f \geqslant \frac{A_{nw} f_v}{4 \times 0.7 l_w f_f^W}$$

5）水平加劲肋设置要求

当柱为H形截面且梁与柱（强轴）为刚性连接时，柱水平加劲肋的设置及其连接应按以下要求确定：

①水平加劲肋中心线处标高应与梁上下翼缘板中心线标高一致。此时，梁端上下翼缘弯矩和腹板剪力集中作用于柱上，为了保证框架柱整体稳定性和局部稳定性，水平加劲肋应按构造要求分别在柱腹板两侧成对布置，且与梁上下翼缘等高。

②水平加劲肋的构造要求：

a. 按构造要求，水平加劲肋厚度一般取 $t_s \geqslant 0.7t_{Fb}$ 且 $t_s \geqslant 10$ mm；当按照抗震要求设计时，或在柱的弱轴方向也与梁连接时，水平加劲肋的厚度应取 $t_s \geqslant t_{Fb}$。

b. 水平加劲肋的宽度：水平加劲肋的自由外伸宽度与其厚度之比，应符合 $\frac{b_s}{t_s} \leqslant 18\sqrt{\frac{235}{f_y}}$。

3.4.2 本工程中需要进行刚性连接设计的节点

分析本工程设计院给出的布置图与剖面图，需要设计框架梁与框架柱刚性连接，主要集中在1.5 m处设置断点的框架梁，以1/0线C列框架柱与标高47.5 m处框架梁L刚接节点设计为例，用常用设计法进行设计，连接方式采用焊缝连接。

1）分析节点示意图

设计院给出的节点示意图，如图3.14所示。

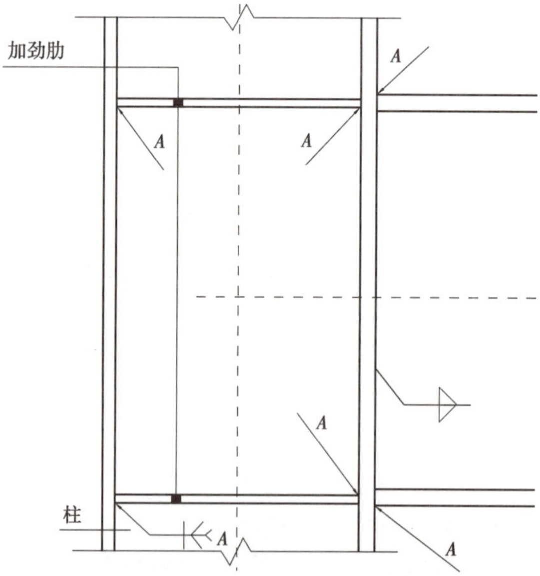

图3.14 梁柱刚接详图示意图（设计院给出参考图形）

据设计图纸中柱表图得出相应基础数据框架梁断面：HA10040-2030，即表示

HA 1 000 ×400 ×20 ×30，其中，$H_b = 1\,000$ mm，$B_b = 400$ mm，$t_{Fb} = 30$ mm，$t_w = 20$ mm；型钢内弧半径切角 $r = 30$ mm，材质采用 Q345，极限抗拉强度最小值 $f_u = 500$ N/mm^2。

框架柱断面：HA6050-2030，即表示 HA 600 ×500 ×20 ×30。

2）进行节点设计

（1）框架梁上下翼缘与框架柱焊接连接

根据框架梁与框架柱刚接节点设计基本原理和设计院给出的节点示意图，梁上下翼缘采用引弧板对接坡口焊，此时柱翼缘坡口对接焊缝可视为与母材等强度，不必进行强度计算。

根据构造要求，引弧板采用 −100 mm ×100 mm ×8 mm。

（2）框架梁腹板与框架柱连接

焊缝长度 $l_w = 880$ mm，$A_{nw} = 17\,600$ mm^2，$f_f^w = 200$ N/mm^2，$f_v = 170$ N/mm^2；根据 $h_f \geq \dfrac{A_{nw} f_v}{4 \times 0.7 l_w f_f^w}$，求出 $h_f \geq 7.59$ mm，实际取值 $h_f = 10$ mm。

所以，腹板采用 $h_f = 10$ mm 的双面角焊缝。

（3）设计水平加劲肋

水平加劲肋的厚度 $t_s \geq t_{Fb} = 30$ mm，取 $t_s = 30$ mm。水平加劲肋的自由外伸宽度：$\dfrac{b_s}{t_s} \leq 18\sqrt{\dfrac{235}{f_y}}$，求出 $\dfrac{b_s}{30} \leq 18\sqrt{\dfrac{235}{345}}$，即 $b_s \leq 445$ mm，一般取与柱翼缘同宽，即 $b_s = 240$ mm，水平加劲肋长度 $l_s = 600$ mm − 2 ×30 mm = 540 mm。

（4）按抗震设计要求对连接节点的最大承载力的校核

梁的全塑性弯矩：

$$M_{px}^b = W_{px} f_y = 5.22 \times 10^9 \text{ N} \cdot \text{mm}$$

梁端与柱的连接，当翼缘采用完全焊透的坡口对接焊，腹板采用焊缝高度 10 mm 的双面角焊缝连接时，连接节点的最大承载力如下：

①对弯矩：

梁端截面的抗弯最大承载力：

$$M_{u1} = A_{Fb} \times f_u \times (H_b - t_{Fb}) + \frac{A_{nw}^b \times f_u \times (H_b - 2t_{Fb} - 2r)}{4}$$

$$= 7.76 \times 10^9 \text{ mm}^2$$

式中 A_{Fb}——翼缘面积；

A_{nW}^b——腹板净截面面积。

翼缘完全焊透的坡口对接焊和腹板双面角焊缝的最大抗弯承载力：

$$M_{u2} = A_{Fb} \times f_u \times (H_b - t_{Fb}) + \frac{0.7 \times h_f \times l_w^2 \dfrac{f_u}{\sqrt{3}}}{4}$$

$$= 6.21 \times 10^9 \text{ mm}^2$$

梁端最大抗弯承载力综合最小值：$M_u = \min(M_{u1}, M_{u2}) = 6.21 \times 10^9$ mm^2；此时，$M_u <$

$1.2M_{px}$,不合格。

焊缝高度 $h_f = 10$ mm,不能满足抗震要求,重新试选为 $h_f = 14$ mm,经过验算,$M_u > 1.2M_{px}$,合格。

②对剪力:

梁腹板角焊缝抗剪力最大承载力:$V_u = A_{ww} \times f_f^w = 3.45 \times 10^6$ N;

腹板净截面面积的抗剪力最大承载力:$V_{u1} = A_{nw} \times f_v = 2.99 \times 10^6$ N;

此时,$V_u > V_{u1}$,合格。

水平加劲肋的截面面积:$A_s = 2 \times 30\ \text{mm} \times 240\ \text{mm} = 1.44 \times 10^4\ \text{mm}^2$;

梁翼缘截面面积:$A_{Fb} = 30\ \text{mm} \times 400\ \text{mm} = 1.2 \times 10^4\ \text{mm}^2$;

$A_s > A_{Fb}$,合格。

设计完成节点如图 3.15 所示。

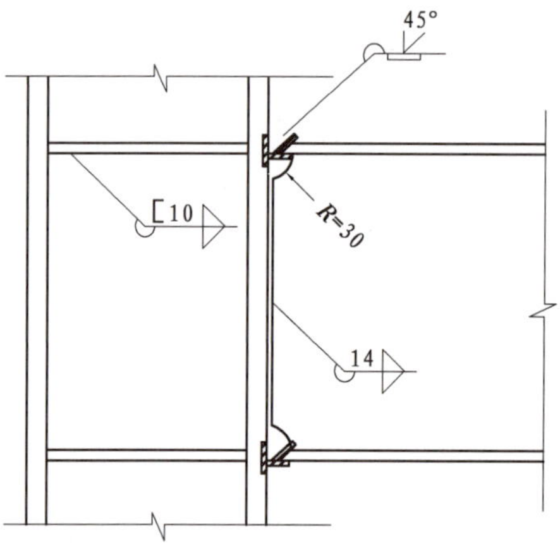

图 3.15　框架梁与框架柱刚接节点详图

任务 5　钢梁与钢柱铰接节点计算

3.5.1　梁与柱铰接概述

(1)梁与柱的铰接

当采用连接板与柱的连接为双面角焊缝连接,且连接板与梁腹板的连接为高强度螺栓摩擦型连接时,焊缝和高强度螺栓的连接计算,除了考虑作用在梁端部的剪力外,还应考虑由于偏心所产生的附加弯矩($M_e = Ve$)的影响,此时其连接可按下列要求确定:

①当采用如图 3.16 所示的单侧连接板连接时,连接板的厚度可按下式计算:

$$t = \frac{t_w h_1}{h_2} + (2 \sim 4)\ \text{mm}$$

②高强度螺栓摩擦型连接(单剪连接),可按下式计算:

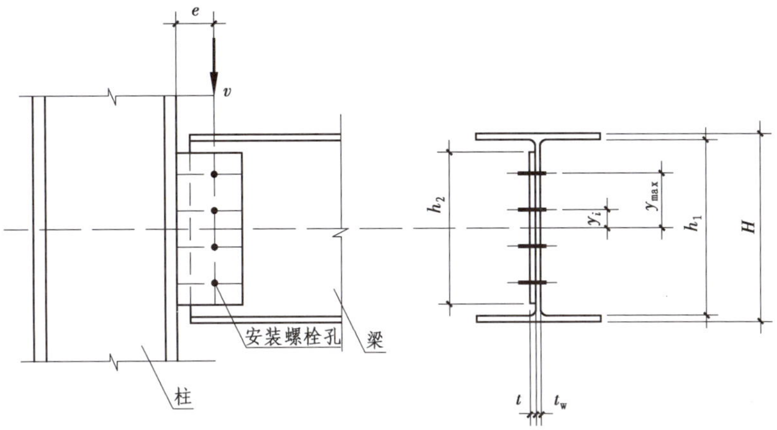

图 3.16 梁与柱的铰接示意图(采用钢板连接)

在梁端剪力作用下,单个高强度螺栓所受的力为:$N_v=\dfrac{V}{n}$;

在偏心弯矩 M_e 作用下,边行受力最大的一个高强度螺栓所受的力为:

$$N_M=\frac{M_e y_{max}}{\sum y_i^2}$$

在剪力和偏心弯矩共同作用下,边行受力最大的一个高强度螺栓所受的力为:

$$N_{smax}=\sqrt{N_v^2+N_M^2}\leqslant N_v^{bH}$$

式中 N_v——在剪力 v 作用下,单个螺栓所受的剪力;

N_v^{bH}——单个高强度螺栓摩擦型连接的双面抗剪或单面抗剪承载力设计值。

③连接板与柱相连的角焊缝强度,可按下式计算:

$$\tau_v=\frac{V}{2\times0.7h_f l_w},\sigma_M=\frac{M_e}{W_w},\sigma_{fs}=\sqrt{\tau_v^2+\sigma_M^2}\leqslant f_f^w$$

式中 W_w——角焊缝的截面模量;

f_f^w——角焊缝抗拉、抗压、抗剪承载力设计值;

h_f——角焊缝焊缝高度;

l_w——角焊缝焊缝长度。

(2)梁与柱的铰接连接

当柱和梁采用角钢连接(图 3.17),并采用高强度螺栓摩擦型连接时,计算高强度螺栓时,既要考虑梁端部的竖向剪力,又要考虑由于偏心所产生的附加弯矩($M_e=Ve$)的影响,其连接可按下列要求确定:

①连接角钢的厚度按下式计算:

当采用双剪连接时,如图 3.17(b)所示,$t=\dfrac{t_w h_1}{2h_2}+(1\sim3)$ mm,且不宜小于 6 mm;

当采用单剪连接时,如图 3.17(c)所示,$t=\dfrac{t_w h_1}{h_2}+(2\sim4)$ mm,且不宜小于 8 mm。

②连接角钢与腹板连接的高强度螺栓,可按下式计算:

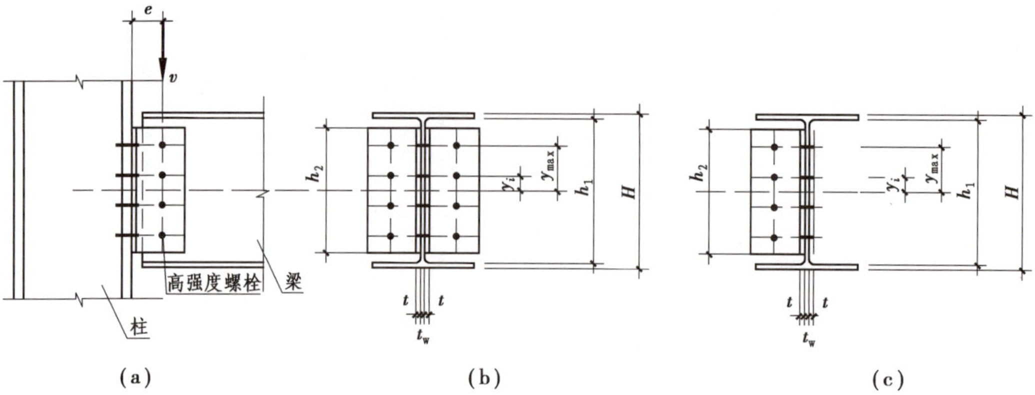

图3.17　梁与柱的铰接连接示意图(采用角钢连接)

在梁端剪力作用下,单个高强度螺栓所受的力为:$N_v=\dfrac{V}{n}$;

在偏心弯矩作用下,边行受力最大的一个高强度螺栓所受的力为:$N_M=\dfrac{M_e y_{max}}{\sum y_i^2}$;

在剪力和偏心弯矩共同作用下,边行受力最大的一个高强度螺栓所受的力为:

$$N_{smax}=\sqrt{N_v^2+N_M^2}\leqslant N_v^{bH}$$

③连接角钢与柱翼缘相连的高强度螺栓摩擦型连接,同时承受摩擦面间的剪力和螺栓杆方向向外拉力的作用。其连接应按下列要求计算:

a.在偏心弯矩 M_e 作用下,边行受力最大的一个高强度螺栓杆轴向所产生的拉力为:

$$N_{tmax}^{bH}=\frac{M_e y_{max}}{m\sum y_i^2}\leqslant 0.8P$$

式中　m——高强度螺栓纵列数;

P——单个高强度螺栓的预拉力。

b.同时承受摩擦面间的剪力和螺栓杆轴向的外拉力时,边行受力最大的一个高强度螺栓的受剪承载力设计值,可按下式计算:

$$N_{vt}^{bH}=0.7n_f\mu(P-1.25N_{tmax}^{bH})$$

式中　n_f——传力摩擦面数目;

μ——摩擦面抗滑移系数。

c.连接所需的高强度螺栓数目:

$$n=\frac{V}{N_{vt}^{bH}}$$

式中　V——作用于梁端部的剪力。

3.5.2　框架梁与框架柱强轴铰接连接节点设计

分析设计院给出的本工程梁柱连接典型节点图,框架梁与框架柱连接分强轴铰接和弱轴铰接。其中,与框架梁和框架柱翼缘的连接,称为梁柱强轴铰接。此时,典型节点形式有两种:连接件为钢板和角钢,进行详图设计时,根据现场施工方便,自行选择连接方式。此处为了施工方便，连接件采用角钢连接。下面以0/1轴线框架布置图中，标高13.5 m处框架梁与框架柱铰接为例，分析梁柱强轴铰接节点设计。框架梁通过角钢与框架柱连接，连接方式为两种：第一种是角钢与柱翼缘高强度螺栓摩擦型连接，与框架梁腹板焊接；第二种是角钢与柱翼缘焊接，与框架梁腹板高强度螺栓摩擦型连接。设计院给出的连接形式是第一种，现分别就两种连接形式进行设计，并比较优劣（表3.9）。通过计算，第二种连接形式经济合理并便于施工。

表3.9　列表比较两种连接方式

项目	第一种	第二种
连接方式	角钢一侧与柱翼缘高强度螺栓摩擦型连接，另一侧与框架梁腹板焊接	角钢一侧与柱翼缘焊接，另一侧与框架梁腹板高强度螺栓摩擦型连接
高强度螺栓数目	12	6
角焊缝焊缝高度	12 mm	10 mm
角钢规格	∟125×14	∟125×12
施工是否方便	角钢预先焊接在梁腹板上，框架梁通过角钢与柱翼缘连接，安装就位误差大，且容易变形	角钢预先焊接在柱翼缘板上，框架梁腹板与连接角钢高强度螺栓摩擦型连接，便于安装就位
经济效益	高强度螺栓数目和焊缝高度用量均大于第二种，成本增加	高强度螺栓数目和焊缝高度用量均偏低，成本降低
结论	不宜采用	宜采用

节点设计的基础数据计算如下：

- 柱子断面：HA11060-2832，框架梁断面：HA6030-1220；
- 框架梁：$h=600$ mm，$b=300$ mm，$t_w=12$ mm，$t_F=20$ mm；
- 高强度螺栓 $d=24$ mm，高强度螺栓孔径 $d_0=25.5$ mm，10.9级M24，梁柱钢材为Q345；
- 腹板净高：$h_1=560$ mm；
- 型钢截面面积：$A=1.87\times10^4$ mm^2，腹板截面面积：$A_w=6\ 720$ mm^2；
- 钢材抗剪强度设计值：$f_v=180$ N/mm^2；
- 角焊缝抗拉、抗压和抗剪强度设计值：$f_f^w=200$ N/mm^2；
- 高强度螺栓预拉力值：$P=255\ 000$ N；
- 高强度螺栓摩擦系数：$\mu=0.45$；
- 传力摩擦面数目：$n_f=2$。

（1）第一种连接形式

连接角钢与柱翼缘高强度螺栓摩擦型连接、与框架梁腹板角焊缝连接，设计院给出节点示意图，如图3.18所示。

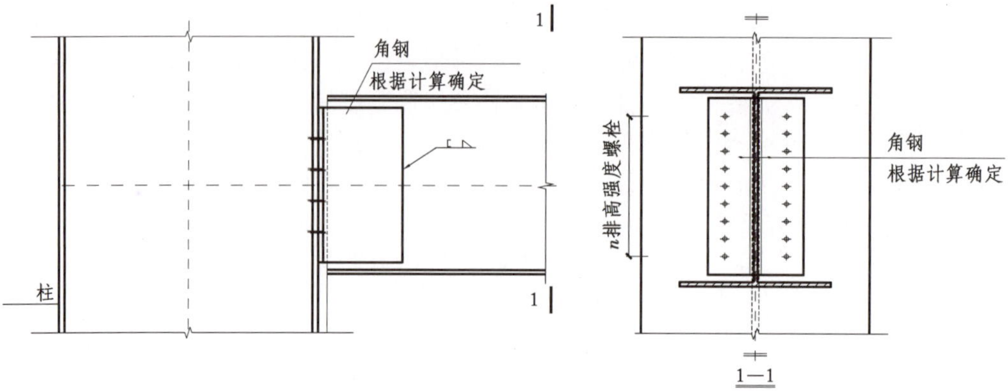

图 3.18　梁柱铰接详图(设计院给出)

①设计节点所需的高强螺栓摩擦型连接的数目。根据 H 型钢断面高度,预选连接角钢为等肢角钢∟125,根据螺栓端距、边距及中心距的要求,布置螺栓如图 3.19 所示。

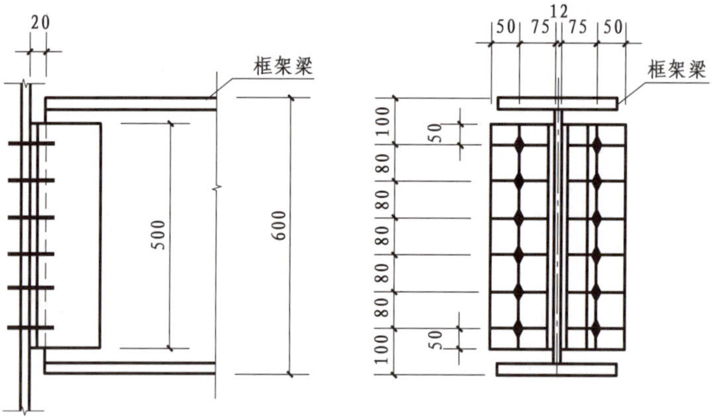

图 3.19　框架梁与框架柱铰接螺栓布置图

螺栓群最边缘螺栓距对称轴距离:$y = 200$ mm;

高强度螺栓受力方向的拼接长度:$l_w = 2y = 400$ mm;

考虑折减系数的条件:$60d_0 \leqslant l_w \leqslant 15d_0$;

折减系数:$\beta_{sw} = 1.1 - \dfrac{l_w}{150d_0} = 0.995\ 4$;

螺栓列数:$m = 1$;

腹板承担剪力:$V = A_w f_v = 1.21 \times 10^6$ N;

设计院给出设计剪力值:$V_0 = 450$ N;

1/2 腹板承担剪力:$V_{00} = \dfrac{1}{2}V = 6.05 \times 10^5$ N;

计算弯矩时的折算剪力:$V_1 = \max(V_0, V_{00}) = 6.05 \times 10^5$ N;

螺栓群附加偏心:$e = 81$ mm;

由于剪力引起的偏心弯矩:$M_e = 0.7V_1 e = 3.43 \times 10^7$ N · mm;

由于偏心弯矩作用,边行受力最大的一个高强度螺栓杆轴方向所产生的拉力为:

$$N_1 = \frac{M_e}{m\sum y_i^2} = 6.12 \times 10^4 \leqslant 0.8P$$，合格。

柱翼缘高强度螺栓同时承受摩擦面间的剪切和螺栓杆轴方向的外拉力，边行受力最大的一个高强度螺栓的受剪力：$N_2 = 0.9\beta_{sw} n_f \mu(P - 1.25N_1) = 6.65 \times 10^4$ N；

连接角钢与柱翼缘连接所需高强度螺栓数目：$n = \frac{V_1}{N_2} = 9.09$；

实际取值：$n = 12$ 个，两排 $m = 2$，每列 6 个。

②设计节点连接角钢与框架梁腹板连接的焊缝高度 h_f、焊缝长度 l_w、角钢厚度 t。

角钢焊缝长度：根据螺栓排列，已定出角钢长度，焊缝满焊，此时 $l_w = 500$ mm；

连接角钢厚度：$t = \frac{t_w h_w}{2l_w} + 3 = \frac{12 \times 540}{2 \times 500} + 3 = 9.48$(mm)，取 $t = 14$ mm；

角焊缝焊缝高度：根据角焊缝构造要求，$h_f = t - (1 \sim 2) = 12$ mm。

验算角焊缝强度：

有效焊缝截面面积：$A_{wh} = 0.7h_f l_w = 0.7 \times 12\ \text{mm} \times 500\ \text{mm} = 4\ 500\ \text{mm}^2$；

焊缝附加偏心距：$e_1 = 125$ mm；

焊缝偏心弯矩：$M_e = V_1 e_1 = 6.05 \times 10^5\ \text{N} \times 125\ \text{mm} = 7.56 \times 10^7\ \text{N} \cdot \text{mm}$；

焊缝的截面惯性矩：$I_{wh} = \frac{2 \times 0.7h_f l_w^3}{12} = \frac{2 \times 0.7 \times 12\ \text{mm} \times 500^3\ \text{mm}^3}{12} = 1.75 \times 10^8\ \text{mm}^4$；

焊缝的截面抵抗矩：$W_{wh} = \frac{I_{wh}}{0.5l_w} = \frac{1.75 \times 10^8\ \text{mm}^4}{0.5 \times 500\ \text{mm}} = 7.00 \times 10^5\ \text{mm}^3$；

角焊缝在偏心弯矩作用下的应力：$\sigma = \frac{M_e}{W_{wh}} = \frac{7.56 \times 10^7\ \text{N} \cdot \text{mm}}{7.0 \times 10^5\ \text{mm}^3} = 108.00\ \text{N/mm}^2$；

角焊缝在剪力的作用下产生的剪力：$\tau = \frac{V_1}{A_{wh}} = \frac{6.05 \times 10^5\ \text{N}}{4\ 200\ \text{mm}^2} = 144\ \text{N/mm}^2$；

在剪力和偏心弯矩共同作用下，角焊缝所受的力：

$\sigma_{fs} = \sqrt{\sigma^2 + \tau^2} = 180.00\ \text{N/mm}^2$，$\sigma_{fs} < f_f^w = 200\ \text{N/mm}^2$，合格。

设计完成节点图如图 3.20 所示。

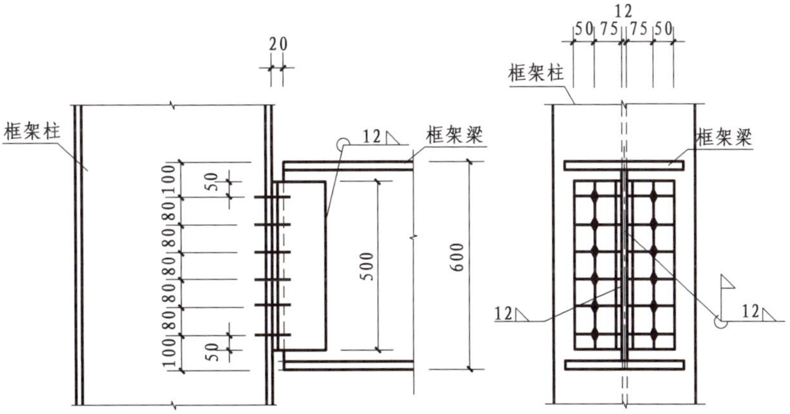

图 3.20 框架梁与框架柱强轴铰接节点详图

(2)第二种连接形式

铰接连接中,角钢与柱翼缘角焊缝连接,角钢与梁腹板高强度螺栓连接。

①设计节点所需的螺栓书目:

单个摩擦型高强度螺栓抗剪承载力设计值:

$$N_v^b = 0.9n_f\mu P = 0.9 \times 2 \times 0.45 \times 225\ 000\ \text{N} = 1.82 \times 10^5\ \text{N}$$

框架梁端腹板最大抗剪承载力设计值:

$$V_w = A_w \times f_v = 6\ 720\ \text{mm}^2 \times 180\ \text{N/mm}^2 = 1.21 \times 10^6\ \text{N}$$

设计院给出的剪力设计值:

$$V_0 = 450\ \text{kN}$$

验算时,采用腹板净截面面积抗剪承载力设计值的一半:

$$V_1 = 0.5 \times 1.21 \times 10^6\ \text{N} = 6.05 \times 10^5\ \text{N}$$

梁端所需的螺栓数目:$n = \dfrac{V_1}{N_v^b} = \dfrac{6.05 \times 10^5}{1.82 \times 10^5} = 3.32$,实际取值 $n = 6$ 个。

根据高强度螺栓构造要求,确定螺栓边距和端距均为 $a_0 = 50$ mm,中心距为 80 mm,螺栓预排列如图 3.21 所示。

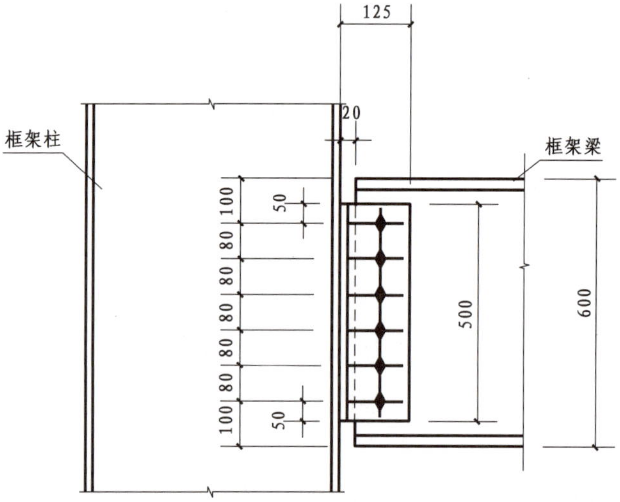

图 3.21　框架梁与框架柱连接示意图(高强度螺栓与梁翼缘相连)

②验算节点高强度螺栓强度:

在梁端剪力作用下,单个高强度螺栓所受的剪力:$N_v = \dfrac{V_1}{n} = 1.01 \times 10^5$ N;

螺栓群 Y 对称轴:$y = 200$ mm;

试选连接角钢为等肢角钢 ∟125;

螺栓列数:$m = 1$;

螺栓群中心附加偏心距:$e = 81$ mm;

计算弯矩时的折算剪力:$V_1 = 6.05 \times 10^5$ N;

偏心弯矩:$M_e = 0.7V_1e = 3.43 \times 10^7$ N · mm;

由于偏心作用,边行受力最大的一个高强度螺栓杆轴方向所产生的拉力:$N_M = \dfrac{M_e \times y}{m\sum y_i^2} = 1.22 \times 10^5$ N,合格;

$N_s = \sqrt{N_v^2 + N_M^2} = 1.59 \times 10^5$ N $< 1.82 \times 10^5$ N，合格。

因此，框架梁与框架柱翼缘高强度螺栓连接，采用 $n=6$ 个高强度螺栓（如图3.21）。

③设计连接角钢与梁腹板连接的角焊缝：

焊缝长度：$l_w = 500$ mm；

连接角钢厚度：$t = \dfrac{t_w h_1}{2h_2} + (1 \sim 3)$ mm $= 9.72$ mm，实际取值为12 mm，等肢角钢选型为∟125×12；

焊缝高度：$h_f = t_{min} - (1 \sim 2)$ mm $= 10$ mm。

焊缝强度校核：

焊缝截面面积：$A_{wh} = 2 \times 0.7 \times 10 \times 500 = 7\ 000$ mm^2；

焊缝附加偏心距：$e = 125$ mm；

偏心弯矩：$M_e = V_1 e_1 = 7.56 \times 10^7$ N·mm；

焊缝的截面惯性矩：$I_{wh} = \dfrac{2 \times 0.7 h_f l_w^2}{12} = 1.46 \times 10^8$ mm^4；

焊缝截面抵抗矩：$W_{wh} = \dfrac{I_{wh}}{0.5 l_w} = 5.83 \times 10^5$ mm^3；

角焊缝在偏心弯矩的作用下的应力：$\sigma = \dfrac{M_e}{W_{wh}} = 129.60$ N/mm^2；

角焊缝在剪力的作用下产生的剪应力：$\tau = \dfrac{V_1}{A_{wh}} = 86.40$ N/mm^2；

在剪力和偏心弯矩共同作用下，角焊缝所受的力：

$\sigma_{fs} = \sqrt{\sigma^2 + \tau^2} = 155.76$ N/mm$^2 \leqslant f_f^w$，合格。

框架梁与框架柱强轴铰接：连接角钢∟125×12，角钢与柱翼缘角焊缝连接，焊缝高度 $h_f = 10$ mm，焊缝长度 $l_w = 500$ mm，角钢与框架梁腹板高强度螺栓摩擦型连接，节点设计图如图3.22所示。

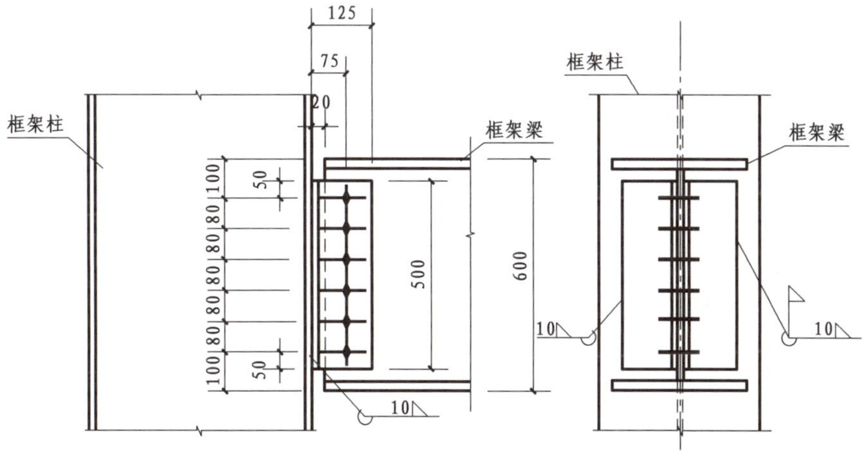

图3.22　框架梁与框架柱铰接节点详图

3.5.3 框架梁与框架柱弱轴铰接连接节点设计

分析设计院给出的主厂房钢柱平面布置图,可知 C 列框架梁与框架柱弱轴连接,即与框架柱腹板连接。设计院给出的梁柱弱轴铰接节点如图 3.23 所示。

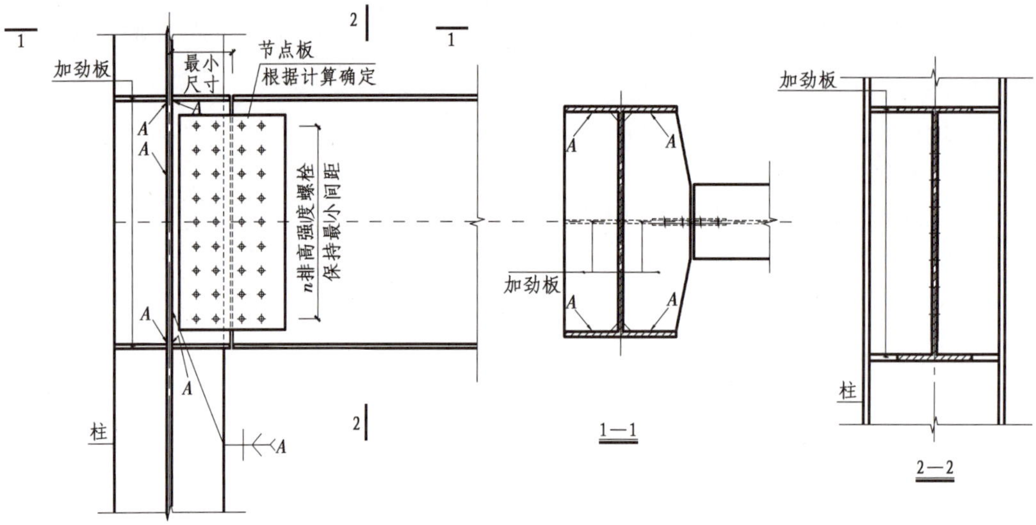

图 3.23 框架梁与框架柱弱轴铰接节点示意图

本文以 C 列标高 6.3 m、0 线和 1/0 线之间的框架梁 F,进行框架梁与框架柱弱轴连接节点设计。

1)节点设计的基础数据计算

框架柱断面:HA11060-2832,框架梁 F 断面:HA5030-1018,材质为 Q235;

对于框架梁:$h=500$ mm,$b=300$ mm,$t_w=10$ mm,$t_F=18$ mm;

高强度螺栓 $d=24$ mm,高强度螺栓孔径 $d_0=25.5$ mm,10.9 级高强度螺栓;

腹板净高:$h_w=464$ mm;

型钢截面面积:$A=464\ \text{mm}\times 10\ \text{mm}+2\times 300\ \text{mm}\times 18\ \text{mm}=1.54\times 10^4\ \text{mm}^2$;

腹板截面面积:$A_w=464\ \text{mm}\times 10\ \text{mm}=4\ 640\ \text{mm}^2$;

钢材抗剪强度设计值:$f_v=180\ \text{N/mm}^2$;

高强度螺栓预拉力值:$P=255\ 000$ N;

高强度螺栓抗拉强度:$f_u^{bH}=1\ 040\ \text{N/mm}^2$;

螺栓在螺纹处的有效面积:$A_e=353\ \text{mm}^2$;

高强度螺栓摩擦系数:$\mu=0.45$;

传力摩擦面数目:$n_f=2$;

单个摩擦型高强度螺栓抗剪承载力设计值:$N_v^b=0.9n_f\mu P=1.82\times 10^5$ N;

螺栓边距和端距:$a_0=55$ mm。

2)设计该节点所需高强度螺栓数目

(1)估算选型

根据螺栓端距、边距和中心距的构造要求,螺栓预排列如图 3.24 所示。

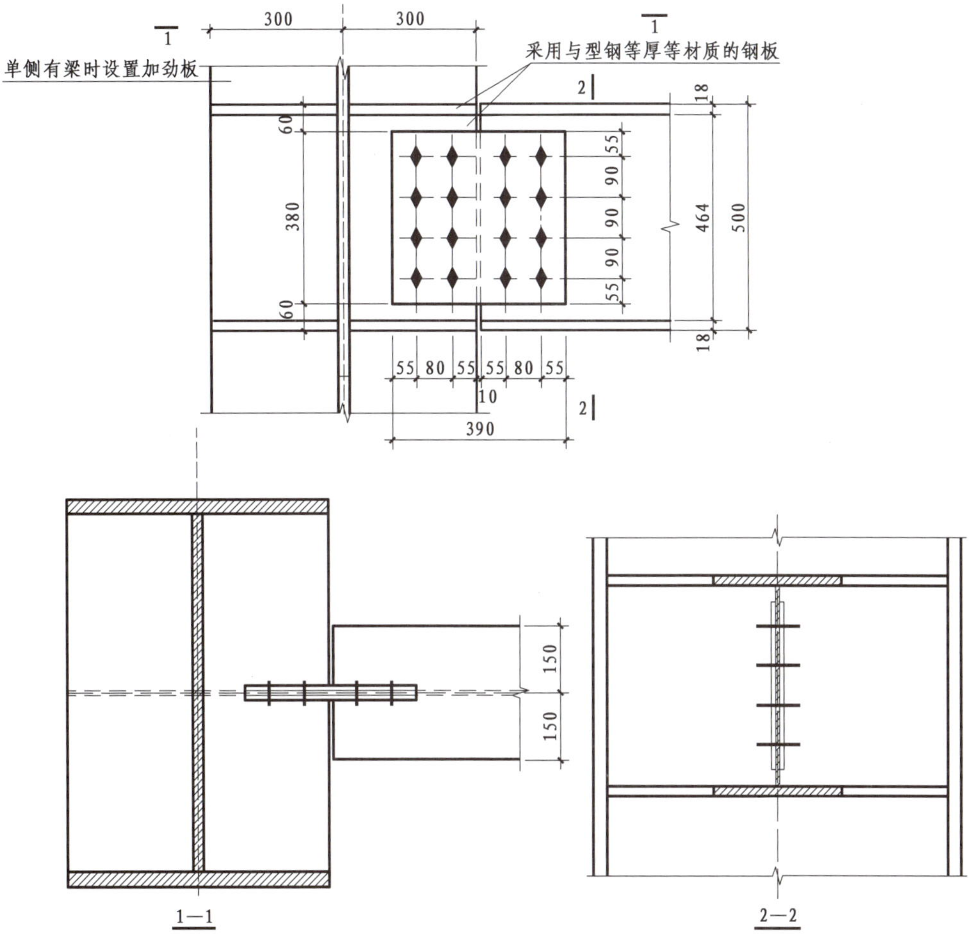

图 3.24 框架梁与框架柱弱轴铰接示意图

框架梁腹板单侧所需螺栓数目：$n_w=8$ 个；

腹板单列（垂直翼缘）螺栓数量：$n_{w1}=4$；

拼接板长度 $l_w=2\times(55\times2+80)\text{ mm}+10\text{ mm}=390\text{ mm}$。

（2）验算螺栓是否满足承载力要求

螺栓群 X 方向最外排螺栓距对称轴：$x=40\text{ mm}$；

螺栓群 Y 方向最外排螺栓距对称轴：$y=135\text{ mm}$；

考虑折减系数的条件：$l_w\leqslant15d_0$，不需考虑折减系数：$\beta_{sw}=1$；

框架梁端腹板最大抗剪承载力设计值：$V_w=A_wf_v=8.35\times10^5\text{ N}$；

设计院剪力设计值：$V_0=200\text{ kN}$；

验算时，采用腹板净截面面积抗剪承载力设计值的一半：$V_1=0.5V_0=4.18\times10^5\text{ N}$；

计算弯矩时的折算剪力：$V_1=4.18\times10^5\text{ N}$；

螺栓群附加偏心（中心至框架柱边缘距离）：$e=105\text{ mm}$；

由剪力产生的偏心弯矩：$M_e=0.7V_1e=3.07\times10^7\text{ N}\cdot\text{mm}$；

X 方向每个螺栓对螺栓群中心线距离的平方和：$\sum x_i^2=12\ 800\text{ mm}^2$；

Y 方向每个螺栓对螺栓群中心线距离的平方和：$\sum y_i^2=81\ 000\text{ mm}^2$；

在弯矩作用下最边缘螺栓所受剪力：

$$N_1=\sqrt{\left(\frac{M_e x}{\sum x_i^2+\sum y_i^2}+\frac{V_1}{n_w}\right)^2+\left(\frac{M_e y}{\sum x_i^2+\sum y_i^2}\right)^2}$$

$N_1=7.88\times10^4\ \mathrm{N\cdot mm}$；

$N_1<N_v^{bH}=1.82\times10^5$ N，设计可行。

(3)设计拼接板

拼接板的高度：$h_{wp}=2y+2a_0=380$ mm；

拼接板厚度：$t=\dfrac{t_w h_w}{n_f h_{wp}}+2=8.11$ mm，实际取值 $t=10$ mm；

拼接板规格：－10 mm×380 mm×390 mm。

(4)验算拼接板强度

①验算拼接板：

腹板净截面面积：$A_{nw}=A_w-n_{w1}d_0t_w=3\ 620\ \mathrm{mm}^2$；

腹板拼接板净截面面积：$A_{nwp}=n_f\times t\times h_{wp}-n_f\times n_{w1}\times d_0\times t=5\ 560\ \mathrm{mm}^2$；

$A_{nwp}>A_{nw}$，设计可行。

②验算刚度：

梁腹板净截面抗剪承载力：$V_{u1}=\dfrac{A_{nw}f_y}{\sqrt{3}}=7.21\times10^5$ N；

梁腹板拼接板净截面抗剪承载力：$V_{u2}=\dfrac{A_{nwp}f_y}{\sqrt{3}}=1.11\times10^6$ N；

腹板拼接高强度螺栓的抗剪最大承载力：$V_{u3}=0.58n_f n_w A_e f_u^{bH}=3.41\times10^6$ N；

梁腹板拼接板的边端截面抗剪最大承载力：$V_{u4}=d_0t_w1.5f_u n_w=1.43\times10^6$ N；

腹板综合抗剪最大承载力：$U=\min(V_{u2},V_{u3},V_{u4})=1.11\times10^6$ N；

$V_{u1}<U$，设计可行。

③螺栓孔对截面的削弱率校核：

梁的毛截面面积：$A=1.54\times10^4\ \mathrm{mm}^2$；

螺栓孔的削弱面积：$A_r=n_{w1}t_wd_0=1\ 020\ \mathrm{mm}^2$；

$\mu_r=\dfrac{A_r}{A}=6.61\%\leqslant25\%$，设计可行。

任务6　钢柱的连接计算

以某工程钢框架柱的拼接计算为例，讲解钢柱的连接计算。

3.6.1　拼接节点设计方法

1）等强度设计法

钢框架柱与柱拼接，为保证结构构件的整体连续性，采用等强度设计法设计。该设计是根据被连接处柱翼缘和腹板的净截面面积与连接件净截面面积的强度相等来进行拼接节点设计，多用于抗震设计或按弹性设计结构中柱的拼接连接设计，确保节点处构件强度、刚度、整体稳定性和局部稳定性。

工字形截面柱因稳定性好而被广泛用于火电厂等厂房柱中。工字形截面柱常用的拼接接头有焊接接头、栓焊组合接头和螺栓拼接接头。

①焊接接头：钢框架柱与柱的连接接头均采用焊接接头时，即上下翼缘及腹板均采用坡口熔透焊，焊缝质量等级为一级，并采用引弧板施焊，此时焊缝强度与母材强度视为相等，可不进行对接焊缝的强度验算。

②栓焊组合接头：柱上下翼缘采用坡口熔透焊，焊缝质量等级为一级，腹板采用高强度螺栓摩擦型连接。上下翼缘的对接焊缝采用引弧板施焊连接，焊缝强度与母材强度可视为相等，可不进行对接焊缝的强度验算；腹板连接选用高强度螺栓摩擦型和拼接连接板连接。

③螺栓拼接接头：柱翼缘和腹板全部采用高强度螺栓摩擦型连接。

采用等强度设计法进行框架柱拼接设计时，应遵循以下原则：

①框架柱拼接接头处承受竖向轴心压力、剪力和弯矩（图3.25）。柱的拼接连接按等强度设计法设计内力值，计算公式如下：

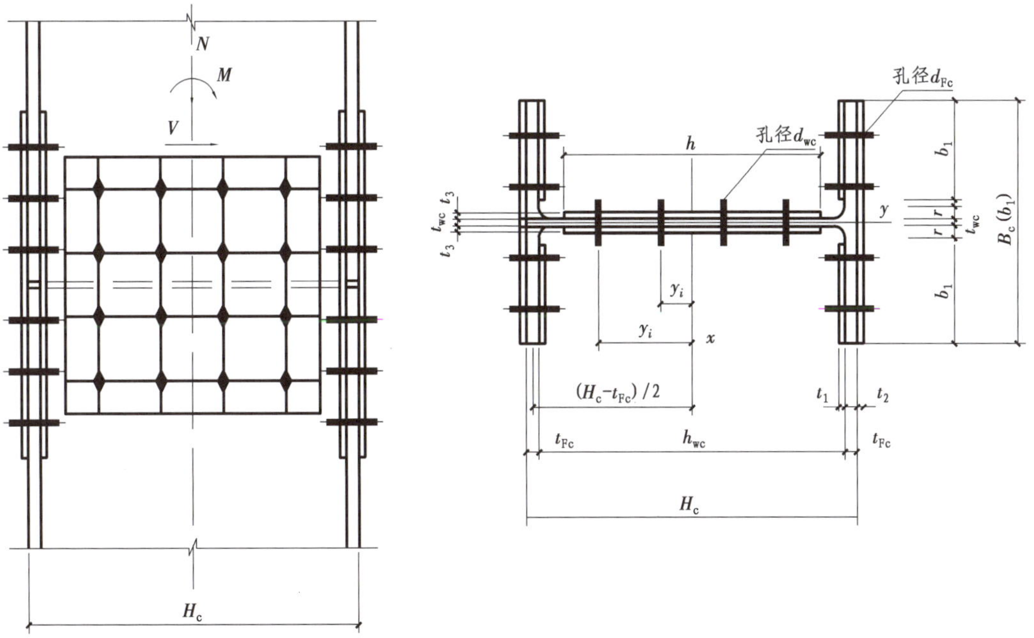

图3.25　柱的拼接连接处内力图

- 轴心压力：

$$N = A_n^c f = 2A_{nF}^c f + A_{nw}^c f$$

式中　A_n^c——柱扣除高强度螺栓孔径后的净截面面积。

A_{nF}^c——柱单侧翼缘扣除高强度螺栓孔径后的净截面面积，可按下式计算：

$$A_{nF}^c = B_c t_{Fc} - n_{FP} d_{Fc} t_{Fc}$$

A_{nw}^{c}——柱腹板扣除高强度螺栓孔径后的净截面面积，计算公式为(也可近似取腹板毛截面面积的0.85倍)：

$$A_{nw}^{c} = t_{wc}h_{wc} - n_{wP}d_{wc}t_{wc}$$

h_{wc}——柱腹板的高度；

n_{wP}——柱腹板计算削弱截面上的高强度螺栓数目；

f——钢材的抗拉、抗压和抗弯强度设计值。

● 弯矩：$M_{n}^{c} = W_{n}^{c}f$

式中　W_{n}^{c}——柱扣除高强度螺栓孔后的净截面模量，计算公式为：$W_{n}^{c} = \dfrac{I_{n}^{c}}{0.5H_{c}}$；

I_{n}^{c}——柱扣除高强度螺栓孔后的净截面惯性矩，计算公式为：$I_{n}^{c} = I_{0}^{c} - \dfrac{2n_{FP}d_{Fc}t_{Fc}^{3}}{12} - 2n_{FP}d_{Fc}t_{Fc}\left(\dfrac{H_{c}-t_{Fc}}{2}\right)^{2} - \sum_{i}\left(\dfrac{1}{12}t_{wc}d_{wc}^{3} + t_{wc}d_{wc}y_{i}^{2}\right)$；

I_{0}^{c}——柱的毛截面惯性矩，计算公式为：$I_{0}^{c} = I_{F}^{c} + I_{W}^{c}$；

I_{F}^{c}——柱翼缘的毛截面惯性矩，计算公式为：$I_{F}^{c} = \dfrac{1}{2}B_{c}t_{Fc}(H_{c}-t_{Fc})^{2} + \dfrac{1}{6}B_{c}t_{Fc}^{3}$；

I_{w}^{c}——柱腹板的毛截面惯性矩，计算公式为：$I_{w}^{c} = \dfrac{1}{12}t_{wc}(H_{c}-2t_{Fc})^{3}$；

H_{c}——柱的截面高度；

B_{c}——柱的截面宽度(翼缘宽度)；

n_{FP}——柱单侧翼缘计算削弱截面上高强度螺栓数目，并列布置 $n_{FP}=2$ 或者 $n_{FP}=4$，错列布置可近似取 $n_{FP}=3$；

d_{Fc}——柱翼缘的高强度螺栓孔径；

t_{Fc}——柱翼缘的厚度；

t_{wc}——柱腹板的厚度；

d_{wc}——柱腹板的高强度螺栓孔径；

y_{i}——柱截面中和轴至腹板的高强度螺栓孔中心的距离；

f_{v}——钢材的抗剪强度设计值。

● 剪力：

$$V = A_{nw}^{c}f_{v}$$

式中　A_{nw}^{c}——柱腹板扣除高强度螺栓孔后的净截面面积，$A_{nw}^{c} = t_{wc} \cdot h_{wc} - n_{wp} \cdot t_{wc} \cdot d_{wc}$。

②根据等强度设计条件，柱子翼缘和腹板螺栓拼接连接的承载力设计值等于柱子板件的承载力设计值。柱子在轴心压力、弯矩和剪力共同作用下，柱翼缘的等强度条件计算公式为：

$$\frac{N_{n}^{c}}{A_{n}^{c}} + \frac{M_{n}^{c}}{W_{n}^{c}} = f$$

取 M_{n}^{c} 作为柱翼缘的拼接连接设计内力值(即 $M_{n}^{c} = W_{n}^{c}f$)，则柱子单侧翼缘连接所需的高强度螺栓数目按如下公式计算确定：

$$n_{Fc} \geqslant \frac{W_n^c f}{(H_c - t_{Fc})N_v^{bH}}$$

③按照等强度设计条件，柱子在轴心压力、弯矩和剪力共同作用下，柱腹板的等强度条件计算公式为：

$$\left(\frac{N_{nw}^c}{A_{nw}^c}\right)^2 + 3\left(\frac{V_n^c}{A_{nw}^c}\right)^2 = f^2$$

取 N_{nw}^c 作为柱腹板的拼接连接设计内力值（即 $N_{nw}^c = A_{nw}^c f$）。则柱腹板连接所需的高强度螺栓数目，按如下公式计算确定：

$$n_{wc} \geqslant \frac{A_{nw}^c f}{N_v^{bH}}$$

式中 N_v^{bH}——单个高强度螺栓承载力设计值。

2）实用设计法

实用设计法设计原理：以柱翼缘和腹板分别承载在拼接连接处的轴心压力 N。其中柱翼缘既承载轴心压力 N_F，又承担绕强轴的全部弯矩 M；柱腹板既承载轴心压力 N_w，又承载拼接接头处的全部剪力 V。

使用实用设计法进行钢框架柱拼接节点设计，采用螺栓连接时，柱翼缘和腹板均选用高强度螺栓摩擦型连接。高强度螺栓选用按以下公式确定：

①柱翼缘在轴心压力 N_F 和拼接处绕柱强轴的全部弯矩 M 共同荷载效应下，柱单侧翼缘连接所需的高强度螺栓数目，按以下公式确定：

$$n_{Fc} \geqslant \frac{\dfrac{A_F}{A} \cdot N + \dfrac{M}{H_c - t_{Fc}}}{N_v^{bH}}$$

式中 A_F——柱单侧翼缘的毛截面面积；

A——柱的毛截面面积；

N——作用在拼接连接处的轴心压力；

M——作用在拼接连接处绕强轴的弯矩。

②柱腹板在轴心压力 N_w 和接头处全部剪力 V 共同荷载效应下，柱腹板拼接连接所需的高强度螺栓数目，按下式确定：

$$n_{wc} \geqslant \sqrt{\frac{\left(\dfrac{A_w}{A} \cdot N\right)^2 + V^2}{N_v^{bH}}}$$

式中 A_w——柱腹板的毛截面面积；

V——作用在拼接连接处的剪力。

③钢框架柱选用螺栓拼接接头时，钢框架柱翼缘和腹板的拼接连接板的大小和厚度及螺栓布置方式，按下列要求确定：

a. 为保证钢框架柱拼接连接节点结构受力的连续性，柱翼缘和柱腹板的节点板净截面面积和净截面模量，必须同时满足下列公式的要求：

$$A_{nF}^{PL} \geqslant A_{nF}^c$$

$$A_{nw}^{PL} \geqslant A_{nw}^{c}$$
$$W_{n}^{PL} \geqslant W_{n}^{c}$$

式中 A_{nF}^{PL}——柱单侧翼缘拼接连接板扣除高强度螺栓孔后的净截面面积；

A_{nF}^{c}——柱单侧翼缘扣除高强度螺栓孔后的净截面面积；

A_{nW}^{PL}——柱腹板拼接连接板扣除高强度螺栓孔后的净截面面积；

A_{nW}^{c}——柱腹板扣除高强度螺栓孔后的净截面面积；

W_{n}^{PL}——柱翼缘和腹板的拼接连接板扣除高强度螺栓孔后的净截面模量；

W_{n}^{c}——柱扣除高强度螺栓孔后的净截面模量。

b. 钢框架柱选用螺栓拼接接头时，柱上下翼缘拼接连接板原则上采用双盖板拼接；当翼缘宽度较窄，采用双盖板连接构造上有困难且内力较小时，也可选用单盖板连接。

考虑柱翼缘拼接连接板现场安装的对称性和互换性的特点，在确定柱翼缘的拼接连接板尺寸时，翼缘外侧拼接连接板应与翼缘同宽。

柱翼缘拼接连接板采用双剪连接时，柱翼缘拼接板的厚度，按下列公式确定：

$$t_1 = \frac{1}{2}t_{Fc} + (2 \sim 5)\ \text{mm，且}\ t_1 \geqslant 8\ \text{mm}$$

$$t_2 = \frac{t_{Fc}B_c}{4b} + (3 \sim 6)\ \text{mm，且}\ t_2 \geqslant 10\ \text{mm}$$

式中 t_1——翼缘内侧拼接连接板的厚度；

t_2——翼缘外侧拼接连接板的厚度；

b——翼缘内侧拼接连接板的宽度。

c. 钢框架柱选用螺栓拼接接头时，柱腹板拼接连接板原则上采用双盖板连接，即在柱腹板两侧成对设置拼接连接板。

根据上述设计原则，腹板拼接连接板的厚度按下列公式确定：

$$t_3 = \frac{t_{wc}h_{wc}}{2h} + (1 \sim 3)\ \text{mm，且}\ t_3 \geqslant 6\ \text{mm}$$

式中 t_3——腹板拼接连接板的厚度；

h_{wc}——柱的腹板高度；

h——柱的腹板拼接连接板（水平方向）的长度。

3.6.2 设计本工程中框架柱拼接节点

1）分析节点参考图

设计院给出的设计节点参考图，如图 3.26 所示。

2）整理基础数据

根据国家规范、标准及设计图纸总说明，设计图等相关资料，搜集整理设计所需基础数据。

本文以 C 列 1/0 线框架柱为例进行详图拼接节点设计。根据设计图纸给出的柱表，标高 33.85 m 处拼接柱断面为：HA6050-2030，表示焊接 H 型钢，H 型钢断面高度 $h=600$ mm，翼缘宽度 $b=500$ mm，翼缘板厚度 $t_f=30$ mm，腹板厚度 $t_w=20$ mm。

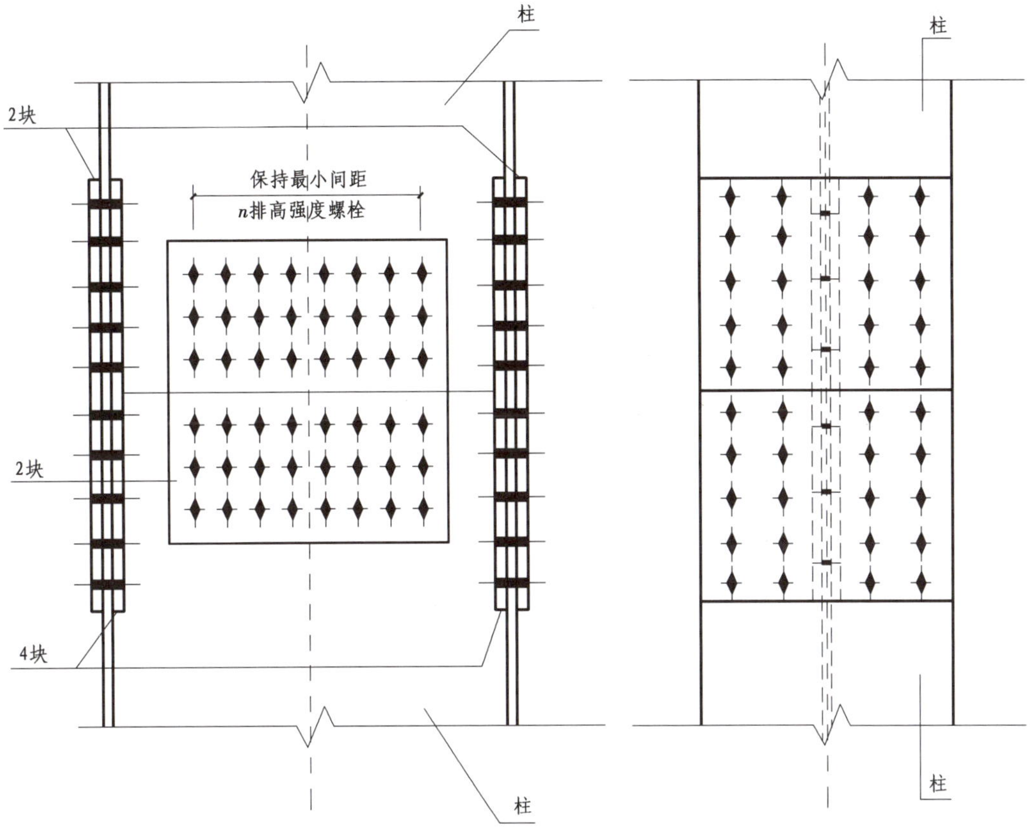

图 3.26　柱现场拼接详图(等截面)

根据国家标准和设计施工总说明给出的条件,查出所需的相关数据如下:

- 钢柱材质均采用 Q345B,拼接用 10.9 级 M24 高强度螺栓,螺栓孔 25.5 mm;
- 拼接板极限抗拉强度最小值 $f_u = 500\ N/mm^2$;
- 拼接板屈服强度最小值 $f_y = 325\ N/mm^2$;
- 翼缘腹板的抗拉、抗压、抗弯强度设计值 $f = 295\ N/mm^2$;
- 翼缘腹板的抗剪强度设计值 $f_v = 170\ N/mm^2$;
- 螺栓在螺纹处的有效面积 $A_e = 353\ mm^2$;
- 高强螺栓抗拉强度 $f_u^{bH} = 1\ 040\ N/mm^2$;
- 截面高度 $H_c = 600$ mm;
- 翼缘宽度 $B_c = 500$ mm;
- 翼缘厚度 $t_{Fc} = 30$ mm
- 型钢内弧半径 $r = 20$ mm;
- 腹板厚度 $t_{wc} = 20$ mm;
- 柱内侧截面高度 $h_{wc} = H_c - 2 \times t_{Fc} = 540$ mm;
- 翼缘连接用高强度螺栓孔直径 $d_0 = 25.5$ mm;
- 腹板连接用高强度螺栓孔直径 $d_0 = 25.5$ mm;
- 高强度螺栓预拉力设计值 $P = 225$ kN;
- 摩擦面抗滑移系数 $\mu = 0.45$;

- 翼缘摩擦面数目 $n_f=2$；
- 腹板摩擦面数目 $n_f^w=2$；
- 端距 $a_0=55$ mm；
- 边距：$a=55$ mm。

3)计算柱子截面特性

- H 型钢截面面积：$A=2\times B_c\times t_{Fc}+t_{wc}\times h_{wc}=4.08\times10^4\ \text{mm}^2$；
- 翼缘面积：$A_f=B_c\times t_{Fc}=1.50\times10^4\ \text{mm}^2$；
- 腹板面积：$A_w=t_{wc}\times h_{wc}=1.08\times10^4\ \text{mm}^2$；
- 平面内惯性矩：$I_x=B_c\times\dfrac{H_c^3}{12}-(B_c-t_{wc})\times\dfrac{h_{wc}^3}{12}=2.70\times10^9\ \text{mm}^4$；
- 平面内抵抗矩：$W_x=\dfrac{I_x}{H_c/2}=9.0\times10^6\ \text{mm}^3$；
- 平面内弯矩：$M_f=f\times W_x=2.66\times10^9\ \text{N}\cdot\text{mm}$。

4)设计柱子翼缘拼接接头

(1)计算翼缘拼接接头所需高强度螺栓数目

翼缘高强度螺栓的抗剪承载力：$N_v^{bH}=0.9\times n_f\times\mu\times P=1.82\times10^5$ N；

翼缘螺栓个数：$n_0=\dfrac{M_f}{(H_c-t_{Fc})\times N_v^{bf}}=25.6$ 个；

高强度螺栓受力方向的拼接长度：$l_1=480$ mm；

考虑折减系数的条件：$60d_0>l_1>15d_0$(需考虑折减系数)；

折减系数：$\beta_s=1.1-\dfrac{l_1}{150d_0}=0.975$；

螺栓个数调整取值：$n_1=\dfrac{n_0}{\beta_s}=26.24$；

螺栓个数实际取值 $n=28$ 个。

(2)计算柱翼缘拼接连接板的规格

翼缘外侧拼接板的厚度：$t_1=\dfrac{t_{Fc}}{2}+3=18$ mm，实际取值 20 mm。

根据螺栓间距、端距、边距的构造要求，接头一侧连接板长度：$l_{p1}=590$ mm，拼接板总长：$l_p=1\ 190$ mm；

柱翼缘外侧拼接板宽度：$b_1=500$ mm；

柱翼缘外侧连接板尺寸为：$-20\ \text{mm}\times500\ \text{mm}\times1\ 190\ \text{mm}$；

柱翼缘内侧连接板宽度：$b_2=\dfrac{B_c-(t_{wc}+2r)}{2}=220$ mm；

柱翼缘内侧连接板宽度实际取值：$b_2=200$ mm；

柱翼缘内侧连接板厚度：$t_2=\dfrac{t_{Fc}\times B_c}{4\times b_2}+3=21.75$ mm；

如果考虑内侧拼接连接板的截面面积与外侧拼接连接截面积相等，则 $t_2=\dfrac{20\times500}{2\times200}=25$ mm；

因此内侧连接板采用：$-25\ \text{mm}\times200\ \text{mm}\times1\ 190\ \text{mm}$。

(3)排列翼缘高强度螺栓群

根据螺栓构造要求，合理布置螺栓边距、端距和中心间距，进行螺栓群排列，翼缘一端所需螺栓共28个，7排4列，端距55 mm，中心距80 mm。接头一侧螺栓排列图形如图3.27所示。

5)设计腹板拼接所需螺栓

在设计腹板拼接螺栓时，由于设计院没有给出该拼接处的内力，在此只能用假设法进行设计。即预估拼接接头所需的螺栓总数，按照螺栓构造要求进行排列，然后验算螺栓受力、拼接板受力、拼接钢柱受力，保证高强度螺栓、拼接板材和钢柱自身受力安全可靠，同时考虑经济合理因素，此处预估接头两侧共需螺栓数目40个，接头一侧需20个高强度螺栓。

(1)接头一侧腹板螺栓根据构造要求排列

20个高强度螺栓，5排4列，并排布置，如图3.28所示。

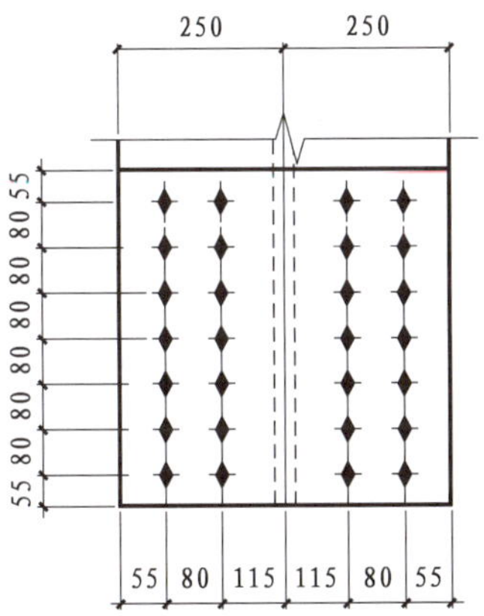

图3.27　框架柱翼缘螺栓排列图

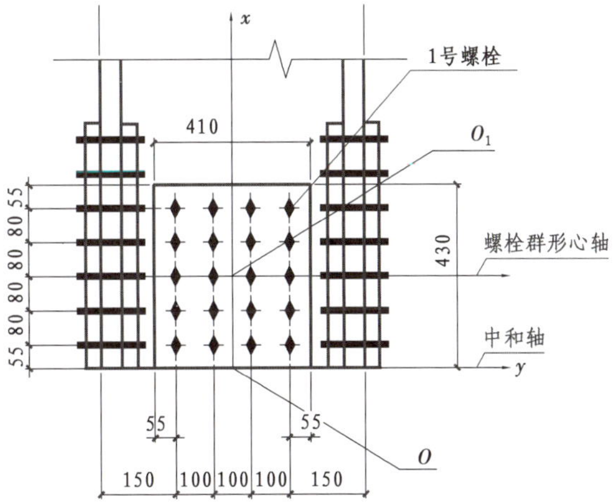

图3.28　框架柱腹板螺栓排列图

(2)验算高强度螺栓群受力

高强度螺栓群在弯矩作用下受拉。在弯矩作用下，离中和轴越远的螺栓所受拉力越大，此处应验算外侧最边缘处1号螺栓。

x方向螺栓群形心轴至最外排螺栓的距离：$x=160$ mm；

y方向螺栓群形心轴至最外排螺栓的距离：$y=150$ mm；

高强度螺栓受力方向的拼接长度 $l_1=300$ mm，此时 $l_1\leqslant 15d_0$，不需考虑折减系数；

腹板单个高强度螺栓承载力设计值：$N_v^{bW}=0.9n_f\mu P=1.82\times10^5$ N；

腹板全截面承受的最大剪力设计值：$V=A_W f_v=1.84\times10^6$ N；

螺栓群附加偏心距（即接头一侧螺栓群中心 O_1 至拼接接头中心 O 的距离）：$e_1=80\ \text{mm}\times2+55\ \text{mm}=215\ \text{mm}$；

计算弯矩时的剪力：$V_1=0.6V=1.10\times10^6$ N（0.6系数为设计规范取值）；

x方向每个螺栓至螺栓群中心线距离的平方和：$m\sum x_i^2=3.2\times10^5\ \text{mm}^2$（其中，$m=4$、$n=5$，即5行4列螺栓）；

y方向每个螺栓至螺栓群中心线距离的平方和：$n\sum y_i^2=2.0\times10^5\ \text{mm}^2$；

最外层边缘螺栓所受剪力：

$$N_1=\sqrt{\left(\frac{V_1\times e_1\times x}{m\sum x_i^2+n\sum y_i^2}+\frac{V}{n_w}\right)^2+\left(\frac{V_1\times e_1\times y}{m\sum x_i^2+n\sum y_i^2}\right)^2}=1.78\times10^5\text{ N};$$

此时,单个螺栓抗剪承载力设计值 $N_v^{bW}\geqslant N_1$,合格。

(3)设计腹板拼接板规格

腹板拼接板高度:$h=2\times y+2\times a_0=410$ mm;

腹板拼接板长度:$l_p^w=2\times(4\times80+55\times2)$ mm $+10$ mm $=870$ mm(10 mm 为安装缝);

腹板拼接板厚度理论计算值:$t_3=1+\dfrac{t_{wc}\times h_{wc}}{n_{wf}\times h}=14.4$ mm;

腹板拼接板厚度实际取值:$t_3=18$ mm;

拼接板规格:-18 mm $\times410$ mm $\times870$ mm。

6)拼接连接板的校核

(1)净截面面积的校核

①对翼缘:

翼缘净截面面积:$A_{nF}^c=1.19\times10^4$ mm^2;

拼接板净截面面积:$A_{nF}^{PL}=1.54\times10^4$ mm^2;

由于 $A_{nF}^{PL}\geqslant A_{nF}^c$,合格。

②对腹板:

腹板净截面面积:$A_{nW}^c=8.76\times10^3$ mm^2;

拼接板净截面面积:$A_{nW}^{PL}=1.10\times10^4$ mm^2;

由于 $A_{nW}^{PL}\geqslant A_{nW}^c$,合格。

(2)拼接板刚性校核

①柱子的截面特性:

柱的毛截面惯性矩:$I_x=2.7\times10^9$ mm^4。

柱上螺栓孔截面惯性矩:

$$I_{x1}=\frac{2n_{f1}d_0t_{Fc}^3}{12}+2n_{f1}d_0t_{Fc}\left(\frac{H_c-t_{Fc}}{2}\right)^2+\sum\left(\frac{1}{12}t_{wc}d_0^3+2\times t_{wc}d_0y_i^2\right)$$

式中 n_{f1}——柱单侧翼缘计算削弱截面上的高强度螺栓数目,对并列布置 $n_{f1}=2$ 或者 $n_{f1}=4$,此处 $n_{f1}=4$;

y_i——腹板拼接高强度螺栓群螺栓孔中心至腹板中心轴的距离。

计算可得:$I_{x1}=5.23\times10^8$ mm^4。

柱扣除螺栓孔后的净截面惯性矩:$I_{x0}=I_x-I_{x1}=2.18\times10^9$ mm^4。

柱扣除螺栓孔后的净截面抵抗矩:$W_{x0}=\dfrac{I_{x0}}{\dfrac{H_c}{2}}=7.26\times10^6$ mm^3。

②拼接板的截面特性:

拼接板的毛截面惯性矩:

$$I_{xp}=\left(\frac{b_1t_1^3}{12}+bt_1\left(\frac{H_c+t_1}{2}\right)^2+\frac{b_2\times t_2^3}{12}\times2+b_2\times t_2\times\left(\frac{h_{wc}-t_2}{2}\right)^2\times2\right)\times2+\frac{t_3\times h^3}{12}\times2=3.46\times10^9\text{ mm}^4。$$

拼接板螺栓孔的截面惯性矩:

$$I_{xp1} = \frac{2n_{f1}d_0t_1^3}{12} + 2n_{f1}d_0t_1\left(\frac{H_c+t_1}{2}\right)^2 + \frac{2n_{f2}d_0t_2^3}{12} + 2n_{f2}d_0t_2\left(\frac{h_{wc}-t_2}{2}\right)^2 + \frac{2n_{w1}t_3d_0^3}{12} +$$

$$2\sum_i (t_3d_0y_i^2) \times 2 = 6.08 \times 10^8 \text{ mm}^4\text{。}$$

拼接板扣除螺栓孔后的净截面惯性矩：

$$I_{xp0} = I_{p1} - I_{xp1} = 2.85 \times 10^9 \text{ mm}^4$$

拼接板扣除螺栓孔后的净截面抵抗矩：

$$W_{xp0} = \frac{I_{xp0}}{\frac{H_c}{2}+t_1} = \frac{2.85 \times 10^9}{300+20} = 8.9 \times 10^6 \text{ mm}^3$$

由于 $W_{xp0} = 8.9 \times 10^6 \text{ mm}^3 > W_{x0} = 7.3 \times 10^6 \text{ mm}^3$，合格。

7）拼接连接的抗震校核

（1）柱的全塑性弯矩

$$M_{px}^c = W_pf_y = 3.25 \times 10^9 \text{ N}\cdot\text{mm}$$

（2）拼接连接节点最大承载力校核

①验算弯矩：

柱翼缘拼接连接板净截面抗拉最大承载力的相应最大弯矩：

$$\begin{aligned}M_{u1} &= A_{uF1}f_u(H_c+t_1) + A_{uF2}f_u(H_c - 2t_{Fc} - t_2)\\ &= 4.39 \times 10^9 \text{ N}\cdot\text{mm}\end{aligned}$$

柱翼缘连接高强度螺栓抗剪最大承载力的相应最大弯矩：

$$M_{u2} = 0.58n_fnA_ef_u^{bH}(H_c - t_{Fc}) = 6.8 \times 10^9 \text{ N}\cdot\text{mm} \geqslant M_{u1}$$

柱翼缘板边端截面抗拉最大承载力的相应最大弯矩：

$$\begin{aligned}M_{u3} &= na_0t_{Fc}f_u(H_c - t_{Fc})\\ &= 1.32 \times 10^{10} \text{ N}\cdot\text{mm} \geqslant M_{u1}\end{aligned}$$

柱翼缘拼接连接板边端截面抗拉最大承载力的相应最大弯矩：

$$\begin{aligned}M_{u4} &= na_0f_u[t_1(H_c+t_1) + t_2(H_c - 2t_{Fc} - t_2)]\\ &= 1.95 \times 10^{10} \text{ N}\cdot\text{mm} \geqslant M_{u1}\\ M_u &= \min(M_{u1}, M_{u2}, M_{u3}, M_{u4})\\ &= 4.39 \times 10^9 \text{ N}\cdot\text{mm} \geqslant 1.2M_{px}^c = 3.90 \times 10^9 \text{ mm}\end{aligned}$$

由以上计算结果可知，弯矩合格。

②验算剪力：

柱腹板净截面面积的抗剪最大承载力：

$$V_{u1} = A_{nW}f_v = 1.49 \times 10^6 \text{ N}$$

柱腹板拼接连接板净截面面积的抗剪最大承载力：

$$V_{u2} = A_{nW}^{pL}f_v = 1.73 \times 10^6 \text{ N} \geqslant V_{u1}$$

柱腹板连接高强度螺栓的抗剪最大承载力：

$$V_{u3} = 0.58n_fnA_sf_u^{bH} = 8.52 \times 10^6 \text{ N} \geqslant V_{u1}$$

柱腹板拼接板的边端截面抗剪最大承载力：

$$\begin{aligned}V_{u4} &= d_0t_{wc}1.5f_un_w = 7.65 \times 10^6 \text{ N} \geqslant V_{u1}\\ V_u &= \min(V_{u2}, V_{u3}, V_{u4}) = 1.73 \times 10^6 \text{ N}\end{aligned}$$

由于 $V_u \geqslant V_{u1}$，合格。

(3)螺栓孔对柱截面的削弱率校核

柱的毛截面面积：$A=4.08\times10^4\ \text{mm}^2$；

螺栓孔的削弱面积：$A_r=\left(2\times n_{f1}\times t_{Fc}+\dfrac{n}{n_{w1}}\times t_{wc}\right)\times d_0=8.16\times10^3\ \text{mm}^2$；

$\mu_r=\dfrac{A_r}{A}=19.6\%\leqslant25\%$，合格。

柱上下翼缘外侧拼接板：2 件，−20 mm×500 mm×1 190 mm；

柱上下翼缘内侧拼接板：4 件，−25 mm×200 mm×1 190 mm；

柱腹板拼接板：2 件，−18 mm×410 mm×870 mm。

框架柱拼接连接节点设计完成图形如图 3.29 所示。

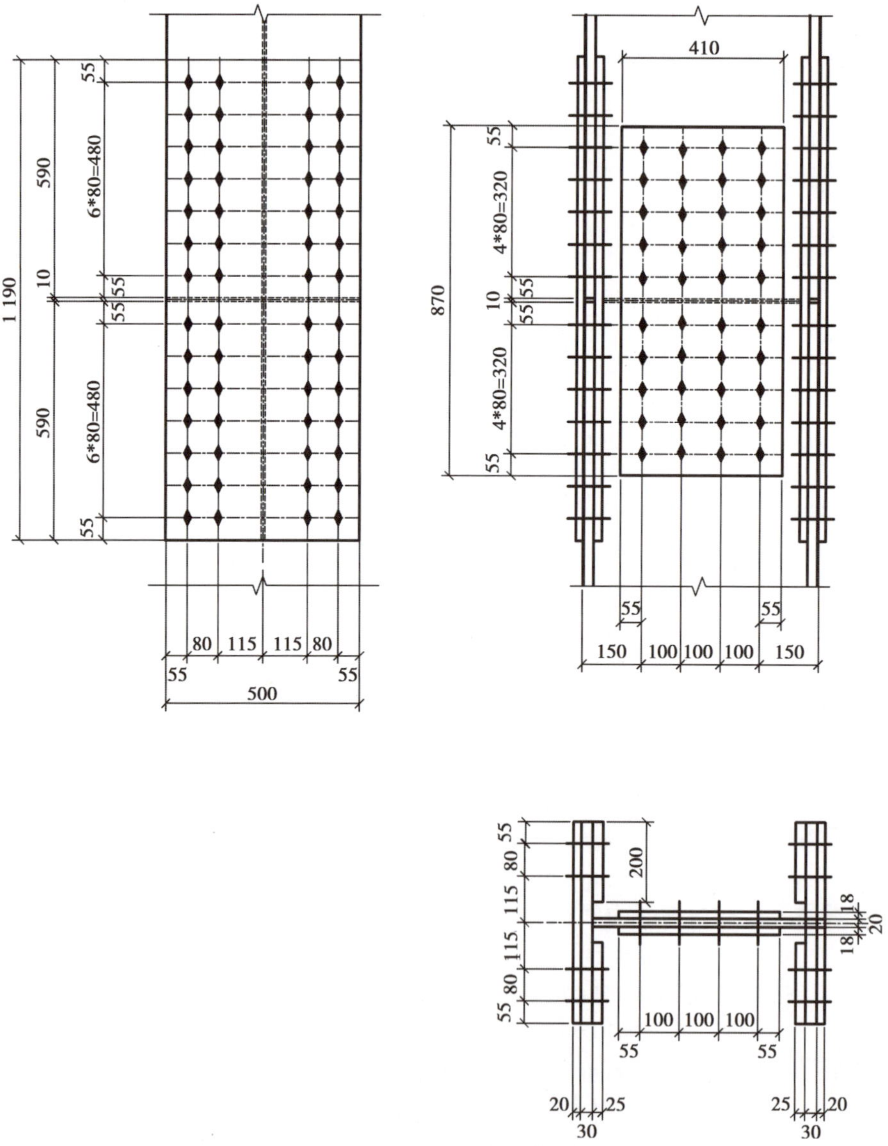

图 3.29　框架柱现场拼接高强度螺栓连接节点详图

课后思考题

1. 钢构件在焊接时为什么要加引弧板？

2. 角焊缝的形式和尺寸都有哪些构造要求？

3. 螺栓在钢板和型钢上的允许距离都有哪些规定？这些规定是基于什么原因制定的？

4. 高强度螺栓的构造有哪些要求？

5. 框架梁柱刚接节点设计的一般规定有哪些？

项目 4　建筑钢结构节点构造

任务 1　识读单层工业厂房结构组成

4.1.1　一般说明

单层厂房具有使用空间高大、容易满足生产工艺流程要求、内部交通运输组织方便、有利于较重生产设备和产品放置,可实现厂房建筑构配件生产工业化以及现场施工机械化等特点。因此,单层厂房在冶金、机械制造、电机制造、化工以及纺织等工业建筑中得到了广泛应用。钢筋混凝土单层厂房的常用结构形式有排架结构和刚架结构。

4.1.2　结构组成体系

单层钢结构房屋主要由横向结构系统和纵向结构系统组成。横向结构系统是排架(包括屋架或横梁、天窗架和柱),它是单层房屋的基本承重结构,承受屋面荷载、横向风荷载和地震作用,在有吊车的工业厂房中,还要承受吊车的竖向荷载和横向水平荷载。纵向结构系统是由柱、托架(用于大柱距)、柱间支撑、墙梁等构成。单层工业厂房内除了上述构件外,还有吊车梁及吊车制动梁或辅助桁架等构件,此外,还有房屋外围墙架及屋面支撑,它们共同组成空间刚性骨架,如图 4.1 所示。

屋盖结构是由屋面彩板瓦、檩条、屋架(或屋面梁)、托架(用于大柱距)和天窗架等构件组成。屋面荷载通过檩条传给屋架。

吊车梁和制动梁(辅助桁架)承受吊车的竖向荷载及水平荷载。外围墙架承受墙体的质量和风力,墙体一般可采用压型钢板或夹芯板等材质。

排架柱在基础处通常做成固定端。柱顶与屋架横梁的连接可以做成铰接,也可做成刚接。柱的上下两端均为刚接的排架,可以增加刚度、节约钢材。通常,在采用重屋盖的刚接排架中,为了减少柱上墙的弯矩,可以在屋盖结构安装完毕后再将柱顶刚接,以减少由屋盖静荷载所产生的柱顶固端弯矩。

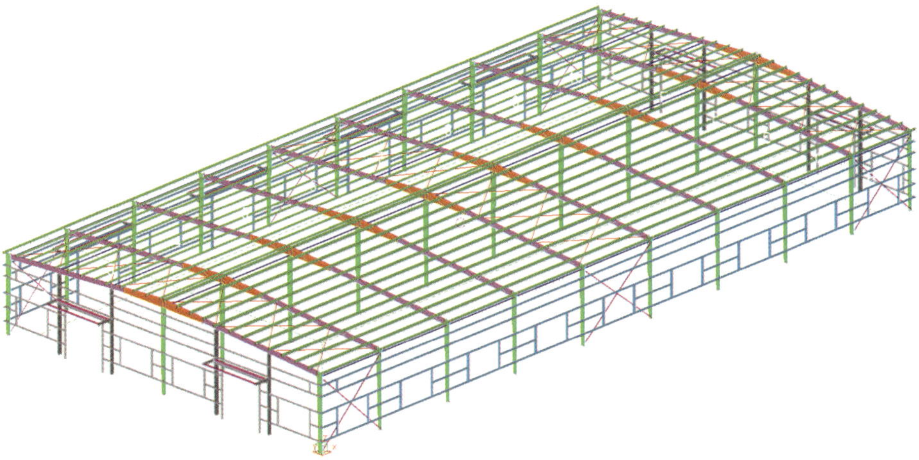

图4.1 单层工业厂房结构图

4.1.3 排架形式

房屋的排架是由屋架(或屋面梁)和柱组成。根据建筑物功能的要求不同,排架有单跨和多跨之分;根据结构设计的要求不同,排架有铰接排架和刚接排架两种,如图4.2所示。

(a)单跨铰接排架

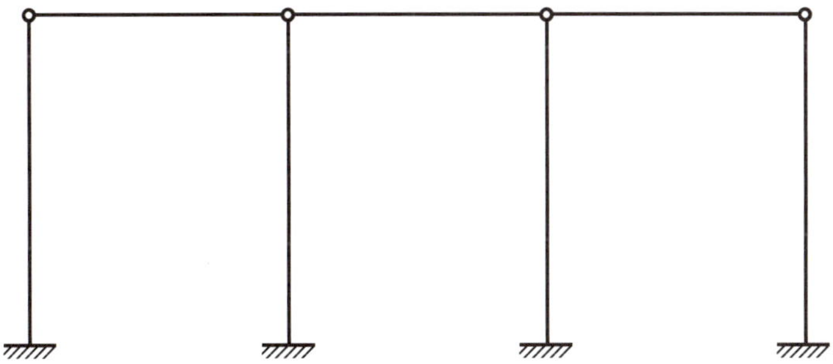

(b)多跨铰接排架

图4.2 排架形式

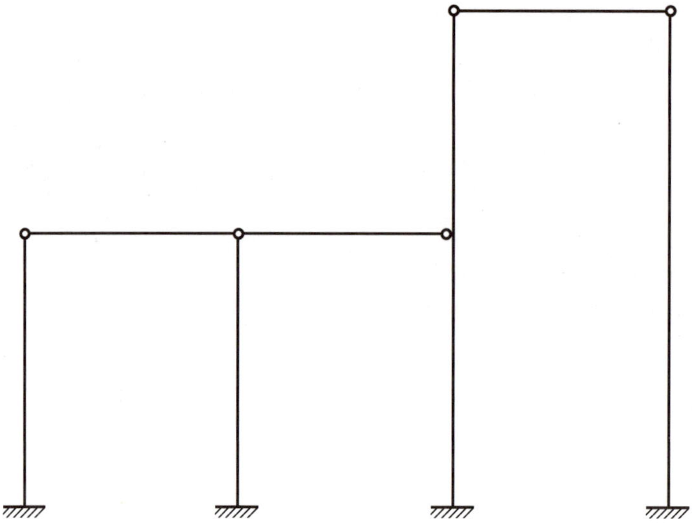

(c)高低跨铰接排架

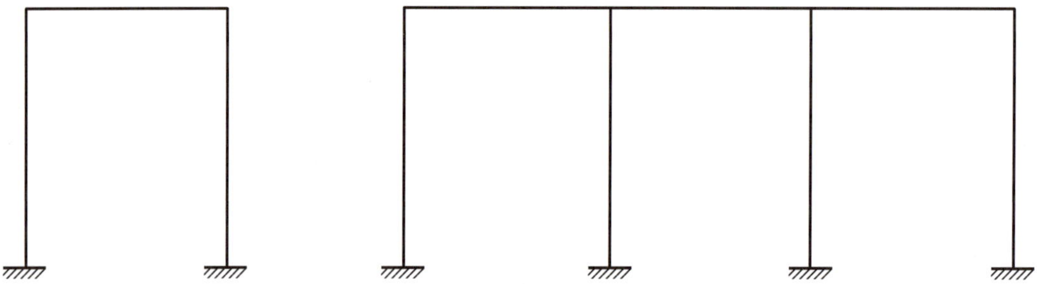

(d)刚接排架

图4.2　排架形式(续图)

任务2　识读单层工业厂房柱节点构造详图

4.2.1　柱脚构造

柱脚的构造应使柱身的内力可靠地传给基础,并和基础有牢固的连接。由于混凝土的强度远比钢材低,所以必须把柱的底部放大,以增加其与基础顶部的接触面积。柱脚按其与基础的连接方式不同,又分为铰接和刚接两种。铰接柱脚只传递轴心压力和剪力;刚接柱脚除传递轴心压力和剪力外,还要传递弯矩。

1)铰接柱脚

铰接柱脚主要用于轴心受压柱,常用的铰接柱脚的几种形式如下:

①轴力较小柱的柱脚构造形式。当柱轴力较小时,柱通过焊缝将压力传递给底板,底板将此压力扩散至混凝土基础。底板是柱脚不可缺少的部分,在轴心受压柱柱脚中,底板做成正方形或接近正方形。这种柱脚只适用于小型柱,若是大型柱,底板会太厚。

铰接柱脚只传递轴心压力和剪力。剪力通常由底板与基础面的摩擦力传递。当此摩擦力不足以承受水平剪力时，应在柱脚底板下设置抗剪键（图 4.3），抗剪键可用方钢、短 T 型钢或 H 型钢、槽钢等做成。

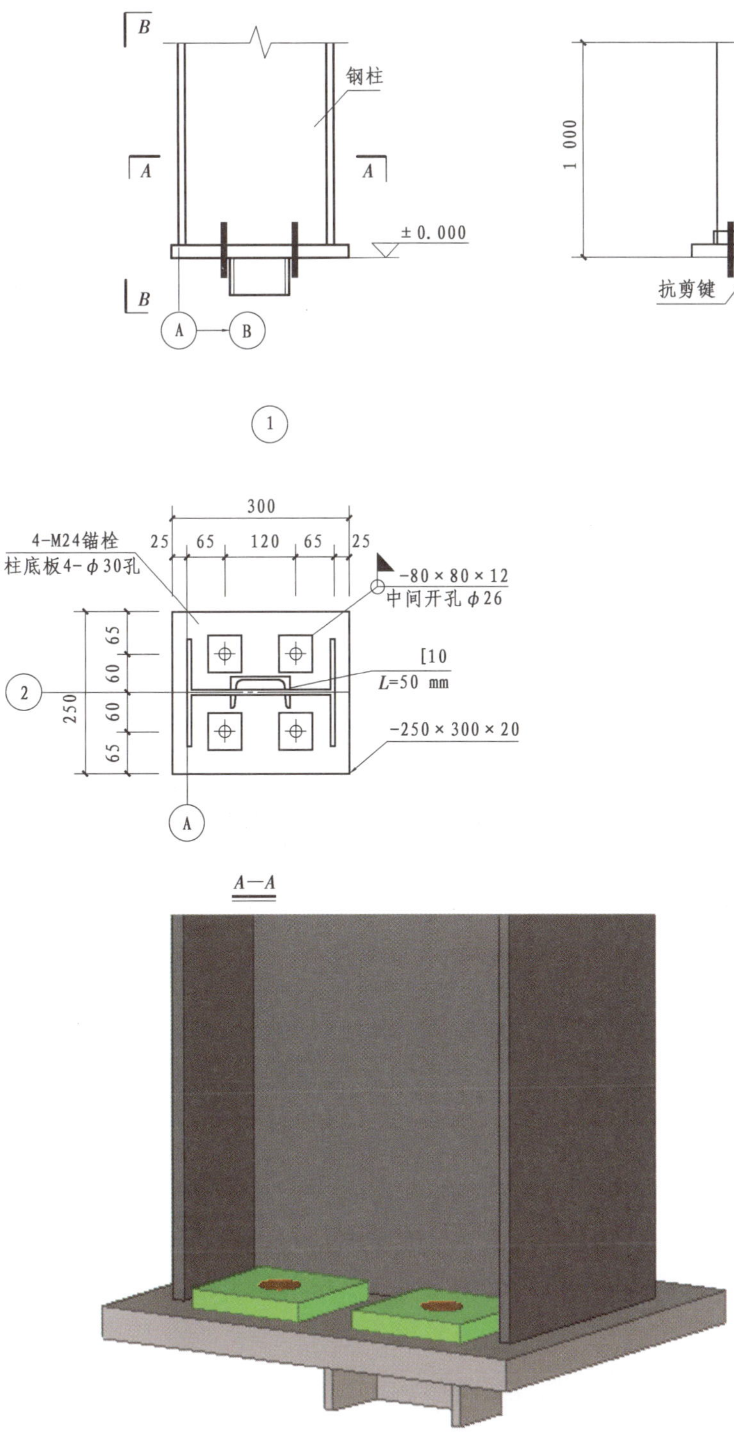

带抗剪键的柱脚构造模型

图 4.3　轴力较小时柱脚构造图

②轴力较大柱的柱脚构造。轴力较大时，需要在底板上采取加强措施，以防止在基础反力作用下底板抗弯刚度不够，另外还应使柱端和底板间有足够长的传力焊缝，这时常用的柱脚形式如图 4.4 所示。

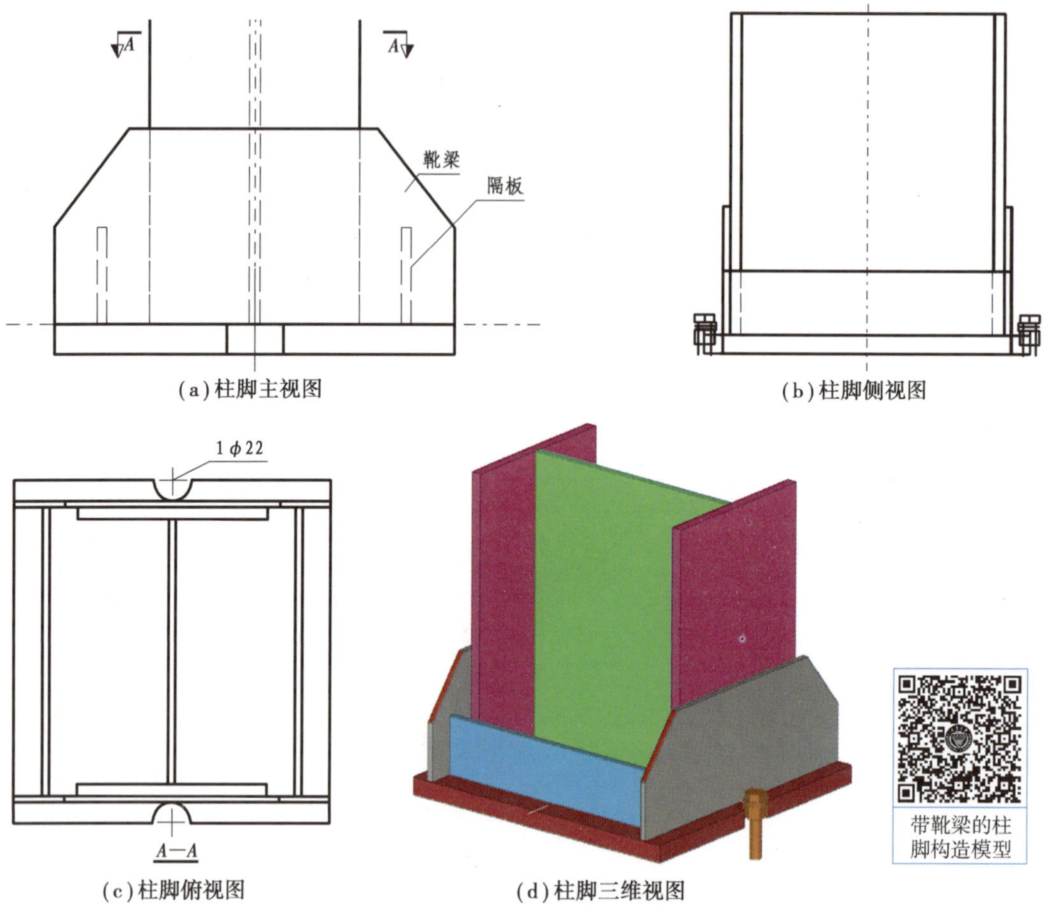

带靴梁的柱脚构造模型

图 4.4　柱脚图形一(带靴梁)

柱端通过竖焊缝将力传给靴梁，靴梁通过底部焊缝将压力传给底板。靴梁成为放大的柱端，不仅增加了传力焊缝的长度，也将底板分割成较小的区格，减小了底板在反力作用下的最大弯矩值，厚度减薄。采用靴梁后，如因底板区格仍然较大而使得弯矩值较大时，可采用隔板和肋板，这些加劲板又起到了提高靴梁稳定性的作用。如图 4.5 所示的靴梁底板，分别采用了隔板与肋板的形式。靴梁、隔板、肋板等都应有一定的刚度。

2)刚接柱脚

刚接柱脚主要用于框架柱(受压弯柱)。框架柱的柱脚可做成铰接和刚接。铰接柱脚的构造基本如上所述。刚接柱脚除了传递轴心压力和剪力，还要传递弯矩。刚接柱脚分为整体式刚接柱脚和分离式刚接柱脚两类。

①实腹式柱的整体式刚接柱脚，如图 4.6 所示。

②格构式柱的分离式刚接柱脚。格构式柱由于两分肢距离较大，采用整体式刚接柱脚所耗费的钢材较多，故多采用分离式柱脚，如图 4.7 所示。

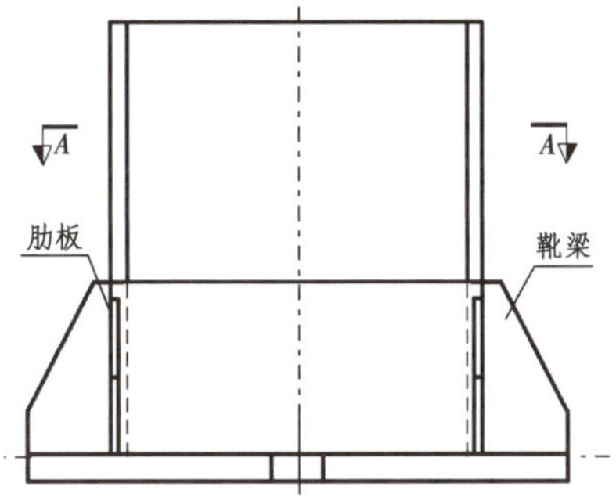

(a)柱脚主视图

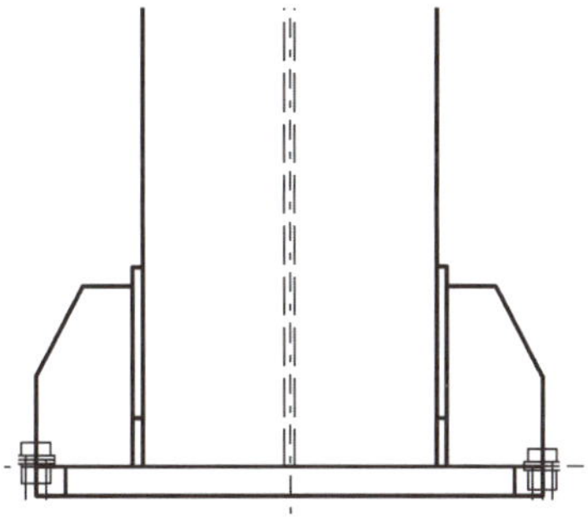

(b)柱脚侧视图

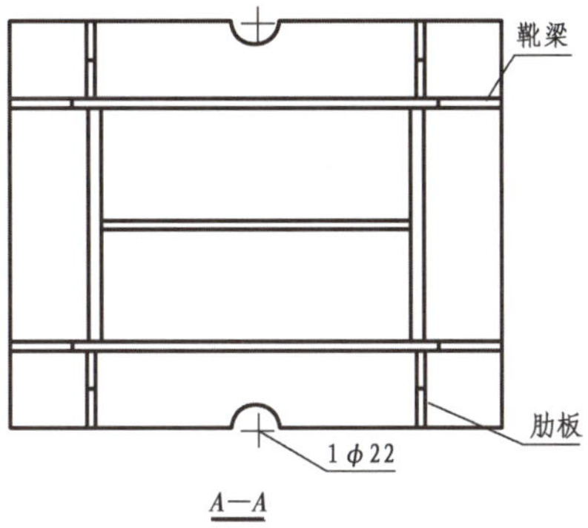

(c)柱脚俯视图

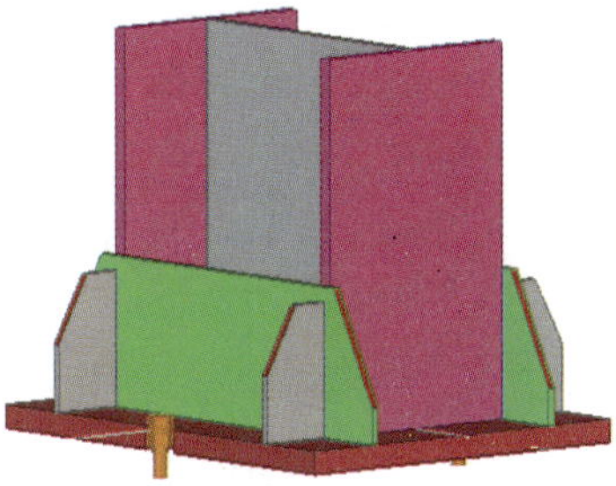

(d)柱脚三维视图

带靴梁和隔板的柱脚构造模型

图4.5　柱脚图形二(带靴梁和隔板)

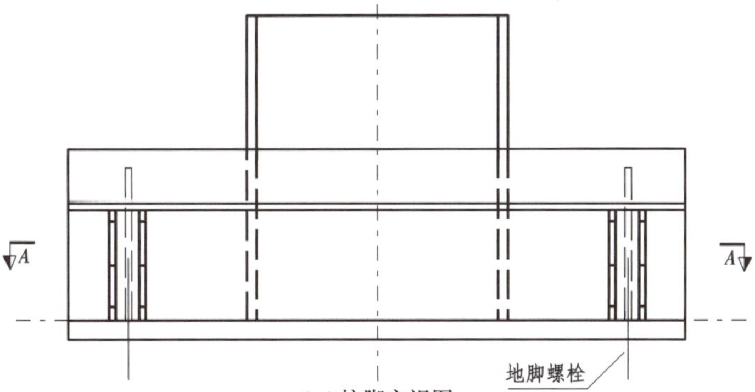

(a)柱脚主视图

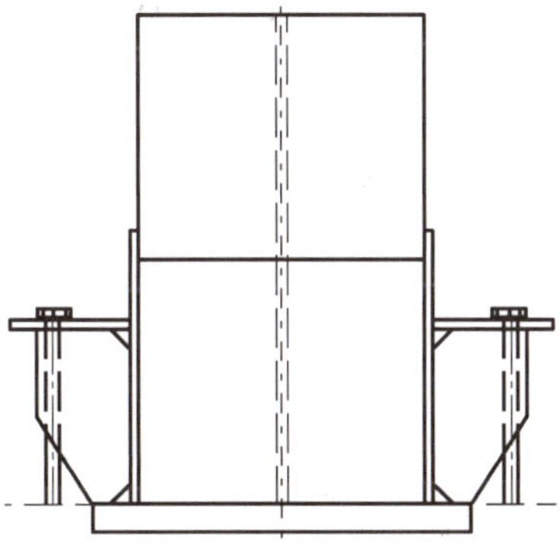

(b)柱脚侧视图

图4.6　实腹式整体式刚接柱脚

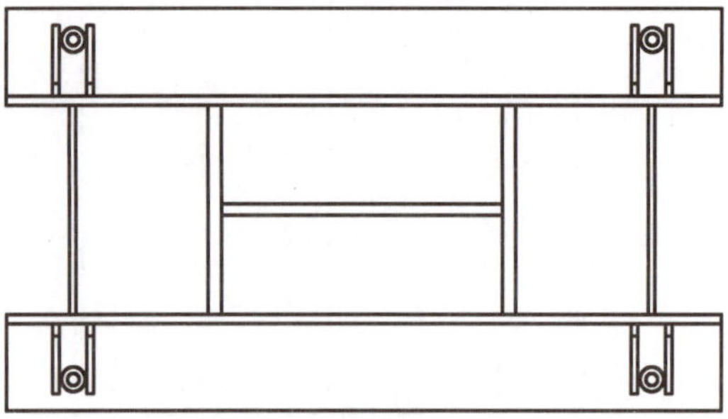

(c)柱脚俯视图

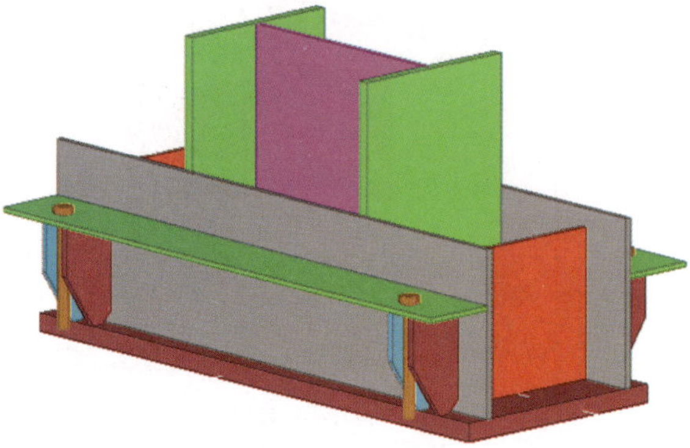

(d)柱脚三维立体图

实腹式整体式刚接柱脚模型

图4.6　实腹式整体式刚接柱脚(续图)

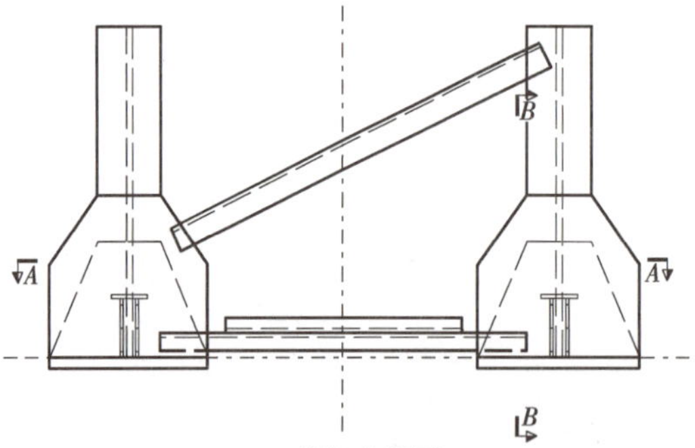

(a)柱脚主视图

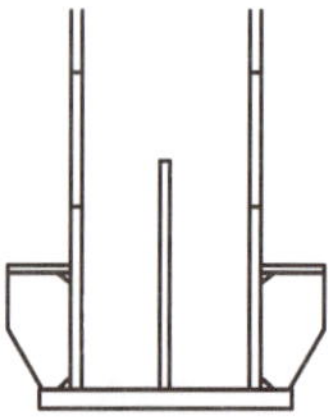

(b)柱脚侧视图

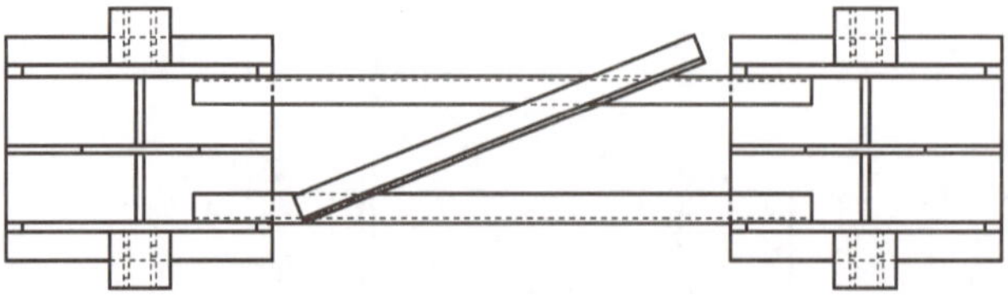

(c)柱脚俯视图

图4.7　格构式分离式刚接柱脚

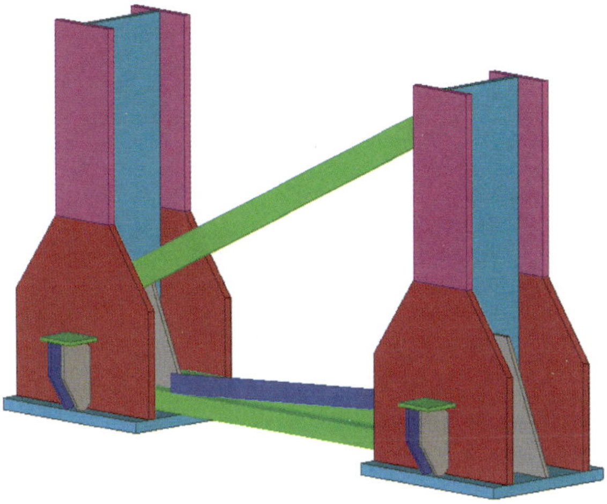

(d)柱脚三维立体图

格构式分离式刚接柱脚模型

图4.7 格构式分离式刚接柱脚(续图)

刚接柱脚在弯矩作用下产生的拉力需要由锚栓来承受。为了保证柱脚与基础能形成刚性连接,锚栓不宜固定在底板,而采用如图4.5、图4.6所示的构造,在靴梁侧面焊接两块肋板,锚栓固定在肋板的水平板上。为了便于安装,锚栓不宜穿过底板。

为了安装时便于调整柱脚位置,水平板上锚栓孔的直径应是锚栓直径的1.5~2.0倍(锚栓直径一般为20~25 mm),待柱子就位并调整到设计位置后,再用垫板套住锚栓并与水平板焊牢,垫板的孔径只比锚栓直径大1~2 mm。

刚接柱脚和铰接柱脚一样,剪力由底板与基础间的摩擦力或专门设置的抗剪键传递,柱脚按承受弯矩和轴心压力计算。

4.2.2 柱顶构造

单层厂房柱与屋面梁连接,梁、柱加腋节点构造是单层工业厂房门式刚架常用的重要节点,其典型构造如图4.8所示。

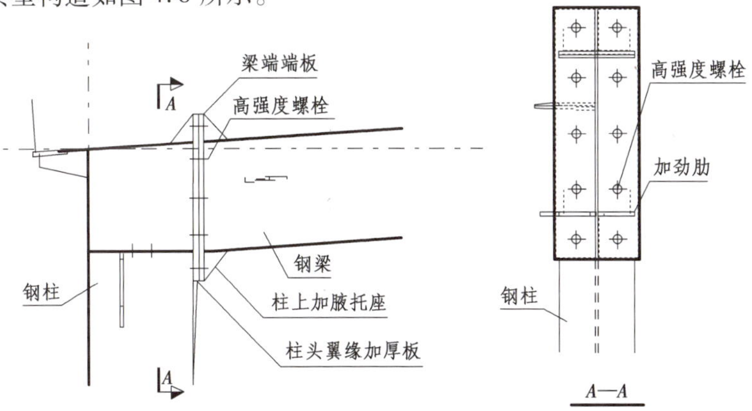

(a)梁、柱加腋节点构造主视图 (b)梁、柱加腋节点构造侧视图

图4.8 梁、柱加腋节点构造图

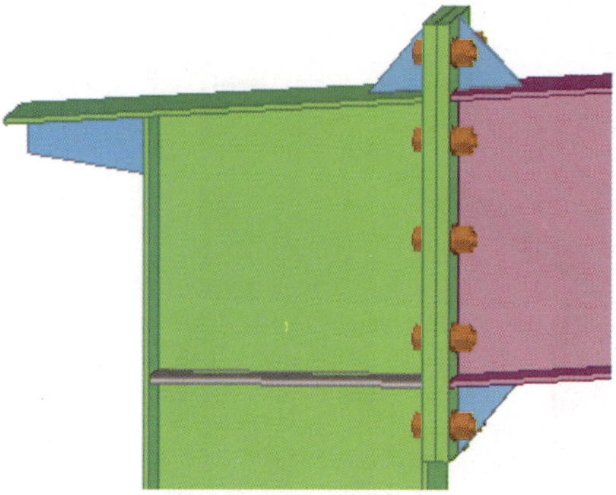

(c)梁、柱加腋节点构造三维图

梁、柱加腋节点模型

图4.8　梁、柱加腋节点构造图(续图)

当因强度要求加大柱顶截面时,加腋部分翼缘、腹板均可采用增加厚度的变截面构造。

柱直线加腋托座节点,在柱上先焊加腋托座,梁安装在托座上后,上下翼缘分别以拼接板与柱顶及托座板连接,连接可为现场焊接,也可为高强度螺栓连接。

直线加腋端板连接节点,梁端端板与柱宜优先选用高强度螺栓连接,此时可不设柱上的抗剪托板。柱翼缘板厚度不宜小于16 mm,当柱翼缘板厚度不能满足此要求时,可在柱头翼缘板进行局部加厚。

任务3　了解单层工业厂房屋面结构

4.3.1　屋面结构材料概述

1)黏土瓦或水泥平瓦

此种屋面瓦是一种传统型材料,由于取材、运输、施工都比较方便,适应性强,特别适用于零星分散的、机械化程度不高的建设项目和地方性工程,因此目前还有一定的应用价值。

2)石棉水泥波形瓦

此种屋面瓦属于广泛采用的传统型材料,具有自重轻、美观、施工简便等特点;除了用于工业和民用建筑的屋面材料外,还可以作为墙体围护材料。目前,我国石棉瓦产量不多,有些质量还不够高,正在积极研究采取措施,以扩大生产,提高质量。

3)压型钢板

压型钢板是采用镀锌钢板、冷轧钢板、彩色钢板等作为原料,经辊压冷弯成各种波形的压型钢板,具有轻质高强、美观耐用、施工简便、抗震防火等特点。它的加工和安装已做到标准化、工厂化、装配化。

4.3.2　屋面结构形式

单层工业厂房屋面结构形式主要为有檩屋盖系统。屋面檩条放置在屋面梁,屋面彩板瓦(即彩色压型钢板)铺设在檩条上,形成屋面围护结构。

我国的压型钢板是由冶金工业部建筑研究设计总院首先开发研制成功的,至今已有十多年的历史。目前国家标准《建筑压型钢板》和部颁标准《压型金属钢板设计施工规程》,已正式列入《冷弯薄壁型钢结构技术规范》(GB 50018—2002)中使用。

压型钢板的截面呈波形,从单波到6波,板宽360~900 mm。大波(两波)波高75~130 mm,小波(4~7波)波高14~38 mm,中波波高51 mm。板厚0.6~1 mm。如图4.9所示为YX28-205-820型彩色压型钢板图形。

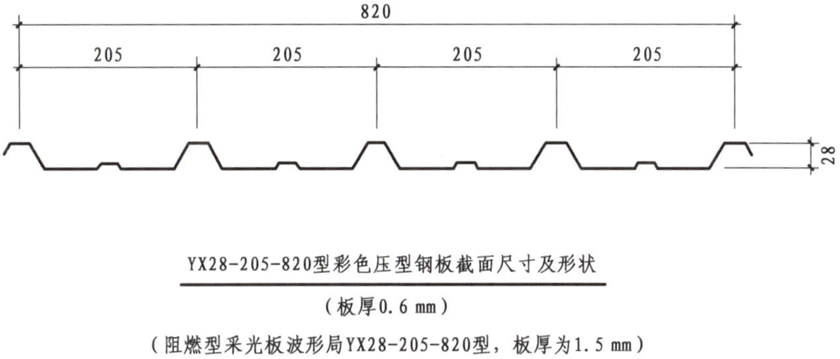

图4.9 彩色压型钢板图形

任务4 识读单层工业厂房屋盖节点构造详图

4.4.1 檩条形式与特点

檩条一般用于轻型屋面,其形式有实腹式和桁架式两种。檩条一般设计成单跨简支构件,实腹式檩条也可设计成连续构件。

1)实腹式檩条

实腹式檩条包括普通型钢和冷弯薄壁型钢两种,如图4.10所示。

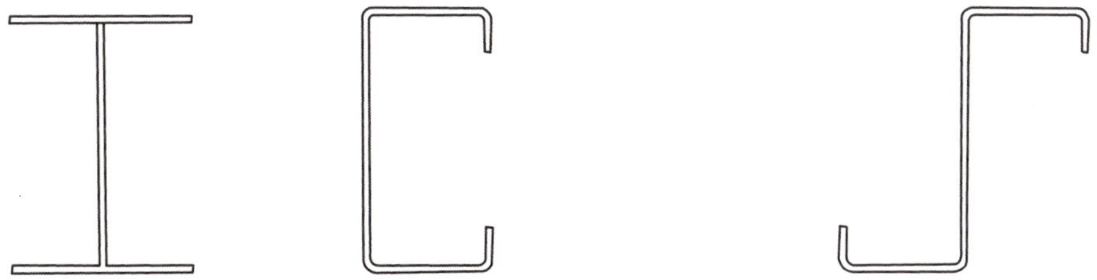

(a)工字型钢 (b)冷弯薄壁型钢(C型钢) (c)冷弯薄壁型钢(Z型钢)

图4.10 实腹式檩条图形

2)蜂窝檩条

蜂窝梁用于屋面檩条时,称为蜂窝檩条,如图4.11所示。蜂窝檩条是由H型钢切割而成的蜂窝形式的檩条。

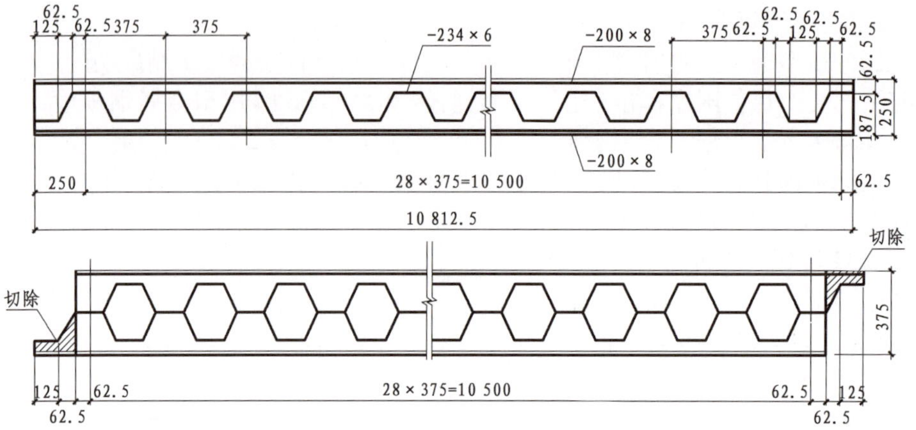

BC7、BC8切割示意图

如檩条实际长度与本图不同时，参照此图切割焊接，且必须保证节点处、支座处及悬挑部分的蜂窝梁孔洞用板填实。

(a) H250×200×6×8切割成H375×200×6×8示意图

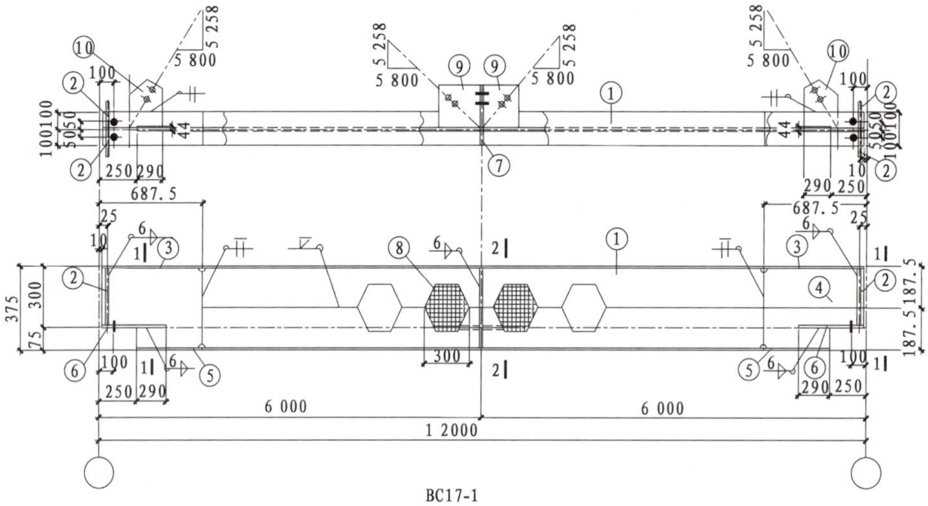

BC17-1

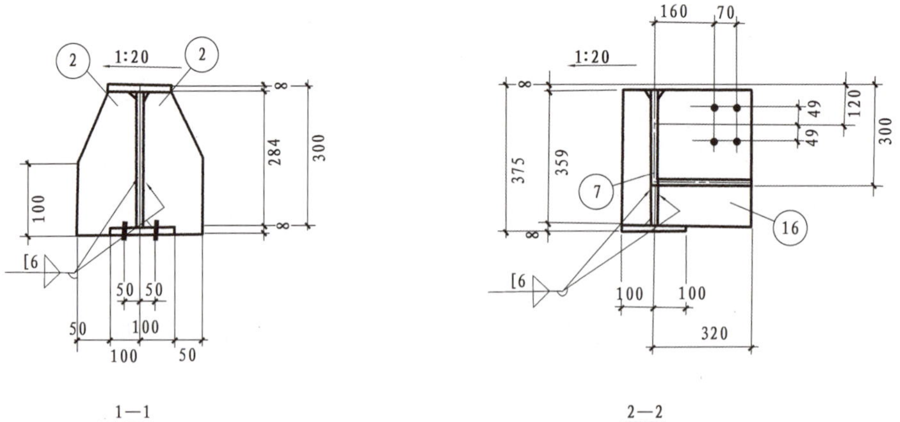

1—1

2—2

(b) 蜂窝檩条H375×200×6×8加工示意图

图4.11　蜂窝檩条加工示意图

(c)现场蜂窝梁图片

带连接板的蜂窝梁模型

图4.11　蜂窝檩条加工示意图(续图)

蜂窝梁是在H形腹板上按一定的折线进行切割后变换位置重新焊接组合而成的新型梁。蜂窝梁的截面高度与原H型钢的截面设计H之比称为扩张比,一般为1.2~1.7。由于扩张后增大了截面惯性矩和抵抗矩,显著地提高了梁的刚度和强度,在梁本身自重减轻的情况下梁能承受更大的荷载,应用于更大的跨度,从而节省钢材、运输安装费用,有很可观的经济价值。蜂窝梁腹板的孔洞既便于布设管线,减少建筑层高,又能从整体上减少建筑造价。

与实腹梁相比,蜂窝梁自重轻、承载能力高;与组合桁架相比,蜂窝梁建筑构造简单,防腐性能好。据国外资料介绍,以蜂窝梁代替实腹梁能节省钢材25%~50%,节省油漆和运输安装费用15%~34.6%。由于蜂窝梁有着许多其他受弯构件所不具备的优点,自20世纪初首次被用于工程以来,随着轧制宽翼缘钢材的出现,蜂窝梁已日渐广泛地被应用于桥梁、厂房、办公楼、轮船及吊车桥架等工程中。

4.4.2　檩条的布置、连接与构造

1)檩条在屋架上的布置与搁置

①为使屋架上弦杆不产生弯矩,檩条宜位于屋架上弦节点处。当采用内大沟时,边檩应尽量靠近天沟,如图4.12所示。

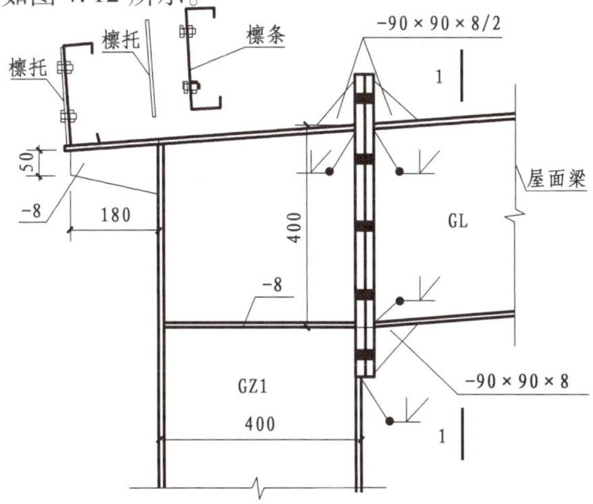

(a)檩条安装二维图

图4.12　檩条安装节点详图(檩托为钢板)

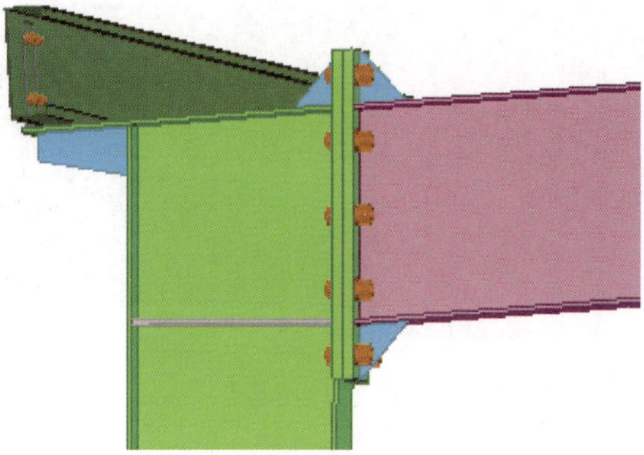

(b)檩条安装三维图

屋面C型檩条安装节点图模型

图4.12　檩条安装节点详图(檩托为钢板)(续图)

②实腹式檩条的截面均宜垂直于坡面。对C型钢檩条和Z型钢檩条,宜将上翼缘肢尖(或卷边)朝向屋脊方向,以减小屋面荷载偏心而引起的扭矩,如图4.12所示。

2)檩条的构造

①檩条与屋面梁的连接构造,如图4.12所示。檩条与屋架(屋面梁)连接时,需先将檩托在工厂预先焊接在屋面梁上并钻孔,然后现场安装檩条。

檩托的形式有钢板也有角钢,但是无论是哪一种形式的檩托,都必须预先焊接在屋架(或屋面梁)上,便于现场安装檩条。

②屋脊檩条连接构造,如图4.13所示。实腹式檩条应采用双檩方案。屋脊檩条应在跨度1/3处用槽钢、角钢或圆钢相互拉结,如图4.13所示。

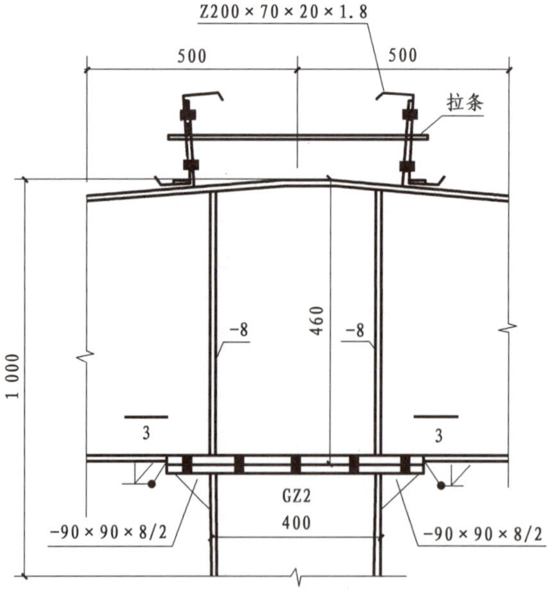

(a)二维图

图4.13　屋脊檩条结构示意图(檩托为角钢)

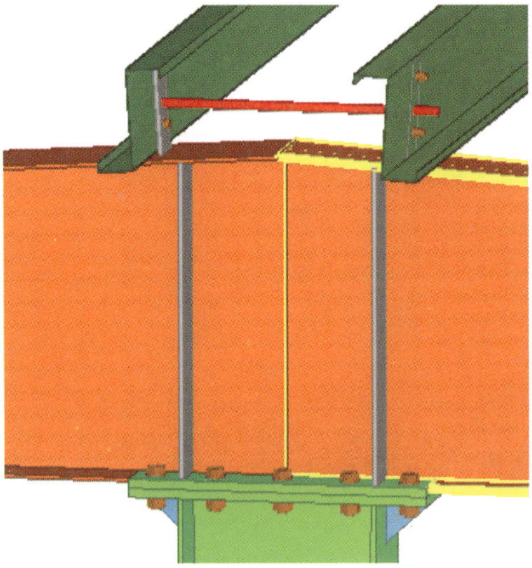

(b)三维图

屋脊C型檩条安装节点图模型

图4.13 屋脊檩条结构示意图(檩托为角钢)(续图)

③檩条与檩条之间用拉条、斜拉条连接。它们之间的连接构造如图4.14所示。

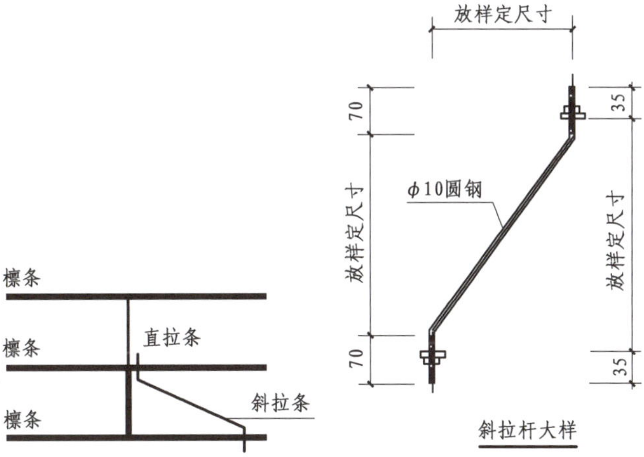

(a)二维图

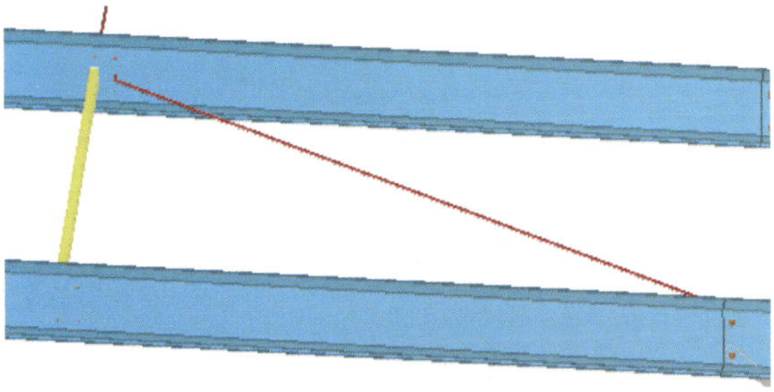

(b)三维图

C型檩条拉条模型图

图4.14 屋面檩条之间连接构造

3)檩条与屋面彩板瓦的连接构造

压型钢板、瓦楞铁和石棉瓦应与檩条可靠连接,以保证屋面能起到阻止檩条侧向失稳和扭转的作用。这对一般不需验算整体稳定性的实腹檩条尤为重要。

檩条与压型钢板屋面的连接,固定支架预先焊接在屋面檩条上,彩板瓦宜采用带橡胶垫圈的自攻螺丝钉与支架固定,如图 4.15 所示。

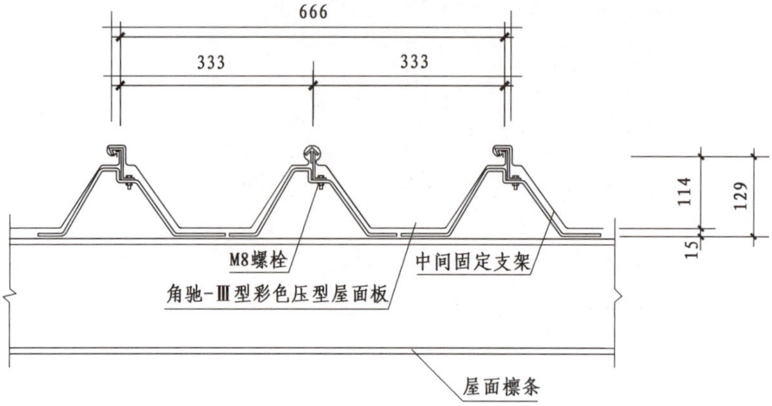

(a)檩条与屋面彩板瓦连接构造图

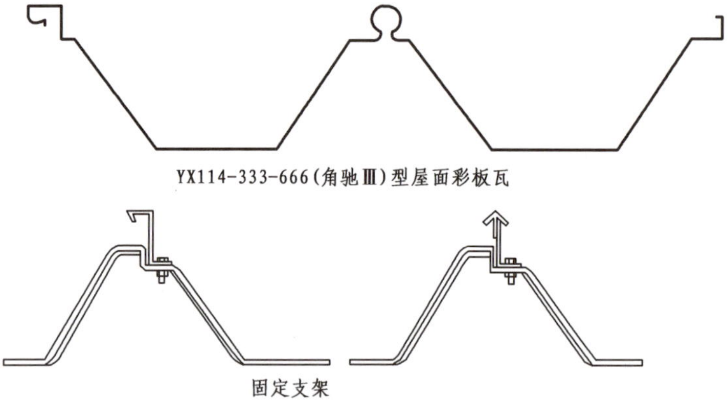

(b)屋面彩板瓦、固定支架示意图

(c)现场屋面彩板瓦图片

图 4.15　屋面彩板瓦连接构造示意图

任务5 识读单层工业厂房墙架节点构造详图

4.5.1 墙架的组成

厂房的墙架围护结构承受由墙体传来的荷载,并将荷载传递到厂房框架柱或基础上,这种结构构件系统称为墙架。墙架构件有横梁、墙架柱、抗风桁架和支撑等。本任务主要说明用墙架柱、压型钢板、横梁等作为围护墙时的墙架结构的构造。

4.5.2 围护墙的传力方式

①压型钢板、夹芯板通常为长尺的自承重墙,墙重直接传至基础。

②自承重墙体其自重可由基础梁传至基础,而把风、地震等水平荷载传至厂房框架柱或墙架柱。

4.5.3 围护墙的分类

围护墙按厂房的围护要求分类

①封闭式围护墙:用围护墙和门窗将厂房全部封闭。

②开敞式围护墙:又可分为半开敞式围护墙和全开敞式围护墙。开敞式围护墙一般用于南方较热地区且防水要求不高的热加工厂房,例如发热量大的、对排烟通风要求高的炼钢、轧钢、钢坯库等厂房。开敞式或半开敞式厂房的挡雨板一般均采用轻质瓦材。

4.5.4 墙架的连接节点

1)墙架梁与墙架连接

墙架梁又称为墙皮檩条。墙皮檩条一般采用C型钢。施工时,檩托在工厂被焊接在墙皮柱上,并在C型檩条和檩托上预先钻孔,C型檩条现场安装。连接节点构造如图4.16所示。

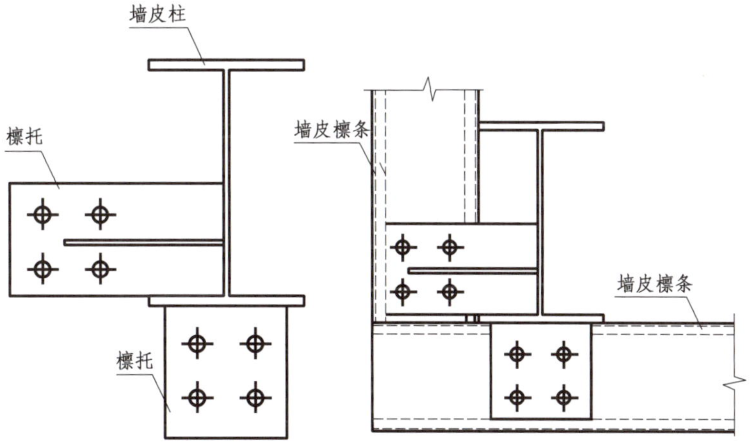

(a)二维图

图4.16 墙架梁与墙架柱连接示意图

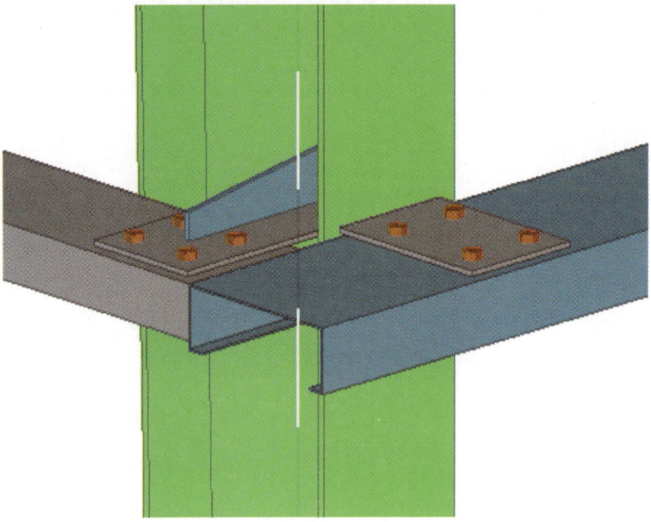

(b) 三维图

转角处墙皮檩条安装节点图模型

图 4.16　墙架梁与墙架柱连接示意图（续图）

2）墙架柱与檩条角钢隅撑连接

墙架柱与檩条、角钢隅撑的连接如图 4.17 所示。

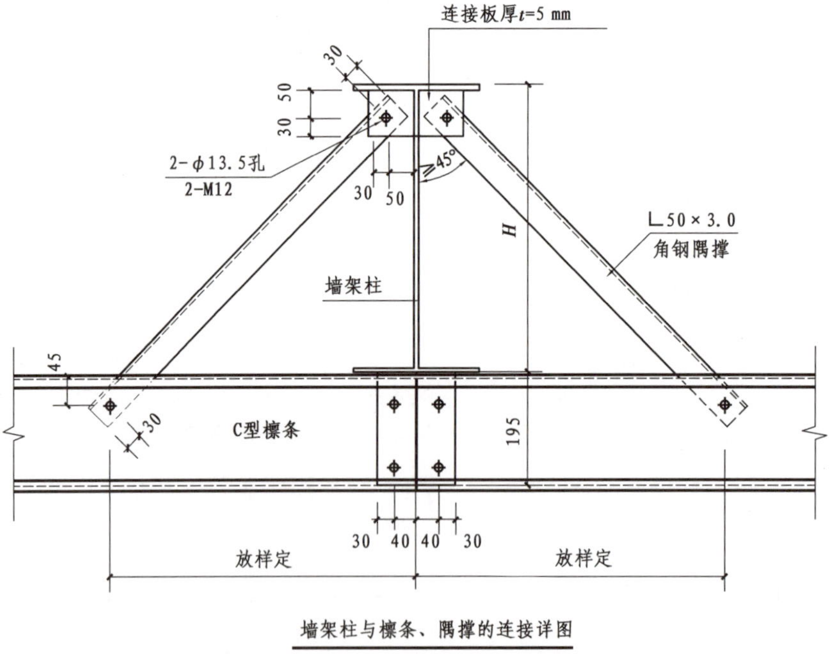

(a) 二维图

图 4.17　墙架柱与檩条、隅撑的连接详图

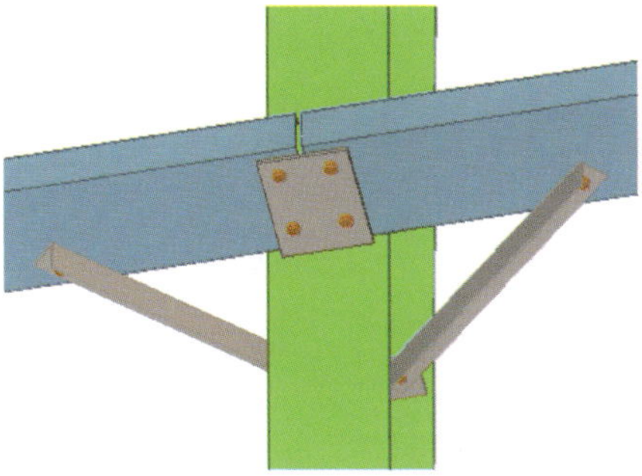

(b)三维仰视图

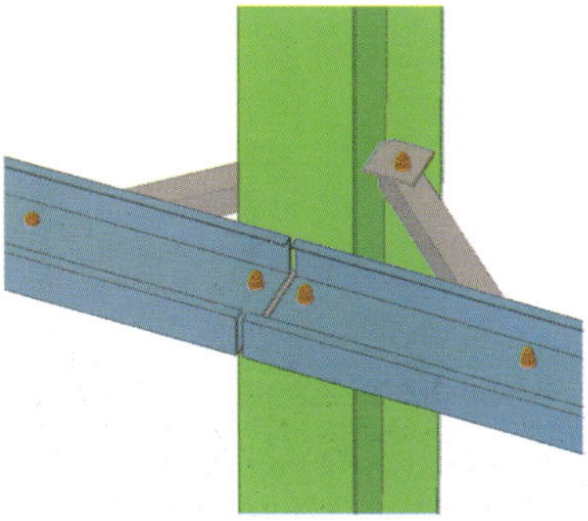

(c)三维俯视图

檩条隅撑节点图模型

图4.17　墙架柱与檩条、隅撑的连接详图(续图)

3)墙面彩板瓦与墙梁连接

墙面彩板瓦通过自攻螺钉固定在墙梁(或墙皮檩条)上,转角处用彩色钢板包角,如图4.18所示。

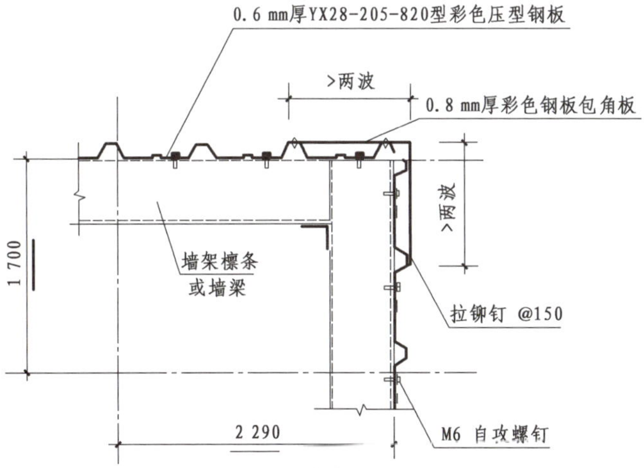

(a)墙面彩板瓦安装平面图

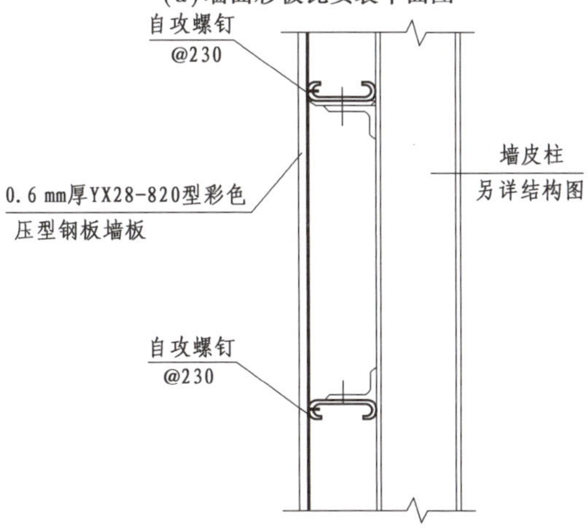

(b)墙面彩板瓦安装侧视图

图4.18　墙面彩板瓦与墙梁连接示意图

(c)现场墙面彩板瓦安装图

图4.18 墙面彩板瓦与墙梁连接示意图(续图)

任务6 识读单层工业厂房柱与柱间支撑连接节点构造详图

4.6.1 柱间支撑的作用

为确保房屋承重结构的正常工作,一般需要沿房屋纵向柱之间设置柱间支撑。其作用是:

①保证房屋的纵向稳定和空间刚度;

②承受房屋端部山墙风力、吊车纵向刹车荷载、温度应力和地震作用,并将荷载传至基础上。

4.6.2 柱间支撑的布置原则

柱间支撑的布置原则如下:

①应满足房屋生产净空的要求;

②应满足房屋纵向刚度的要求,同时还应考虑设置柱间支撑对房屋结构温度变形的影响及由此产生的附加应力;

③柱间支撑的设置应与屋盖支撑布置相协调,一般均与屋盖上下弦横向支撑及垂直支撑设置在同一柱距内,如图4.19所示。

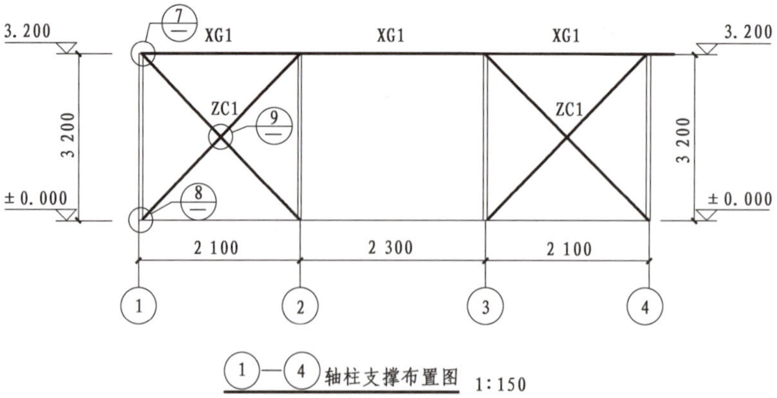

图4.19 柱间支撑布置图

4.6.3　柱间支撑的截面形式及构造节点

柱间支撑截面形式为等边单肢角钢,此例中为∟75×6。

构造特点:由安装螺栓临时固定,然后采用焊缝连接,最后固定。

当采用单片支撑时,一般采用单个等肢(或等边)角钢与柱连接,如图4.20所示。

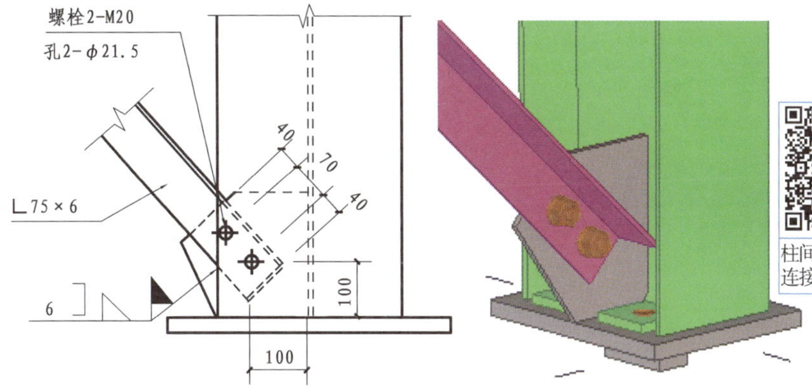

柱间支撑与柱脚连接构造模型

(a)柱间支撑与柱脚连接构造示意图

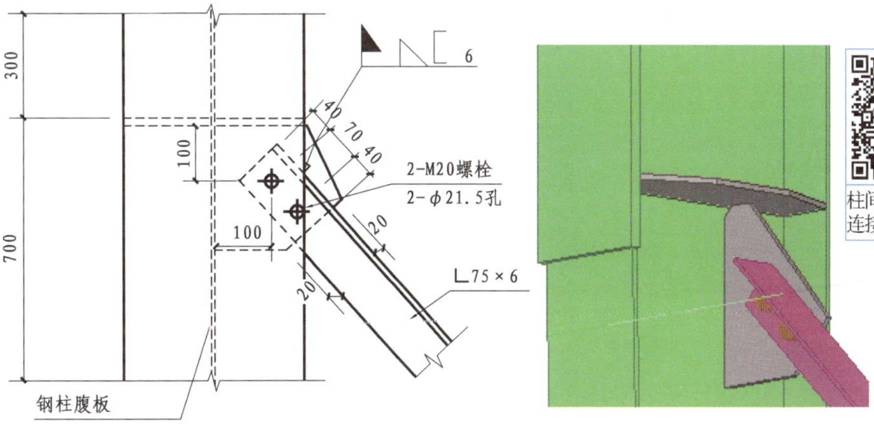

柱间支撑与柱顶连接构造模型

(b)柱间支撑与柱顶连接构造示意图

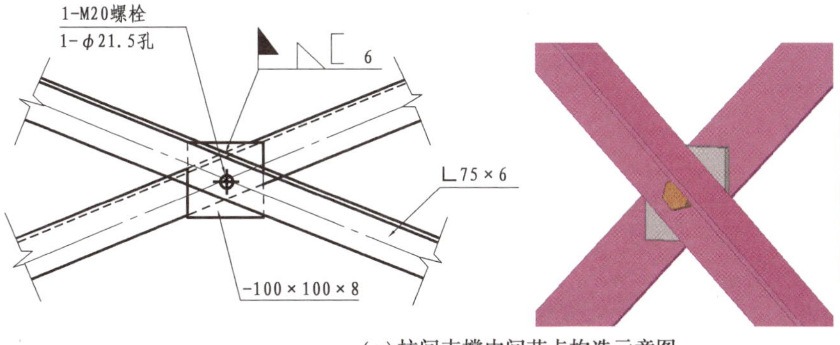

柱间支撑中间节点构造模型

(c)柱间支撑中间节点构造示意图

图4.20　柱间支撑连接示意图

(d)现场支撑连接示意图

图 4.20　柱间支撑与柱子连接构造示意图(续图)

任务 7　识读多层框架构件连接节点构造详图

4.7.1　一、二层柱网平面图

多层框架一、二层柱网平面图,如图 4.21 所示。

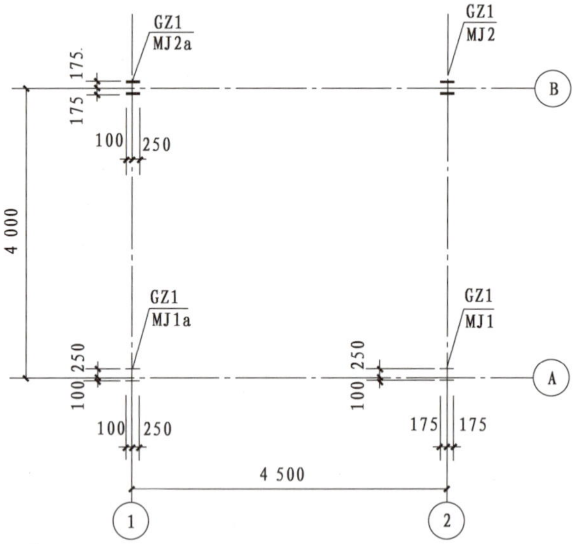

图 4.21　多层框架一、二层柱网平面布置图

4.7.2　Ⓐ轴立面图

Ⓐ轴立面图，如图4.22所示。

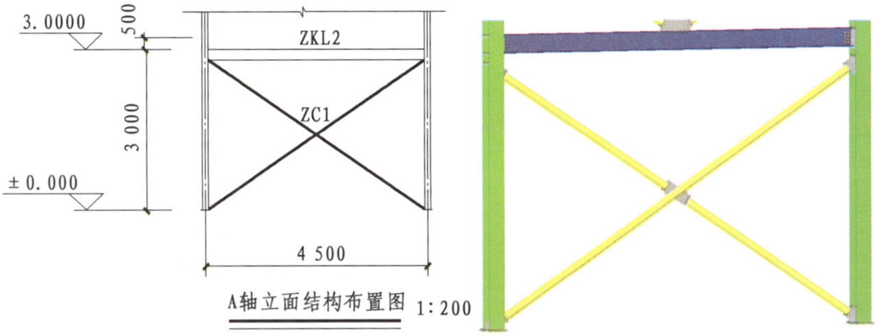

Ⓐ轴立面模型

图4.22　Ⓐ轴立面图

4.7.3　柱脚构造图

柱脚构造图，如图4.23所示。

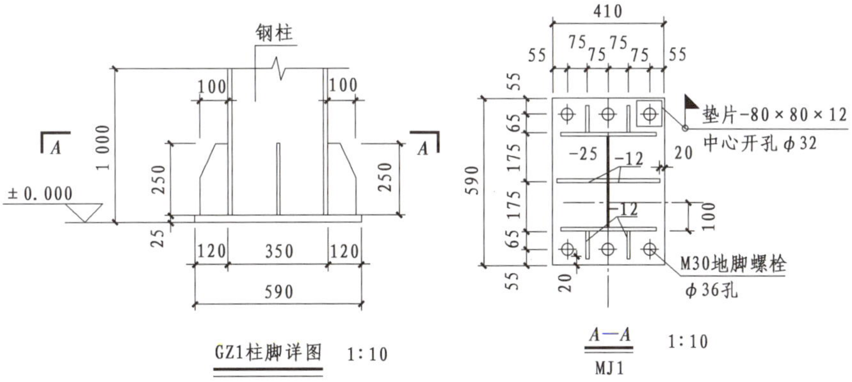

(a)二维图

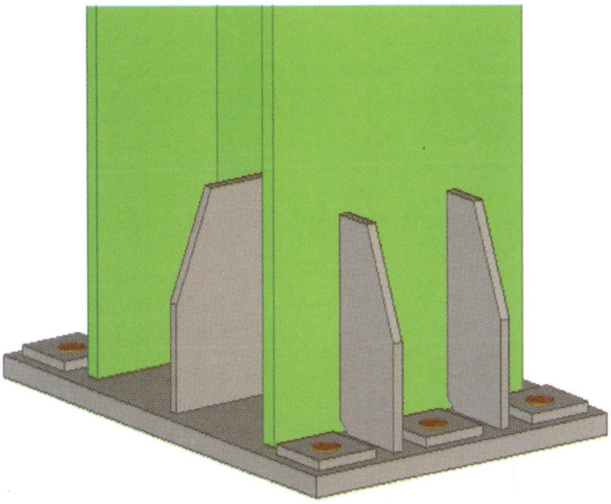

(b)三维图

柱脚构造模型

图4.23　柱脚构造示意图

4.7.4 柱间支撑与柱子连接构造图

①柱间支撑与柱脚连接构造,如图 4.24 所示。

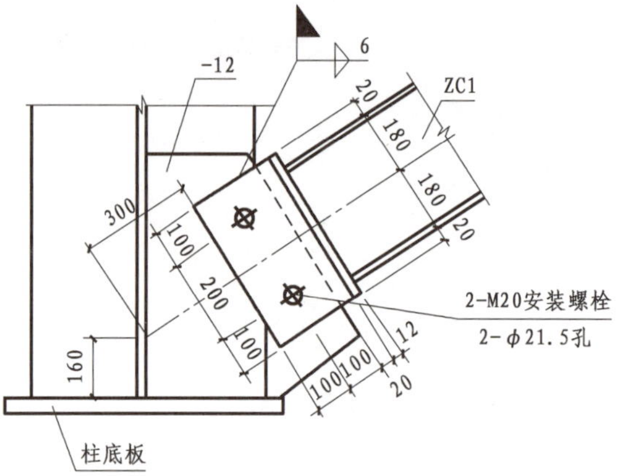

(a)二维图(剖面图)

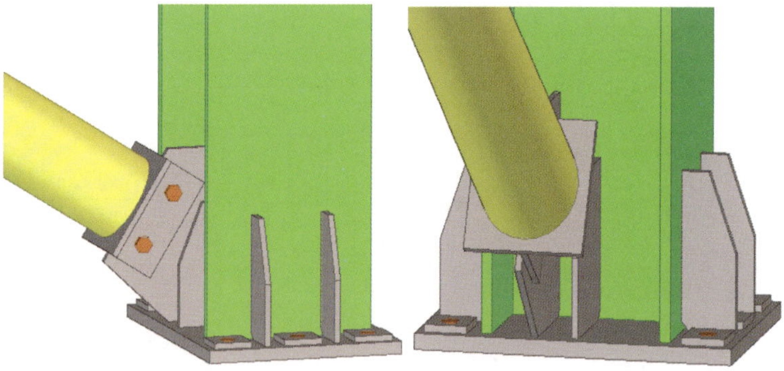

(b)三维图

柱间支撑与柱脚连接构造模型

图 4.24　柱间支撑与柱脚连接构造示意图

②柱间支撑与柱上部连接构造,如图 4.25 所示。

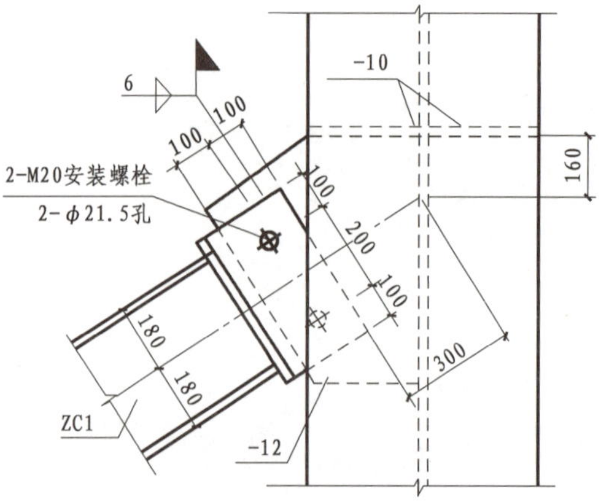

(a)二维图

图 4.25　柱间支撑与柱上部连接构造示意图

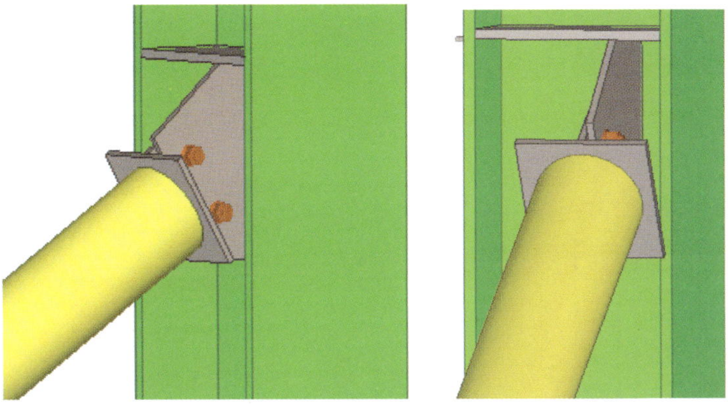

(b)三维图

柱间支撑与柱上部连接构造模型

图4.25　柱间支撑与柱上部连接构造示意图(续图)

③柱间支撑中部连接构造,如图4.26所示。

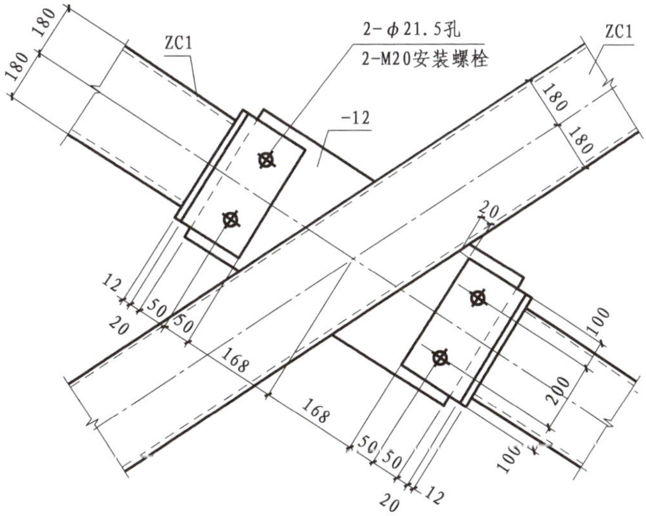

(a)二维图

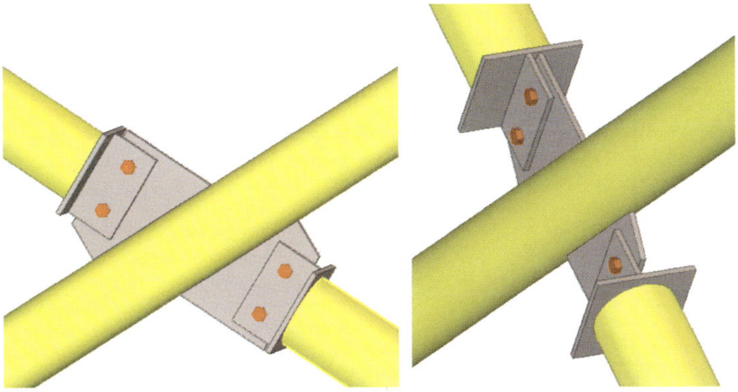

(b)三维图

柱间支撑中部连接构造模型

图4.26　柱间支撑中部连接构造图

4.7.5　框架梁与框架柱连接构造图

①钢梁与柱强轴刚接节点构造，如图 4.27 所示。

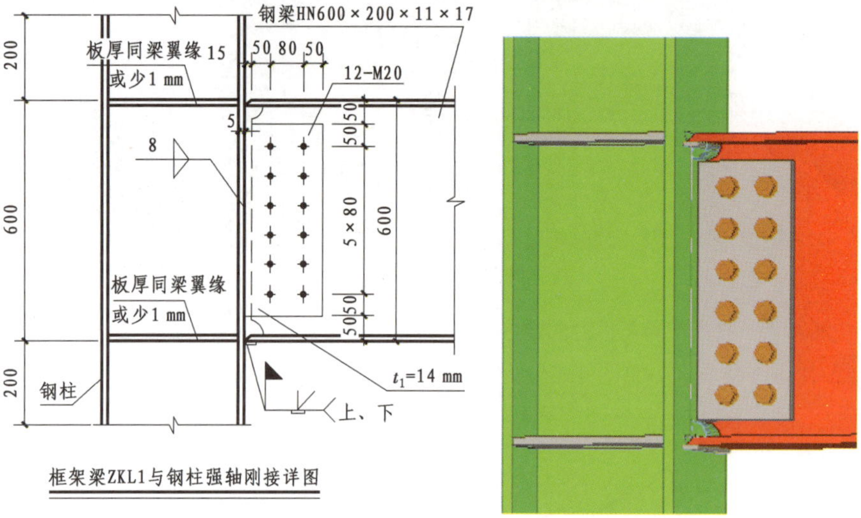

(a) 二维图

(b) 三维图

钢梁与柱强轴刚接节点构造模型

图 4.27　钢梁与柱强轴刚接节点构造图

②钢梁与柱弱轴刚接节点构造，如图 4.28 所示。

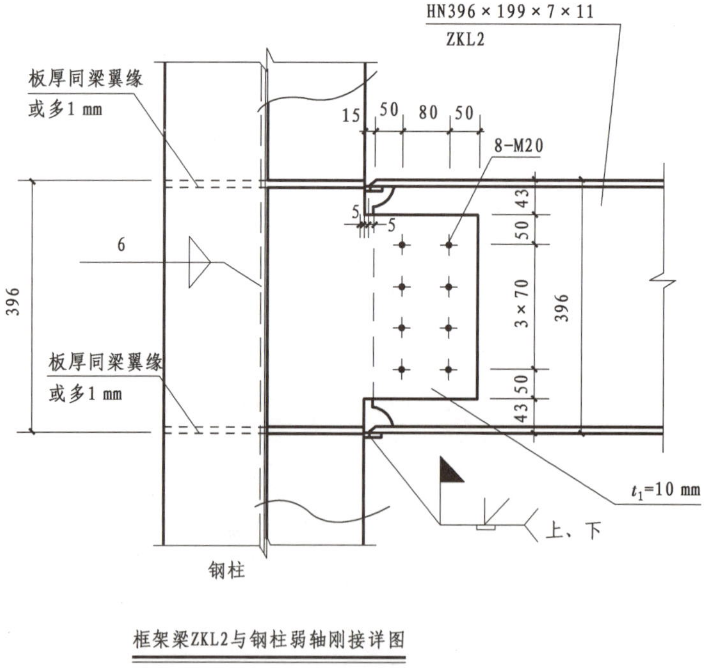

(a) 二维图

图 4.28　钢梁与柱弱轴刚接节点构造图

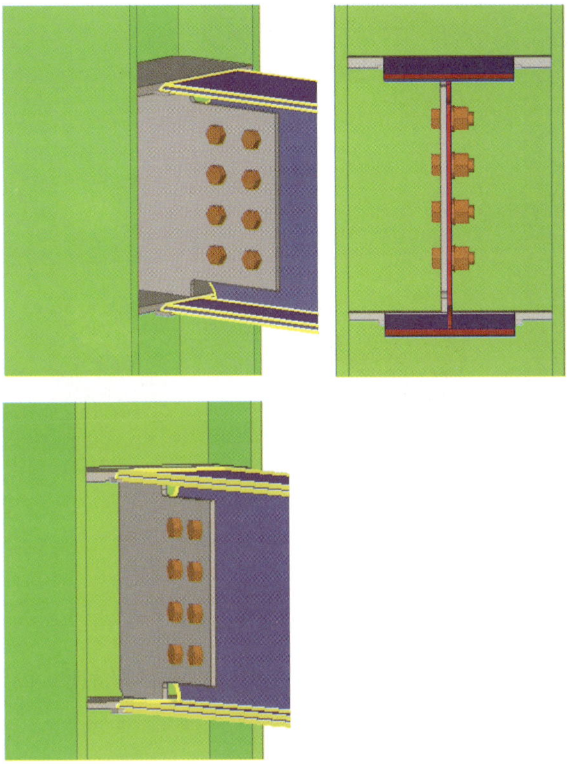

(b)三维图

钢梁与柱弱轴刚接节点构造

图4.28　钢梁与柱弱轴刚接节点构造图(续图)

4.7.6　框架主梁与次梁连接构造图

框架主梁与次梁连接构造,如图4.29所示。

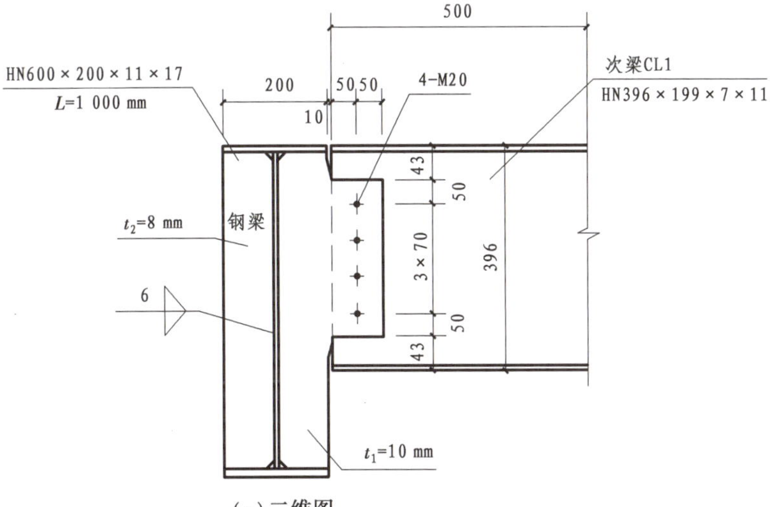

(a)二维图

图4.29　主梁与次梁铰接节点构造图

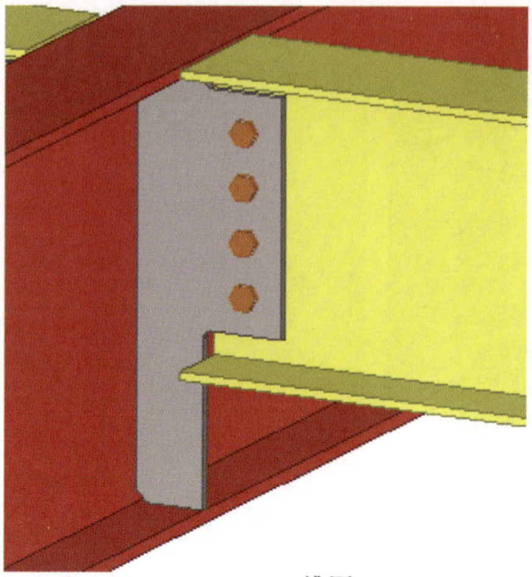

(b)三维图

次梁与主梁铰接节点构造模型

图 4.29　主梁与次梁铰接节点构造图(续图)

4.7.7　识读多层框架梁与钢结构混凝土板连接节点构造详图

镀锌钢板与钢梁连接模型

框架梁与钢筋混凝土楼板结合形成现浇混凝土板,需要将镀锌钢板(钢底模)固定在钢平台梁上,然后再扎钢筋网、浇筑混凝土,又称为钢-混凝土梁。

镀锌钢板(钢底模)与钢梁连接如图 4.30 所示。

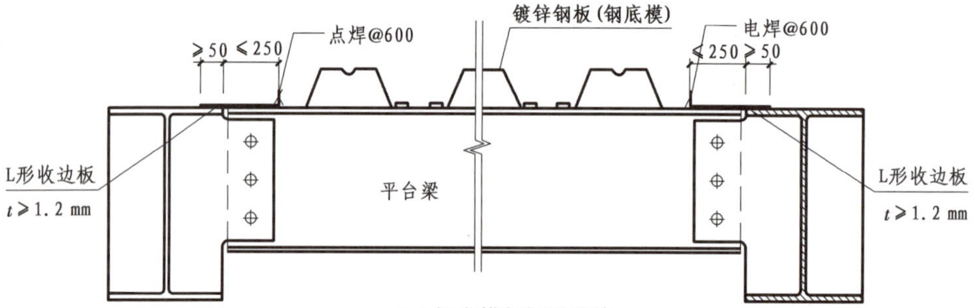

(a)钢底模与钢梁连接

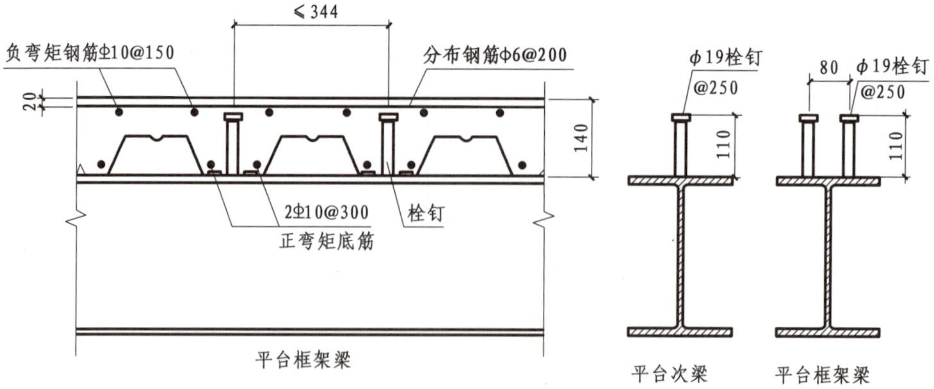

(b)通过栓钉固定钢底模

图 4.30　镀锌钢板与钢梁连接示意图

任务8　识读某超高层钢框架钢板剪力墙结构节点构造详图

随着建筑技术的飞速发展,越来越多的高层建筑物主体结构部分采用钢框架结构。现以某超高层框架结构为例,识读超高层结构中钢板剪力墙结构节点构造图。

4.8.1　钢板剪力墙中型钢定位图

钢板剪力墙中型钢定位图,如图4.31所示。

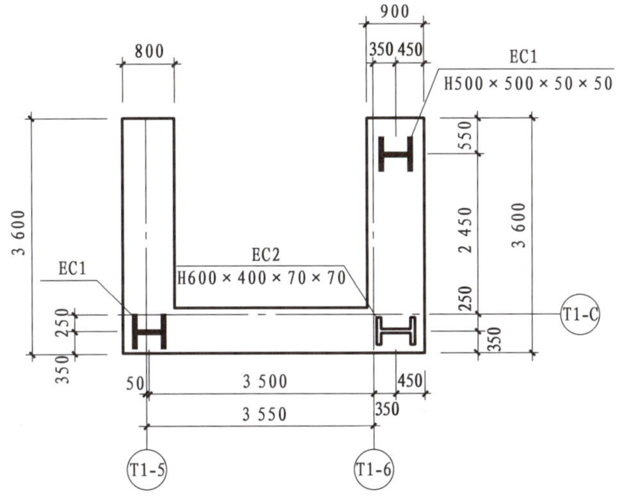

图4.31　型钢定位图

4.8.2　剪力墙编号图

剪力墙编号图,如图4.32所示。

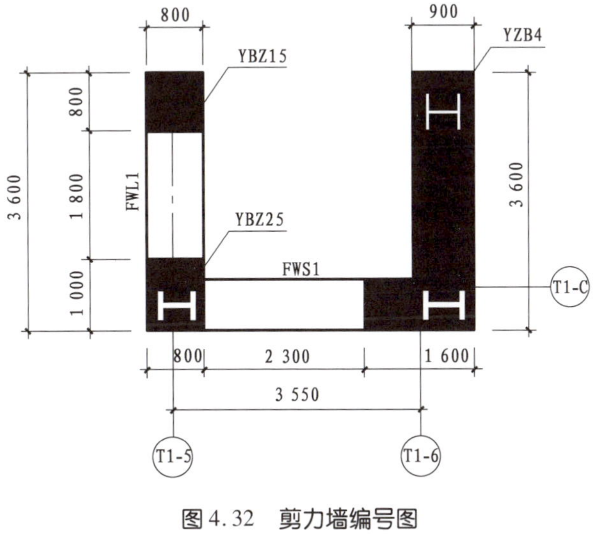

图4.32　剪力墙编号图

4.8.3 剪力墙身配筋表和型钢表

剪力墙身配筋表和型钢表，如图 4.33 所示。

剪力墙墙身配筋表

剪力墙身表					
墙编号	墙厚	排数	垂直分布筋	水平分布筋	拉筋
FWL1	800	4	Φ14@150（两侧） Φ12@150（中间）	Φ14@150（两侧） Φ12@150（中间）	Φ6@450×450
FWS1	700	4	Φ18@150（两侧） Φ16@150（中间）	Φ12@150	Φ6@450×450

剪力墙内型钢表

截面形式	编号	$H \times B \times T_w \times T_f$	材质	备注
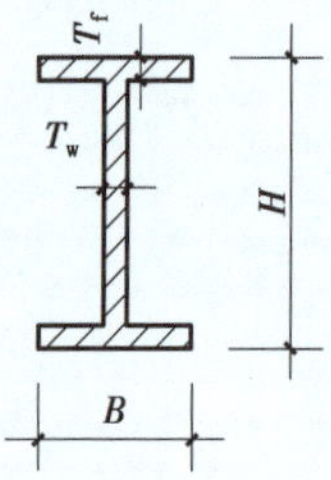	EC1	H500×500×50×50	Q345GJB	
	EC2	H600×400×70×70	Q345GJB	

图 4.33 剪力墙身配筋表和型钢表

4.8.4 核心筒剪力墙型钢栓钉设置数据表

核心筒剪力墙型钢栓钉设置数据表（XGH*）布置大样图，如图 4.34 所示。

核心筒剪力墙型钢栓钉设置数据表(XGH*)

型钢翼缘宽度B	剪力栓钉						
		直径ϕ	间距d	a	b	n	列 数
	400	19	200	50	150	2	3
	500	19	200	70	180	2	3
型钢截面高度H	剪力栓钉						
		直径ϕ	间距d				列 数
	≤300						0
	>300	19	200				1

(a)核心筒剪力墙型钢栓钉设置数据表

图 4.34 核心筒剪力墙型钢栓钉设置数据表及布置大样图

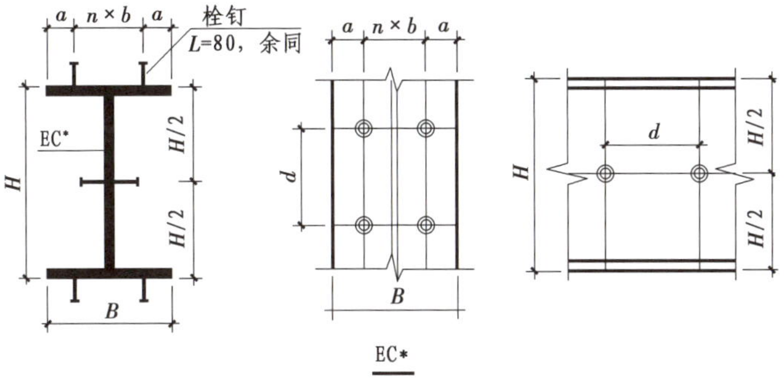

(b)核心筒剪力墙型钢栓钉布置大样

图4.34 核心筒剪力墙型钢栓钉设置数据表及布置大样图(续图)

4.8.5 剪力墙配筋详图

剪力墙配筋详图,如图4.35所示。

截面	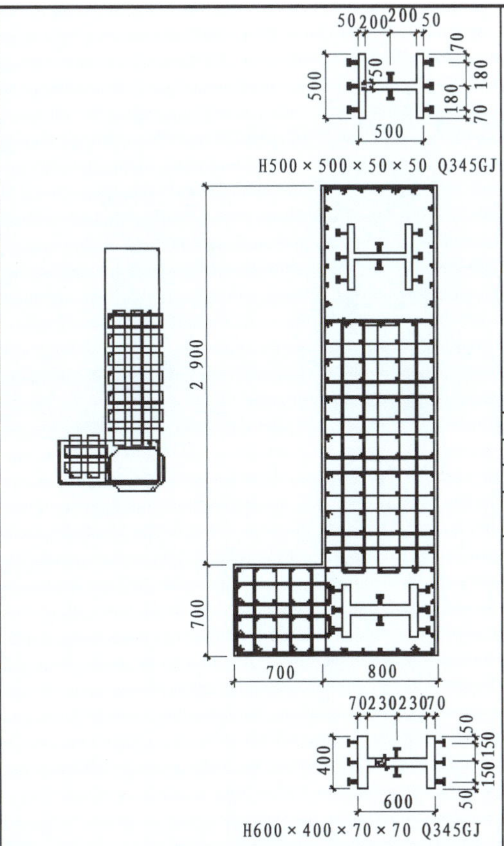
编号	YBZ4
标高	±0.00~3.00
纵筋	118Φ25
箍筋/拉筋	Φ14@100

截面	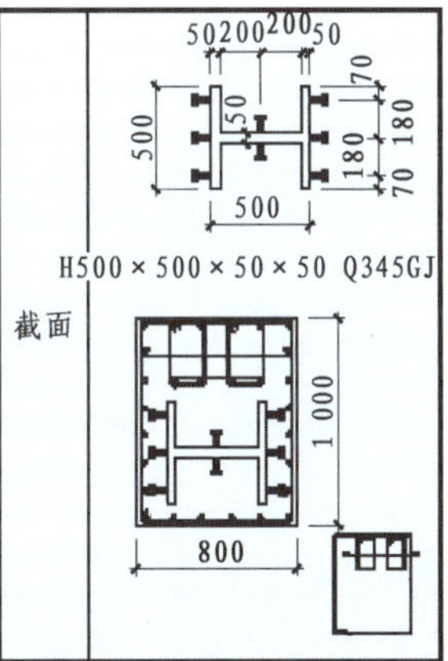
编号	YBZ25
标高	±0.00~3.00
纵筋	28Φ20保护层25 mm
箍筋/拉筋	Φ10@100
截面	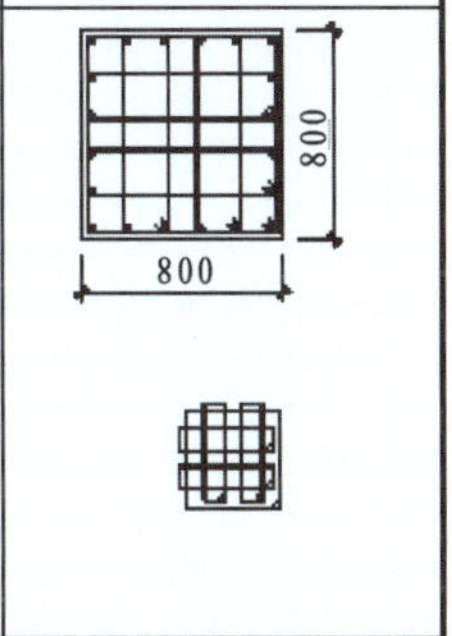
编号	YBZ15
标高	±0.00~3.00
纵筋	20Φ25
箍筋/拉筋	Φ12@100

图4.35 剪力墙配筋详图

课后思考题

1. 单层工业厂房由哪些构件组成?
2. 单层工业厂房常用的屋面结构材料有哪几种?
3. 试绘出单层厂房柱与屋面梁连接的示意图。
4. 柱间支撑的作用以及布置的原则是什么?

项目 5　某单层工业厂房原材料管理

任务 1　常用建筑钢材的进场检验

5.1.1　钢材进场检验流程

为了加强钢材进货检验,工程用料均需有质保书(合格证)。对钢材等主要材料按生产批号进行取样复检,做到证物相符,杜绝不合格材料进入施工现场,确保工程用料质量完好。

材料进场检验流程如图 5.1 所示。

5.1.2　钢材检验标准

钢材、钢铸件的品种、规格、性能等应符合现行国家产品标准和设计要求。进口钢材产品的质量应符合设计和合同规定的要求。

钢结构制作的钢材应符合下列规定:

①一般建筑结构用 Q235 钢应符合现行国家标准《碳素结构钢》(GB/T 700—2006)的规定。

②一般建筑结构用 Q345 钢应符合现行国家标准《低合金高强度结构钢》(GB/T 1591—2008)的规定。

③高层建筑结构用钢板:Q235C(D、E),Q345C(D、E),Q390C(D、E),Q420C(D、E),Q460C(D、E),Z 向性能(Z15、Z25、Z35)应符合现行国家标准《建筑结构用钢板》(GB/T 19879—2015)、冶金行业标准《高层建筑结构用钢板》(YB 4104—2000)的规定(具体实施时,根据设计图纸要求选择验收标准)。

④桥梁用结构钢板应符合现行国家标准《桥梁用结构钢》(GB/T 714—2015)的规定。

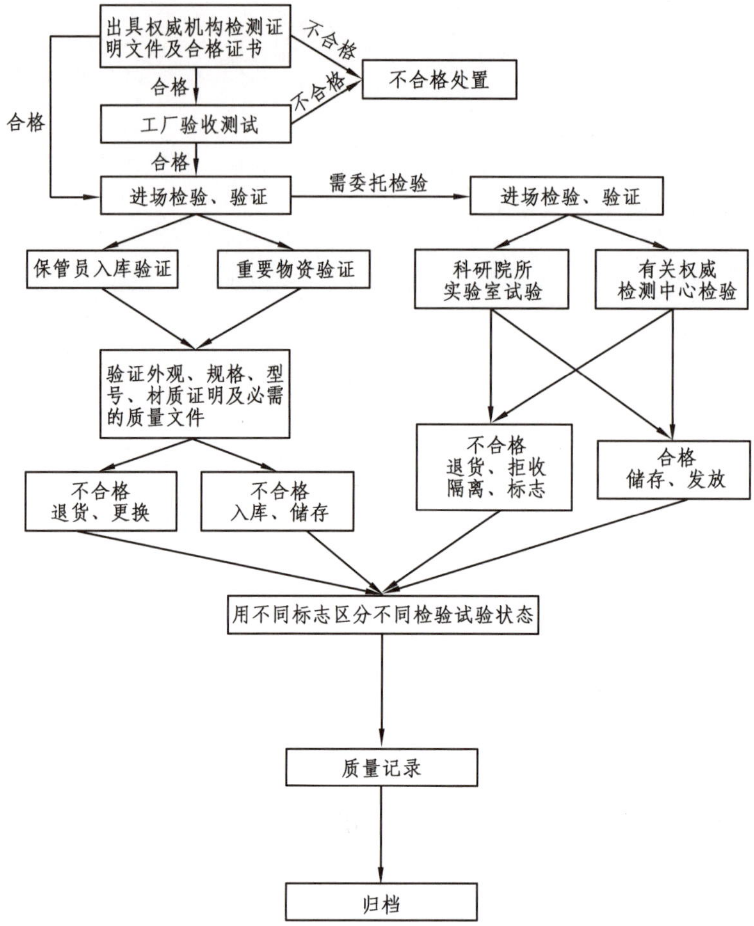

图5.1　材料进场检验流程图

5.1.3　钢材进场检验

1)材料的可追溯性物资进行管理

对钢材、水泥或业主有要求的其他重要物资作为可追溯性物资进行管理,要求物资台账页、入库单、领料单上均要加送可追溯性章及追溯标志,做到账页、料单、标牌、合格证上的追溯标志相符,满足追溯要求。

2)钢材进场验收

①钢结构制作单位应设钢材库,并由专人负责钢材进出库及保管等专项工作。

②检验钢材质量证明书。钢结构所用钢材入库时,应附有产品质量证明书。对无质量证明书的钢材,应按国家现行有关标准的规定进行抽样检验,符合现行标准和设计要求方可使用,未经检验合格及无质量证明书的钢材,经过有关技术部门的同意降级使用或用于不计算结构受力的部位。

③检验外观质量。钢材入库前进行100%的外观检查,合格后方可入库。长度、宽度

在车上由库管员用盘尺进行逐块检查，厚度用卡尺抽查。

④需要进行抽样复验的钢材。对属于下列情况之一的钢材，应进行抽样复验，其复验结果应符合现行国家产品标准和设计要求：

a. 国外进口材料；

b. 钢材混批；

c. 板厚等于或大于 40 mm，且设计有 Z 向性能要求的厚板；

d. 建筑结构安全等级为一级，大跨度钢结构中主要受力构件所采用的钢材；

e. 设计有复验要求的钢材；

f. 对质量有疑义的钢材。

3）办理入库手续

钢材入库前必须办理入库交验手续，材料检验员要逐项核对材料牌号、规格、产品质量证明书、批号等，查验是否符合相关技术文件标准，表面质量是否合格。合格后的钢材按品种、牌号、规格码放，未办理交验手续的钢材不得入库。

5.1.4　钢材入库卸车

钢材卸车时一般使用吊车，严禁将钢材由车上直接翻下，如无吊车，可用稳固的斜支架滑卸。长钢材应用横架（扁担）辅助吊卸，以防止钢材弯曲变形。

任务 2　常用建筑钢材的储存、堆放

5.2.1　钢材储存、堆放的条件

钢材可露天堆放，也可堆放在有顶棚的仓库里。露天堆放时，堆放场地要平整，并应高于周围地面。钢材堆放在有顶棚的仓库内时，可直接堆放在地坪上，但需下垫枕木。堆放场应有架子，以供小钢材堆放。

5.2.2　钢材堆放要求

钢材应按种类、材质、炉号（批号）、规格等分类平整堆放，并作好标记，堆放场地应有排水设施。堆放要求如下：

①在每堆钢材的旁边树立标牌，在标牌上应注明规格、材质和验收证明书号等。钢材的标号牌应定期检查，如发现模糊不清应及时重标。

②堆放钢材应留出人行道，其宽度不得小于 750 mm，如不留人行道，则每堆钢材间距不得小于 250 mm。露天堆放钢材时应考虑吊车的通行。

③成排堆放未经相互交错勾连的钢材，钢材堆高不应大于其宽度；成排堆放相互交错勾连的钢材，钢材堆高不应大于其宽度的 2 倍。钢板与宽扁钢应水平堆放，以保证钢材堆放稳固性。

④堆放钢材时，每隔 5 ~ 6 层应垫枕木垫块或水泥垫块，其垫块的累加长度应等于钢

板堆的宽度。垫板的厚度每层应相同，且不小于 120 mm；型钢堆垫块间距以不致引起钢材弯曲变形为限，钢板堆垫块的设置如图 5.2 所示，其各层垫块应在同一水平面上。

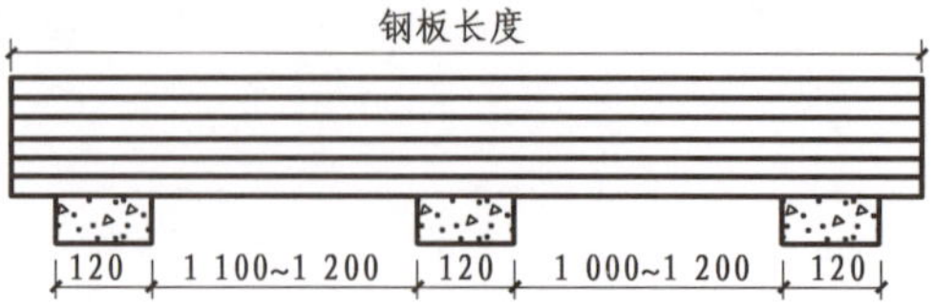

图 5.2　钢板堆放方法

⑤钢板堆放场地应坚实平整。露天堆场应考虑排水，下雪后立即清扫，同时钢材堆应保持整齐。

⑥型钢应按图 5.3(a)(露天堆放形式)或图 5.3(b)(库内堆放形式)所示的形式堆放。露天堆放钢材应有防雨、防雪措施，以免钢板层内长期积水产生严重锈蚀。

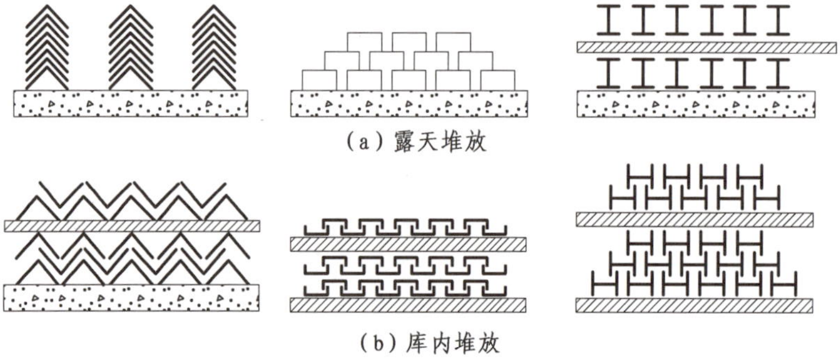

图 5.3　型钢的堆放形式

现场材料堆放如图 5.4 至图 5.6 所示。

图 5.4　轧制 H 型钢堆放

图5.5　钢板堆放

图5.6　料场堆放

5.2.3　钢材的标志

钢材堆旁边应树立标牌，标牌要标明钢材的规格、钢号、数量和材质验收证明书编号。钢材端部根据其钢号涂以不同颜色的油漆，油漆的颜色可按表5.1选择。

表5.1　不同钢号的油漆颜色

钢　号	Q195	Q215	Q235	Q255	Q345
油漆颜色	白+黑	黄色	红色	黑色	白色

钢材应定期检查。余料退库时要坚持有明确标志；当退料无标志时，要及时核查清楚，重新作标志后再入库。

课后思考题

1. 钢材进场的检验流程有哪些？
2. 钢材堆放有什么具体要求？
3. 在哪些情况下需要对钢材进行复验？

项目6 某单层工业厂房钢结构加工工艺

本项目以单层工业厂房焊接H型钢柱的制作加工工艺为例,讲解一般钢结构加工制作工艺。

任务1 某单层工业厂房加工的技术准备

6.1.1 详图设计

一般设计院提供的设计图,不能直接用来加工制作,而是要考虑加工工艺,如公差配合、加工余量、焊接控制等因素后,在原设计图的基础上绘制加工制作图(又称为施工详图)。详图设计一般由加工单位负责,应根据建设单位的技术设计图纸以及发包文件中所规定的规范、标准和要求进行设计。

6.1.2 图纸会审

审查图样的目的:一方面检查图样设计的深度是否满足施工要求,核对图样上的构件数量和安装尺寸,检查构件之间有无矛盾;另一方面对图样进行工艺审核,即审查技术上是否合理,构造上是否便于施工,图样上的技术要求按加工单位的施工水平能否实现等。

图纸会审:参与方应有业主方、设计方、施工方、监理部门等,各方之间充分沟通,了解设计意图、工程重难点、关键工序等。

6.1.3 图纸自审

施工详图设计完成后,结构制作施工人员还需进行图纸自审。自审的主要内容如下:

①设计文件是否齐全。设计文件包括设计图、施工图、图纸说明和设计变更通知单等。

②总图(设计总说明)与各部分详图的尺寸及连接部位是否正确,技术数据、质量要求是否明确。

③各节点图、零件详图或展开图尺寸是否准确完整。

④构件之间的连接形式是否合理。

⑤材料表与构件表、零件详图是否一致;材料是否与现行钢材的规格相符。

⑥根据工厂、工地现场的实际起重能力和运输条件,核对施工图中钢结构的分段是否满足要求,工厂和工地的工艺条件是否能满足设计要求。

6.1.4 备料和复验

1)备料

根据图纸材料表计算出各种材质、规格材料净用量,再加一定数量的损耗,提出材料预算计划。

备料计划的材料损耗率按合同或定额要求进行编制,特殊的还应按图纸零件情况定出板材宽度或型材长度。工程预算一般可按实际用量所需的数值再增加6%进行提料和备料。

2)复验

①钢材首先必须进行质保书检查,即核对质保书和实物的批号是否证物相符;其次进行外观检查与板厚检验;最后根据GB/T 700—2006的要求,按同一厂家、同一材质、同一板厚、同一出厂状态每10个批号抽检一组试件,进行化学成分、力学性能试验。验收标准参照图纸总说明中的规定。检验报告书如图6.1、图6.2所示。焊接H型钢的复验标准见表6.1。

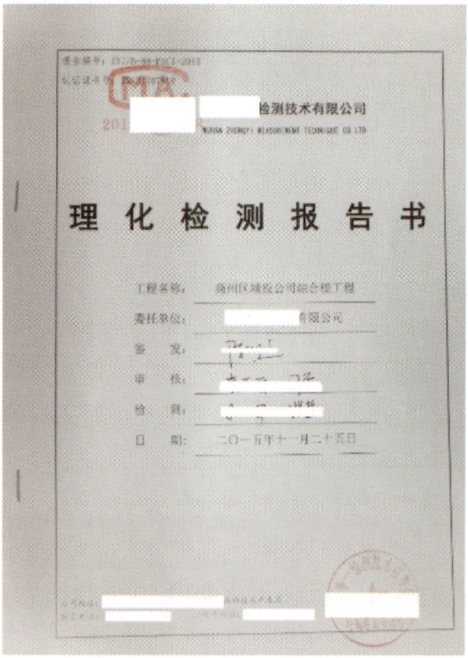

图6.1 材料复验检测报告书

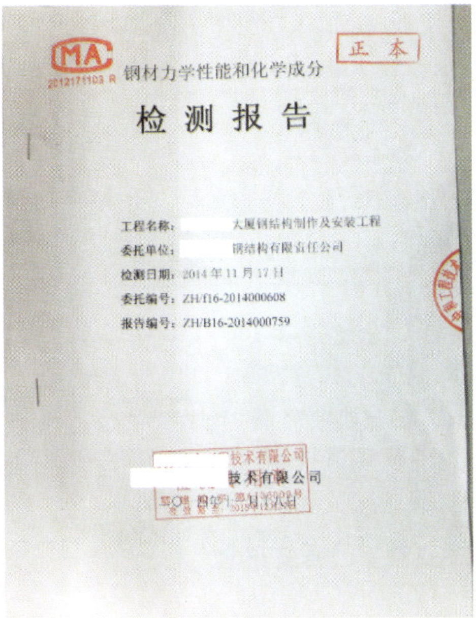

图6.2　钢材力学性能和化学成分检测报告

表6.1　焊接H型钢复验标准

项目	执行标准名称	标准号
抽样及试验方法	钢及钢产品　力学性能试验取样位置及试样制备	GB/T 2975—1998
材料复验性能指标	低合金高强度结构钢	GB/T 1591—2008
	碳素结构钢	GB/T 700—2006

所有钢材进厂后在复验抽样前还应对钢材表面进行全面检查，当表面有锈蚀、麻点或划痕等缺陷时，其深度不得大于该钢材厚度允许负偏差值的1/2；钢板厚度 a 的偏差应符合如下规定：

- $5 < a < 8$ 时，允许偏差为 +0.8 mm、-0.4 mm；
- $8 < a < 16$ 时，允许偏差为 +1.2 mm、-0.5 mm；
- $a > 16$ 时，允许偏差为 +1.3 mm、-0.6 mm。

②焊接材料首先必须检查质保书，做到证物相符；其次，进行外观检验；最后，首批材料中按型号、规格各取一组进行化学成分、力学性能试验，并按相应的验收标准要求进行。

③涂装材料进厂后，应检查有关产品合格证和质量说明书，核对生产厂家、涂料名称、牌号、颜色、批号和生产日期，并进行涂料复验。

④所有材料均应根据验收标准复检合格后方可使用。

6.1.5　编制工艺规程或制作方案

工艺规程：施工单位又称为制作方案，是指导施工的技术文件。施工单位根据工程加工制作的要求，在制作加工前，按施工图样和技术文件的要求编制的制作方案。钢构件的制作是一个严密的流水作业过程，指导这个过程的除了生产计划外，主要是依据工艺规程。

1）加工工艺规程编制与审批

加工工艺规程由制造单位根据施工图及合同对钢结构质量、工期的要求进行编制，并经工厂（公司）总工程师审核，经发包单位代表或监理工程师批准后实施。

2）工艺规程编制内容

编制工艺规程的原则是操作能以最快的速度、最少的劳动量和最低的费用，可靠地加工出符合图纸设计要求的产品。内容包括：

①工程概况：主要介绍工程的地理位置、工程量的大小、工程重难点等。

②编制依据：工程设计图样、现行技术标准等。

③施工部署：场地安排、设备配置、劳动力安排等。

④焊接H型钢制作工艺：材料复验和材料管理、分段划分的原则、钢板预处理、H型钢制作工艺流程等。

⑤编制工艺流程表（或工艺过程卡）：基本内容包括零件名称、件号、材料牌号、规格、件数、工序名称和内容、所用设备和工艺装备名称及编号、工时定额等，关键零件还要标注加工尺寸和公差，重要工序要画出工序图。

3）组织技术交底

钢结构构件的生产从投料开始，经过下料、加工、装配、焊接等一系列工序过程，最后形成成品。在这样一个综合性加工生产过程中，要执行设计部门提出的技术要求，确保工程质量，就需要制作单位在投产前组织技术交底的专题讨论会。

技术交底会的目的：对某一项钢结构工程中的技术要求进行全面交底，同时也可对制作中的难题进行研讨和协商，解决生产过程中的具体问题，确保工程质量。

技术交底会按工程的实施阶段分为两个层次：第一层次是工程开工前的技术交底会；第二层次是施工班组交底，即在投料加工前进行的施工人员技术交底会，这个制作过程中的技术交底会在贯彻设计意图、落实工艺措施方面起着非常重要的作用。

6.1.6　实例——某单层工业厂房变截面H型钢柱下料工艺卡的制作

①下料前应检查钢材的牌号、规格，钢板每米范围内的不平度不得大于1 mm，如大于1 mm，则应矫平。

②为保证构件的加工质量和外观要求，应优先采用等离子切割、机械剪切和氧气自动切割。切割前，应将钢材表面切割区域内的铁锈、油污等清理干净；切割后，断面上不得有裂纹和大于1.0 mm的缺棱，并应清除边缘上的熔瘤、飞溅物、毛刺等。

③所有焊接H型钢构件，主件（翼缘板、腹板）下料时需严格参照排版图，严禁私自串用。

④所有钢材在使用前均应按照相应规范的规定进行复检，如有变形等情况，应采用不损坏钢板的方法展直矫正。若钢板受损严重，不得强行矫正，只能作短料使用或不予

使用。变形钢板尽量采用机械设备冷弯矫正,矫正工序应以不会改变材料原来的技术指标为原则。

⑤变截面焊接 H 型钢柱($L=6\ 973$ mm)构件断面示意图如图 6.3 所示。钢柱主件的下料详细尺寸要求见表 6.2。

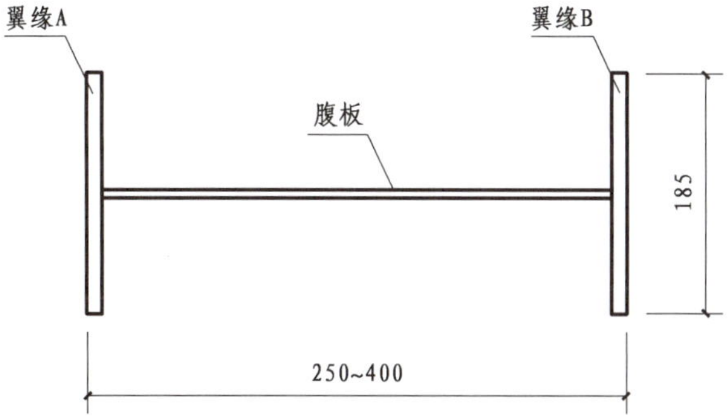

图 6.3　变截面焊接 H 型钢柱断面图

表 6.2　钢柱主件的下料详细尺寸要求　　单位:mm

序号	零件	厚度	下料划线宽度	下料后宽度	宽度允许偏差	长度(下料后)
1	翼缘 A	8	185 +3	185	±2.0	6 973 +12
2	翼缘 B	8	185 +3	185	±2.0	6 510 +12
3	腹板	5	(234 ~384) +3	234 ~384	±2.0	6 973 +12

⑥钢柱翼缘 A 钢板下料排版图,如图 6.4 所示。

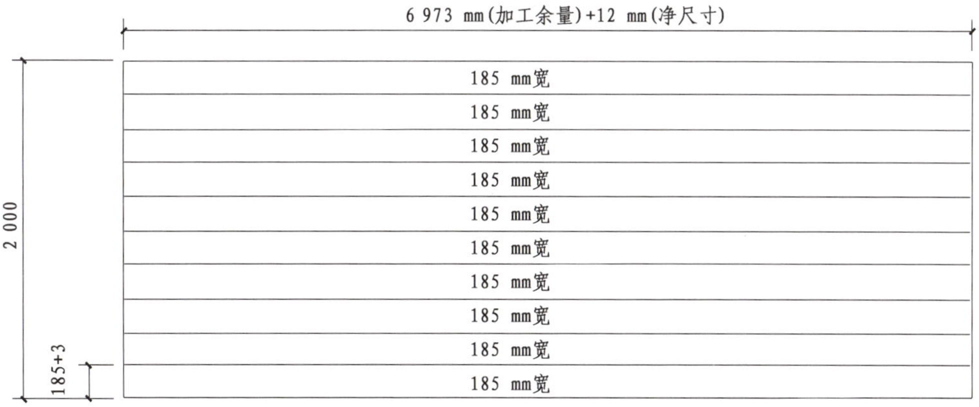

图 6.4　翼缘板 A 下料排版图

⑦切割检查控制项目及检查标准,见表 6.3。

表 6.3　切割检查控制项目及其标准

序号	项目	允许偏差/mm		检测方法
		国家标准	内控标准	
1	零件宽度、长度	±3.0	±2.0	卷尺、直尺
2	切割面平面度	0.05t,且不应大于 2.0	0.05t,且不应大于 2.0	直尺
3	局部缺口深度	1.0	0.5	卡尺
4	端面垂直度	2.0	1.0	直尺

注:t 指的是板厚。

⑧切割质量检查控制表示例见表 6.4。

表 6.4　切割质量检查控制表

序号	部位	检查零件号	检查项目	检查机具	切割人	检查人	检查时间	检查质量	备注
1	翼缘	L－1	长度	盘尺	张三	李四	2014.4.22	合格	误差 1 mm
2	翼缘	L－2	宽度	卷尺	张三	李四	2014.4.22	不合格	误差 3 mm

⑨零部件标注:切割完成后的零部件一律用钢印标注构件号(零件号),用于区分及归类整理。

⑩零件矫正:零部件的矫正可采取火焰矫正及机械矫正两种方式进行。

a. 火焰矫正:

(a)火焰加热温度。火焰矫正根据材质、板厚和加热方法等不同情况,选择不同的加热温度,见表 6.5。

表 6.5　火焰加热温度

颜色	薄褐色	赤褐色	暗赤色	暗樱色	樱红色	淡樱红	橘黄微红
温度/℃	500	600	650	700	750	800	850
颜色	橘黄色	淡橘色	黄色	淡黄色	白微黄	亮白	
温度/℃	900	950	1 000	1 100	1 200	1 300	

(b)火焰矫正的加热方法。采用圆点加热法时,板厚与圆点加热直径的关系,见表 6.6。

表 6.6　板厚与圆点加热直径关系表

厚度/mm	6	8	10	12	14	16	18	20	22
直径/mm	30	35	40	48	50	55	60	62	64

火焰矫正的现场图片如图6.5所示。

图6.5　火焰矫正

b.机械矫正:零部件板的矫正参照图6.6中拼板件的矫正(利用七辊校平机)进行机械矫正。

(a)示意图

(b)现场图

图6.6　钢板机械矫正图

c.零部件校平检查要求:除图样标有明确的尺寸偏差以外,一般板料下料长度偏差、截面直线度、截面与板面垂直度等应符合表6.7的规定。

表 6.7　气割的允许偏差值

项目	允许偏差/mm	
零件宽度	±2.0	
长度	图纸有要求时按图纸要求，图纸无要求时为 ±2.0	
切割面平面度	≤0.05t 且不大于 2.0	
割纹深度	≤0.2	
局部缺口深度	≤1.0	
与板面垂直度	≤0.5	
锯齿状不直度（Δ）	≤0.5	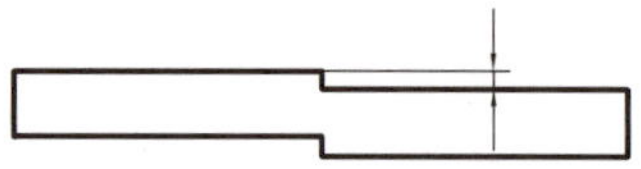
直线度（拱度）（Δ）	每 1 000 允许 1.0	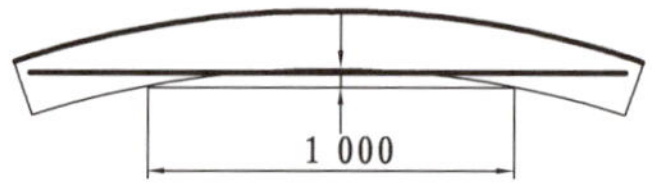
切割熔渣	清除干净	

至此，H 型钢柱制作工艺卡完成。

任务 2　某单层工业厂房门式刚架制作流程

6.2.1　门式刚架制作流程

钢结构制作的工序较多，因此对加工顺序要周密安排，尽可能避免工作倒流，以减少运输和周转时间。由于制作厂设备能力和构件的制作要求各不相同，所以工艺流程略有不同，如图 6.7 所示为大流水作业生产的制作流程。

6.2.2　门式刚架原材料复验、管理和预处理

1）材料复验

①钢材首先必须进行产品质量保证书检查，即核对产品质量保证书和实物的炉（批）号，做到证物相符；其次进行外观检查与板厚检验；最后根据《碳素结构图》（GB/T 700—2006）的要求，按同一厂家、同一材质、同一板厚、同一出厂状态每 10 个炉（批）号抽检一组试件，做化学成分、力学性能试验，按相应的验收标准进行复验。表 6.8 为钢箱梁钢材的复验标准。

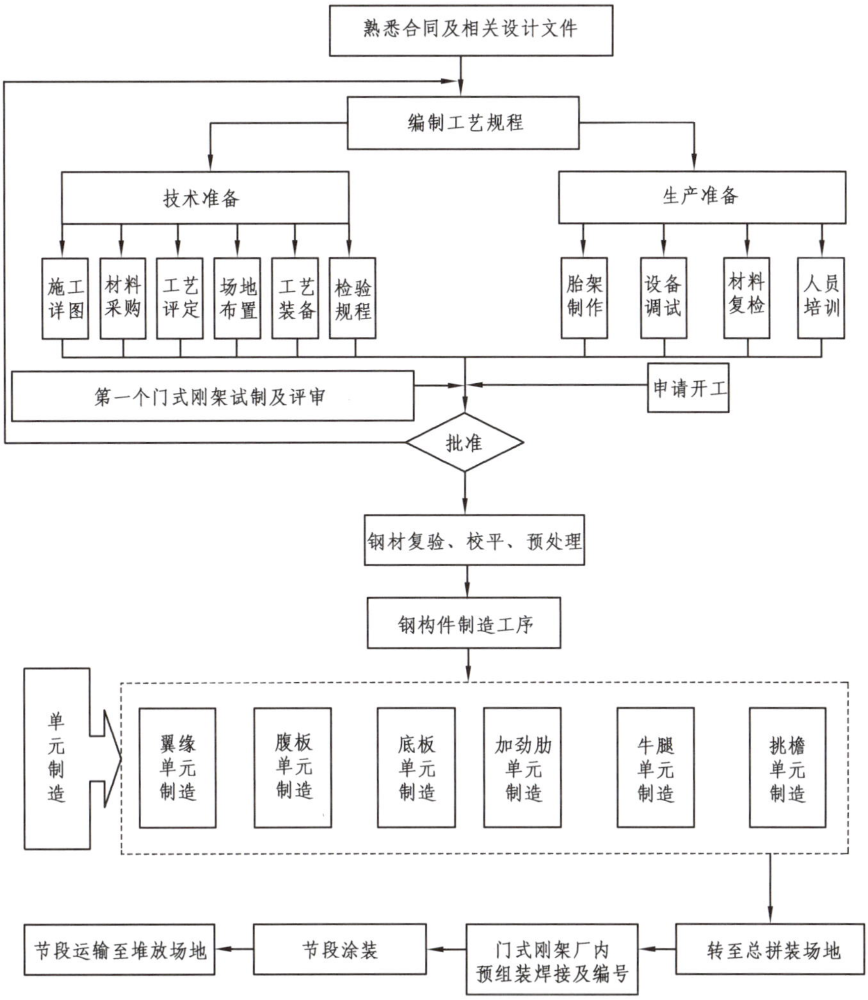

图6.7　门式刚架制作流程图

表6.8　钢箱梁钢材复验标准

项目	执行标准名称	标准号
抽样及试验方法	钢及钢产品　力学性能试验取样位置及试样制备	GB/T 2975—1998
材料复验性能指标	低合金高强度结构钢(Q345qC/ Q235qC)	GB/T 1591—2008

钢材复验的其他要求和钢板厚度 a 的偏差要求见前述内容。

②焊接材料首先必须检查质保书,做到证物相符;其次,进行外观检验;最后,首批按型号、规格各取一组进行化学成分、力学性能试验,并按相应的验收标准要求进行。

③涂装材料进厂后,应检查有关产品合格证和质量说明书,核对生产厂家、涂料名称、牌号、颜色、批号和生产日期,并进行涂料复验。

④所有材料均应根据验收标准复检合格后方可使用。

2)材料管理

①材料检验合格,由质检部门在质保书上加盖合格印章,编上序号,作为领料依据,

不合格材料反馈给供货单位及时换料。

②本工程材料专料专用，物资部门必须妥善保管，作明显的标记，严格材料领退制度，严格退料管理，以免混用。

③所有材料应妥善存放，避免积水、积尘，防止腐蚀。

3）钢板校平

（1）生产操作和生产过程中的注意事项

①检查电机、传动系统是否良好，安全防护装置是否牢固可靠。

②检查滚子调节装置是否完好。

③检查传动机构润滑是否良好，检查辊子油杯、油线是否齐全，油杯是否有油，无油应加足。

④开机空运转 10 min，经检查运转正常方可生产。

⑤在送入钢板校平前，根据钢板厚度及弯曲度调整轧辊间距。

⑥校平钢板时，严禁一次校平，应多次、逐步校平；逐步调节轧辊间距，防止超负荷损坏设备。

⑦校平钢板时，应先慢速运转，使钢板过头；被校平的钢板尽量与轧辊保持水平，并靠近轧辊轴头以减轻机器负荷。

⑧严禁超规格、超负荷使用。

⑨严禁在加垫板校平时，使垫板全部进入轧辊内。

（2）校平机维护保养

①每班工作结束后应切断电源，擦拭校平机各部位，清除附于校平机的积灰、油污。

②在各传动齿轮、丝杆、滑动面加润滑油。

③经常检查油杯、油线是否齐全，并串入油杯进油孔；油杯无油时必须及时添加。

④清扫工作辊、检查托辊有无裂纹，检查紧固件是否牢靠。

4）钢板预处理

钢材经复验合格后才能投入预处理工序。钢板在钢材预处理流水线上完成抛丸处理，将表面油污、氧化皮和铁锈以及灰尘等杂物清除干净并喷涂车间底漆工作，除锈等级 Sa3.0，表面粗糙度 $R_z=40\sim70\ \mu m$。喷涂车间底漆一道，漆膜厚度符合图纸要求。生产线如图 6.8 所示。

图 6.8　钢板预处理生产线

钢板做好预处理后，立即做好材料标志，便于用白色记号笔在板厚醒目处写出该钢板的零件号、材质、规格、批号及去向(对于薄板可在钢板宽度方向两头中部处写明),并按构件分类堆放,减少二次倒运。

任务3　某单层工业厂房门式刚架加工工序

钢材进场到构件出厂,一般要经过的步骤为:放样→号料→切割→组对→焊接→矫正→表面处理→标记出厂,具体加工工艺流程如图6.9所示。

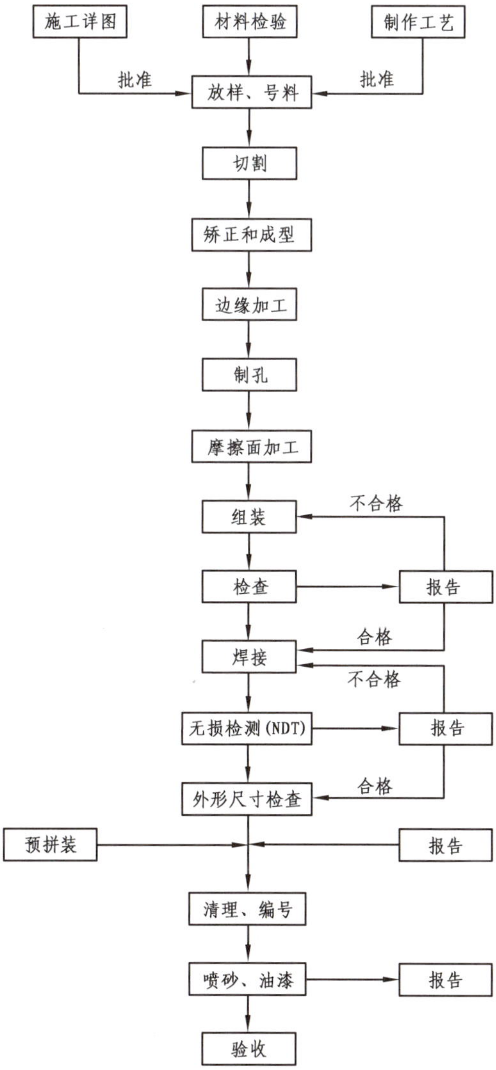

图6.9　钢结构制作工艺流程图

6.3.1 放样

放样是整个钢结构制作工艺中的第一道工序,也是至关重要的一道工序。只有放样尺寸准确,才能避免后面各道工序的累积误差,才能保证整个工程的质量。

凡制作重要受力结构、非标准机械钢结构以及一般结构数量多的零件,可采用样板、样杆放样。

1)放样的内容

核对图样的安装尺寸和孔距;以1∶1的大样放出节点或零件,核对各部分的尺寸;制作样板和样杆,作为下料、弯制、铣、刨、制孔等加工的依据。

2)放样的程序及样杆、样板的制作

放样时,以1∶1的比例在放样台上利用几何作图方法弹出大样。当大样尺寸过大时,可分段弹出。对一些三角形的构件,如果只对其节点有要求,则可缩小比例弹出样子,但应注意其精度。放样弹出的十字基准线,两线必须垂直;然后依据此十字线逐一画出其他各点及线,并在节点旁边标注上尺寸,以备复查。

放样经检查无误后,用0.5~0.75 mm厚的铁皮或塑料板制作样板,用铁皮或扁铁制作样杆,当长度较短时可用木尺杆。样板、样杆上应注明工号、图号、零件号、数量及加工边、坡口部位、弯折线和弯折方向、孔径和滚圆半径等。由于生产的需要,通常需制作适应各种形状和尺寸的样板和样杆。样板和样杆应妥善保存,直至工程结束。

采用三维放样技术,对门式刚架各构件进行准确放样,绘制各构件零件详图,作为绘制下料套料图及数控编程的依据。放样时,按工艺要求预留制作和安装焊接收缩补偿量、加工余量及线形调整量(下料工艺尺寸=理论尺寸+焊接收缩量+加工余量)。放样模拟后,将三维准确放样技术运用于整个施工过程,从而确保本工程结构杆件等构件的制作满足施工图样及规范的技术要求。放样和样板的允许偏差见表6.9。

表6.9 放样和样板的允许偏差

项目		允许偏差
样　板	长度	-0.5~1 mm
	宽度	-0.5~0 mm
	两对角线长度差	1.0 mm
样　杆	长度	±1.0 mm
	两最外排孔中心线距离	±1.0mm
同组内相邻两孔中心线距离		±0.5 mm
相邻两组端孔间中心线距离		±1.0 mm
加工样板的角度		20′

3)样板和样杆的作用

样板和样杆起初用于手工下料时套裁的依据,由于数控机床的运用,现在几乎不用于下料裁剪，而主要用于组装，特别是有角度要求的地方，用样板作为依据进行组装和检查，下料现在基本不用样板。

6.3.2　号料

号料工作视频

号料的内容：检查核对材料；利用样板或样杆在材料上画出切割、铣、刨、弯曲、钻孔等加工位置；标注零件编号等。钢材有较大弯曲、凸凹不平等问题时，应先进行矫正；根据配料表和样板进行套裁，尽可能节约材料。当工艺有规定时，应按规定的方向进行画线取料，以保证零件对材料轧制纹络所提出的要求，并有利于切割和保证零件质量。

号料时预留的切割、边缘加工等加工余量及焊缝收缩余量根据施工经验和机械设备状况而定，一般可参照表6.10、表6.11的数据执行。号料的允许偏差见表6.12。

表6.10　加工余量　　单位：mm

加工余量	锯切	剪切	手工切割	半自动切割	精密切割
切割缝	—	1	4～5	3～4	2～3
刨　边	2～3	2～3	3～4	1	1
铣　平	3～4	2～3	4～5	2～3	2～3

表6.11　焊缝收缩量　　单位：mm

结构形式	收缩余量		
实腹结构H型钢 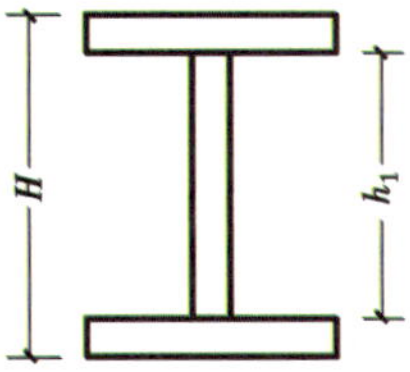	(1)$H\leqslant1\,000$　板厚≤25每对加劲板	长度方向每米收缩	0.6
		H收缩	1.0
		h_1收缩	0.8
	(2)$H\leqslant1\,000$　板厚≥25每对加劲板	长度方向每米收缩	0.4
		H收缩	1.0
		h_1收缩	0.5
	(3)$H>1\,000$　各种板厚每对加劲板	长度方向每米收缩	0.2
		H收缩	1.0
		h_1收缩	0.5
对接焊缝 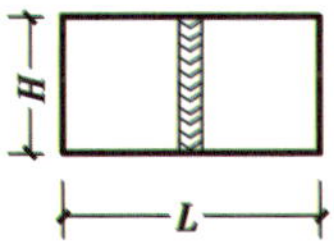	L方向每米收缩		0.7
	H方向收缩		1.0

续表

结构形式	收缩余量		
格构式结构	轻型桁架	接头焊缝每个接口收缩	1.0
		搭接焊缝每米收缩	0.5
	重型桁架	搭接角焊缝每米收缩	0.25
圆筒型结构	板厚≤16	直焊缝一条缝周长收缩	1.0
		环焊缝一条缝长度收缩	1.0
	板厚≤16	直焊缝一条缝周长收缩	2.0
		环焊缝一条缝长度收缩	2.0

表 6.12　号料的允许偏差

项目	允许偏差	项目	允许偏差
零件外形尺寸	±1.0 mm	孔距	±0.5 mm

6.3.3　切割

下料画线以后的钢材，必须按其所需的形状和尺寸进行下料切割。钢材的下料切割可以通过冲剪、切削、摩擦等机械力来实现，也可以利用高温热源来实现。常用的切割方法有：火焰切割、机械切割、等离子切割等。施工中应根据各种切割方法的设备能力、切割精度、切割表面的质量情况以及经济性等因素来具体选定。切割后钢材不得有分层，断面上不得有裂纹，应清除切口的毛刺、熔渣和飞溅物。

1）气割

氧割和气割是以氧气与燃料燃烧时产生的高温来融化钢材，并借助喷射压力将熔渣吹去，造成割缝，达到切割金属的目的。

气割能切割各种厚度的钢材，常用于带曲线的零件或厚钢板的切割。气割设备灵活、经济费用低、切割精度高，是目前广泛采用的切割方法。按切割设备不同，气割可以分为手动气割、半自动气割、多头直条气割、数控火焰气割和等离子切割。气割的允许偏差见表 6.13。

表 6.13　气割的允许偏差

项目	允许偏差	项目	允许偏差
零件宽度、长度	±3.0 mm	割纹深度	0.3 mm
切割面平面度	0.05t，且不应大于 2.0	局部缺口深度	1.0 mm

注：t 为切割面厚度

①手动气割：仅用于需再加工或打磨的部位。

②半自动气割：主要用于打坡口，偶尔用于切割钢板，如图6.10所示。

(a)切割钢板　　(b)钢板打坡口

半自动气割现场视频

图6.10　半自动精密火焰气割

③多头直条气割：主要是利用多把火焰割炬将钢板按切割要求均匀地切割成条状，因为两边能够同时受热，可以有效地防止钢板因为单边受热而造成的热变形。一般来说，如果要求切3个直条，就必须用4把气割枪进行切割。以此类推，如果要求切 n 个直条，就必须配 $n+1$ 把气割枪。

由于门式刚架中，翼缘和腹板相同零件较多，因此适合采用多头直条气割的方式，如图6.11所示。

多头直条气割现场视频

图6.11　多头直条气割

④数控火焰气割：

a.数控火焰切割机。数控火焰切割机是将数控系统、精密机械传动、切割三者紧密结合的高效率、高精度、高可靠性的多功能热切割自动设备。它既可完成纵向多头直条切割、横向直条切割，也可进行任意平面几何图形的自动切割。

b.数控火焰切割机类型。数控火焰切割机有很多种规格，主要机型有便携式数控切割机、龙门式数控切割机、台式数控切割机、相贯线数控切割机、数控等离子切割机等。此处重点介绍相贯线数控切割机和数控等离子切割机两种机型。

(a)相贯线数控切割机。传统的相贯线切割，一般来说主要依靠手动和半自动切割设备来完成，前期准备工作一般有找正、画线、切割、打坡口四步，每一步都是通过人工手动去实现，不管是精度还是工作效率，都完全不能够满足大型工厂批量化相贯线切割的需要。相贯线数控切割机是通过数控系统控制机床各轴联动来进行切割，能在管件上切割出高精度、高质量的相贯曲线，可加工出各种角度相贯、偏心相贯、多重管件相贯的相贯体。这种全面取代人工切管方式的机电一体化机床称为相贯线数控切割机。如图6.12所示即为相贯线数据切割机的一种。

图6.12　三维数控切割机

(b)数控等离子切割机。数控等离子切割机是利用等离子弧进行切割，即利用高温等离子电弧的热量使工件切口处的金属局部熔化(和蒸发)，并借助高速等离子的动量排除熔融金属以形成切口的一种加工方法。

用数控等离子切割机可以切割各种复杂形状的零件，并具有切割速度快、效率高、切割面质量好、切割尺寸精确、工件热变形小等优点。切割的零件不需机械加工就可直接进行焊接和应用。它与氧气切割相比，仍有一定的缺陷，主要体现在切割面的倾斜度较大，光洁度没有氧气切割的好。切割场景如图6.13所示。

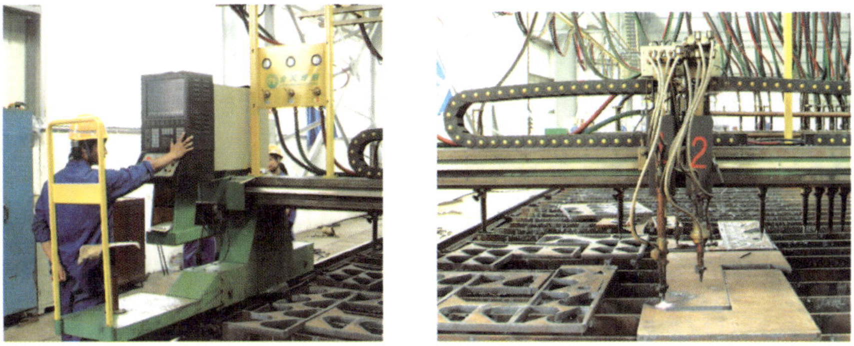

等离子切割
现场视频

图6.13　数控等离子切割

c. 数控切割机操作规程：

(a)与铆工放样配合，将有关气割数据输入计算机编好程序，并进行调试检查。

(b)根据板厚选择割嘴和气体压力。

(c)根据编制的程序自动切割。气割下料时割嘴垂直于钢材表面，切割线与号料线的偏差应在 ±1.5 mm 内，切割截面与钢材表面不垂直度应不大于板厚的10%，且不得大于2.0 mm。

(d)数控切割坡口要根据坡口角度要求偏转割嘴。

(e)切割时应考虑切割顺序，以减少钢材的变形。

(f)数控气割下料，必须对工件进行检查，合格后方可继续切割，否则要调整程序。

(g)复杂的零件应根据气割程序绘图，核对形状尺寸。

(h)在数控气割过程中若发生回火或未切透等现象，必须立即停机，排除故障并沿轨迹返回原处重新切割。若机器不具备自动返回功能时，应从零件的切割起点开始，逐个程序校对，确认无误后才可重新切割。

(i)对 8 mm 以下的板材，不宜采用数控气割。

(j)切割完毕，除去工件上的熔渣，并检查工件的几何尺寸和外观质量。

2)机械切割

使用剪切机、锯割机、砂轮切割机等机械设备进行的切割称为机械切割。该方式主要用于型材及薄钢板的切割。机械切割的允许偏差见表6.14。

表6.14　机械切割的允许偏差

项目	允许偏差/mm
零件宽度、长度	±3.0
边缘缺棱	1.0
型钢端部垂直度	2.0

6.3.4　矫正、弯曲成型

1)零部件矫正

钢构件制作过程中，由于原材料变形、切割变形、焊接变形等，影响构件的制作和安装，因此需要及时矫正。矫正可分为火焰矫正和机械矫正两种，如图 6.14 所示。

(a) 火焰矫正　　(b) 探伤检测合格后腹板进行九辊矫正

机械矫正
现场视频

图 6.14　零部件矫正

钢材和零件的矫正应采用平板机或型材机进行，较厚钢板也可采用压力机或火焰加热进行；采用手工锤击矫正时应加锤垫，防止凹痕和损伤。

矫正后的钢材表面，不应有明显的凹痕或损伤，划痕深度不得大于 0.5 mm，且不大于该钢材厚度负允许偏差的 1/2。

2) 零部件弯曲成型

弯曲成型的零件，应用弧形样板检查，当其弦长小于或等于 1 500 mm 时，样板的弦长应与零件的弦长相等；弯曲零件的弦长大于 1 500 mm 时，样板的弦长不应小于 1 500 mm，且其成型部位与样板的间隙不得大于 2 mm，如图 6.15 所示。

图 6.15　零部件弯曲成型

6.3.5　边缘加工

①气割或机械剪切的零件,需要进行边缘加工时,其刨削量不应小于2.0 mm。

②焊接坡口加工宜采用自动切割机、半自动切割机、坡口机、刨边机等进行。如图6.16所示为半自动火焰切割机为钢板开坡口,便于对接焊。

半自动坡口切割现场视频

图6.16　半自动切割机进行坡口加工

③边缘加工一般采用铣、刨等方法。边缘加工时应注意控制加工面的垂直度和表面粗糙度。如图6.17所示为端面铣床,将焊接H型钢端部铣平,便于构件端部刨平顶紧。

端部铣平现场视频

图6.17　端面铣平

6.3.6 制孔

由于钢结构连接主要是焊缝连接和螺栓连接，因此在构件制作过程中，制孔是一道重要工序，尤其是高强度螺栓的广泛采用，使制孔在数量和精度上的要求大大提高。

某单层厂房中系杆两端连接孔为：2-M20 普通螺栓，2-ϕ21.5 孔，表示 2 个直径20 mm 的普通螺栓，螺栓孔径为 21.5 mm；单层厂房柱顶螺栓为：10-M20 螺栓（10.9s），10-ϕ21.5 孔，表示 10 个 10.9 级直径为 20 mm 的高强度螺栓，孔径为 21.5 mm。此时，虽然普通螺栓孔与高强度螺栓孔孔径相同，但是由于两种螺栓在工程中承担作用不同，因此制作工艺也完全不同。

1）制孔的方法

制孔通常有钻孔和冲孔两种方法。钻孔是钢结构制造中普遍采用的方法，能用于几乎任何规格的钢板、型钢的孔加工。钻孔的原理是切削，其制孔的精度高，对孔壁伤害较小。冲孔一般只用于较薄钢板的非圆孔的加工，而且要求孔径一般不小于钢材的厚度。冲孔效率虽高，但对孔的周围产生冷作硬化，孔壁质量差，现已很少采用。

数控钻孔视频

钻孔有人工钻孔和机床钻孔两种，如图 6.18 所示。前者多用于钻直径较小、料较薄的孔；后者制孔方便快捷，精度高。用机床钻孔时，应把加工件放平夹紧，尽量成叠钻孔。

（a）手工钻孔

（b）摇臂钻床

（c）数控钻床

图 6.18 现场钻孔图形

2)制孔的质量

(1)精制螺栓孔

精制螺栓孔的直径应与螺栓公称直径相等。由于精制螺栓制作和安装复杂,价格较高,现已很少使用。

(2)普通螺栓孔

普通螺栓孔包括高强度螺栓孔、普通螺钉孔等。其孔径比螺栓杆公称直径大1~3 mm,其孔径允许偏差按钢结构有关验收规范执行。

6.3.7 摩擦面加工

本单层工业厂房中,厂房柱顶板与门式刚架梁端板用高强度螺栓连接,因此柱顶板与钢梁端板接触面应进行摩擦面加工处理。

高强度螺栓连接摩擦面的加工,可采用喷砂、抛丸和砂轮机打磨等方法。经处理的摩擦面应采取防油污和损伤保护措施。

制造厂和安装单位应分别以钢结构制造批进行抗滑移系数试验。制造批可按分部(子分部)工程划分规定的工程量,每2 000 t为一批,不足2 000 t的可视为一批。选用两种及以上表面处理工艺时,每种处理工艺应单独检验,每批3组试件。

抗滑移系数试验用的试件应由制造厂加工,试件与所代表的钢结构构件应为同一材质、同批制作、采用同一摩擦面处理工艺和具有相同的表面状态,并应用同批同一性能等级的高强度螺栓连接副。

试件钢板的厚度,应根据钢结构工程中有代表性的钢板厚度来确定。试件板面应平整、无油污,孔和板的边缘无飞边、毛刺。

制作厂应在钢结构制作的同时进行抗滑移系数试验,并出具报告。试验报告应写明试验方法和结果。

根据国家标准《钢结构高强度螺栓连接技术规程》(JGJ 82—2011)的要求或设计文件的规定制作的材质和处理方法相同的复验抗滑移系数用的试件,应与构件同时移交。

6.3.8 组装

组装也称为拼装、装配、组对等。组装工序是将制备完成的半成品和零部件按图样规定的运输单元,装配成单个构件或部件,然后形成可以独立运输的构件。

以本工程门式钢架焊接H型钢组对为例,讲解拼装注意事项。

①钢结构构件组装方法的选择,必须根据构件的结构特性和技术要求,结合制造厂的加工能力、机械设备等情况,选择能有效控制组装质量、生产效率高的方法进行。

②组装的零件、部件应经检查合格,连接面和沿焊缝边缘约50 mm范围内的铁锈、毛刺、污垢和冰雪等应清除干净。如图6.19所示为焊缝周围打磨现场。

③钢材的拼接应在组装前进行,构件的组装应在部件组装、焊接并矫正后进行。

④在平台上组装时,平台的平面高低差不得超过4 mm。

⑤构件的组装应根据结构形式、焊接方法和焊接顺序等因素,确定合理的组装顺序。

图 6.19　焊缝周围打磨

⑥除工艺要求外，零件组装的间隙不得大于 1.0 mm。对顶紧接触面应有 75% 以上的面积紧贴，用 0.3 mm 塞尺检查，其塞入面积不得大于 25%，边缘最大间隙不得大于 0.8 mm。

⑦吊车梁和吊车桁架不应下挠。检查方法为：构件直立，在两端支承后，用水准仪和钢尺检查。

⑧焊接 H 型钢的翼缘板拼接缝和腹板拼接缝的间隙应不小于 200 mm。翼缘板拼接长度应不小于 2 倍板宽；腹板拼接宽度应不小于 300 mm，长度应不小于 600 mm，焊接 H 型钢组对如图 6.20 所示。

图 6.20　焊接 H 型钢上翼缘、下翼缘、腹板组装

⑨组装时的定位点焊，所用点焊材料的牌号应与母材匹配。点焊高度不宜超过设计高度的 2/3。点焊缝长度一般为 20～40 mm，但最大不得超过 50 mm，点焊工作应由正式焊工进行操作。在拆卸夹具时不得损伤母材，并应对残留的焊疤进行打磨修整。定位点焊现场操作如图 6.21 所示。

H型钢组装视频

图6.21　焊接H型钢组装时的定位点焊

⑩端部铣平的允许偏差应符合表6.15的规定。

表6.15　端部铣平的允许偏差

项目	允许偏差/mm
两端铣平时构件长度	±2.0
两端铣平时零件长度	±0.5
铣平面的平面度	0.3
铣平面对轴线的垂直度	l/1 500

注：l 为杆件跨度。

⑪安装焊缝坡口的允许偏差应符合表6.16的规定。

表6.16　安装焊缝坡口的允许偏差

项目	允许偏差
坡口角度	±5°
钝边	±1.0 mm

⑫组装的隐蔽部位应在焊接和涂装检查合格后方可封闭。

⑬组装后应对构件进行检查，合格后方可焊接。

⑭当采用火焰矫正组焊后变形时，同一部位加热不宜超过两次，加热温度不得超过正火温度，低合金钢加热矫正后应缓慢冷却。

⑮钢柱组装时，柱底面到牛腿支承面间应预留焊接收缩量。

⑯钢构件外形尺寸主控项目的允许偏差应符合表6.17的规定。

表6.17　钢构件外形尺寸主控项目的允许偏差

项目	允许偏差/mm
单层柱、梁、桁架受力支托(支承面)表面至第一个安装孔距离	±1.0
多节柱铣平面至第一个安装孔距离	±1.0
实腹梁两端最外侧安装孔距离	±3.0
构件连接处的截面几何尺寸	±3.0
柱、梁连接处的腹板中心线偏移	2.0
受压构件(杆件)弯曲矢高	l/1 000,且不应大于10.0

注:l为构件长度。

6.3.9　焊接

1)自动埋弧焊

采用H型钢自动焊接生产线中门式船位埋弧焊进行焊接,如图6.22所示。焊接顺序如下:焊接前检查埋弧焊设备是否正常,加焊引弧板和引出板,完成埋弧焊焊接,确认焊剂、焊丝充足;焊接过程中及时观察焊接运行情况;焊缝焊接完毕后,及时清理焊缝表面缺陷,自检合格后在指定位置用钢印标志焊工号,并交专职检验人员进行目视检查。

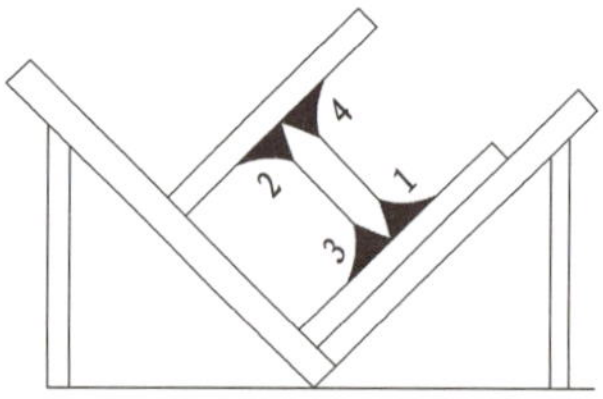

H型钢船位
焊接视频

图6.22　H型钢船位焊接(自动埋弧焊)示意图

2)焊后矫正

检查钢梁表面状况,清除一切杂物。采用型钢矫直机进行矫正时,观察矫正变形是否正常;每次矫正完毕,测量变形量,确定下次矫正量,直至矫正合格。如图6.23所示为焊接H型钢在型钢矫直机上进行矫正。

图6.23　型钢矫直机矫直焊接H型钢

H型钢矫直视频

矫正后,焊接H型钢的允许偏差见表6.18。

表6.18　焊接H型钢的矫正允许偏差

项目		允许偏差/mm	示意图
截面高度	$h<500$ mm	±2.0	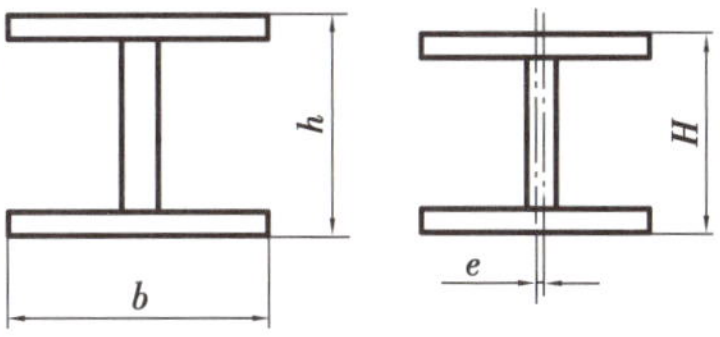
	$h\geqslant500$ mm	±3.0	
截面宽度(b)		±3.0	
腹板中心偏移(e)		2.0	
翼板垂直度(Δ)		$b/100$ 且不大于3.0	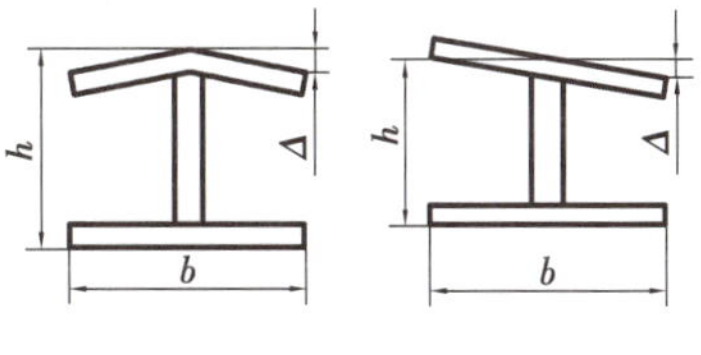
弯曲矢高		$L/1\ 000$ 且不大于5.0	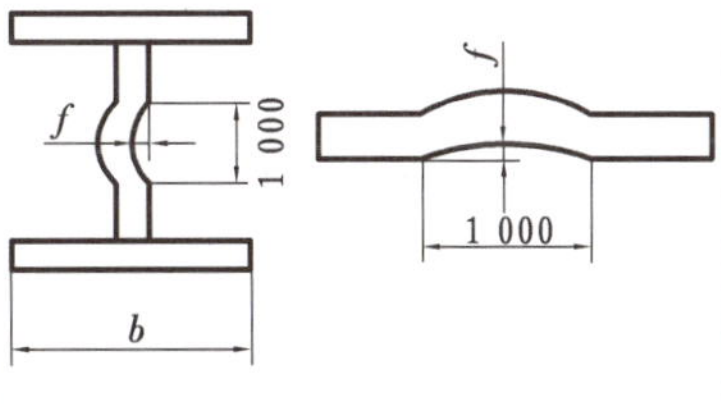
扭曲		$h/250$ 且不大于5.0	

续表

项目		允许偏差/mm	示意图
腹板局部平面度(f)	t(板厚) < 14 mm	3.0	
	t(板厚)≥14 mm	2.0	
焊接组装构件端部偏差		3.0	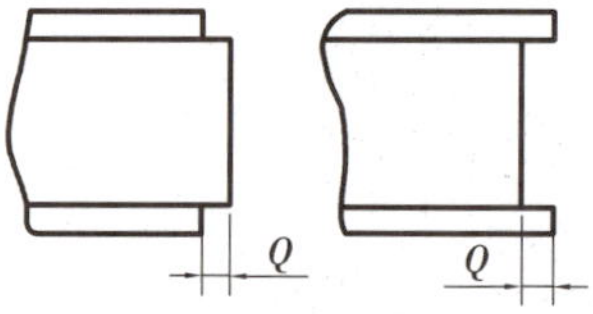

6.3.10 焊缝检测

1)外观检查

所有焊缝在焊缝金属冷却后进行外观检查,不能有裂纹、未熔合、焊瘤、夹渣、未填满弧坑及漏焊等缺陷,质量要求应符合《建筑钢结构焊接技术规程》(JGJ 81－2002)的规定。

2)无损检测(简称 NDT)

经外观检查合格的焊缝方能进行探伤,探伤应在焊接 24 h 后进行。

进行局部超声波探伤的焊缝,当发现裂纹或较多其他缺陷时,应扩大该条焊缝探伤范围,必要时可延长至全长。进行射线抽查探伤的焊缝,当发现超标缺陷时应加倍检验。

用射线和超声波(图 6.24)两种方法检验的焊缝,必须达到各自的质量要求,该焊缝方可认为合格。

图 6.24　焊缝无损检测(超声波探伤检测)

6.3.11　构件表面处理

构件进行表面处理时，应根据编制的涂装专项工艺规程进行，并符合图纸标准。

6.3.12　构件验收

1）构件验收前工作

①构件验收应在成品矫正合格后进行。

②成品构件应经制作单位检查符合设计要求和规定，并提交构件质量自检记录后由质检部门组织检验，合格后签发构件出厂合格证。

2）构件验收标准

①构件验收标准应符合《钢结构工程施工质量验收规范》（GB 50205—2001）的规定。

②焊接H型钢的验收标准应符合现行国家标准《焊接H型钢》的规定。

3）构件验收资料

钢构件出厂时，应提交下列资料：

a. 产品合格证；

b. 施工图的设计变更文件；

c. 制作中技术问题处理的协议文件；

d. 钢材连接材料和涂装材料的质量证明或试验报告；

e. 焊接工艺评定报告；

f. 高强度螺栓摩擦面抗滑移系数试验报告、焊缝无损检验报告及涂层检测资料；

g. 主要构件检验记录；

h. 预拼装记录；

i. 构件发运和包装清单。

构件验收资料表格

上述文件均作为建设单位的工程技术档案的一部分存档备份。上述内容并非所有工程都有，根据工程实际情况，按有关条款和工程合同规定的有关内容提供原始资料。

任务4　其他结构形式钢结构加工工艺

以高层钢框架结构中框架梁制作为例，讲解高层框架结构构件的制作工艺。

高层钢框架梁主要由上翼缘、下翼缘、腹板、加劲板及次梁连接板组成。

6.4.1　高层钢框架梁的制作工艺流程

高层钢框架梁的制作工艺流程如下：H型钢制作→加劲板制作→次梁连接板制作→高强度螺栓摩擦面处理→高强度螺栓孔定位及配钻，如图6.25所示。

6.4.2　接头部位的制作

接头部位的制作重点，主要是高强度螺栓连接部位、坡口连接部位。坡口处理已在前面叙述，此处重点讲解高强度螺栓连接处套模钻孔和摩擦面处理制作工艺。

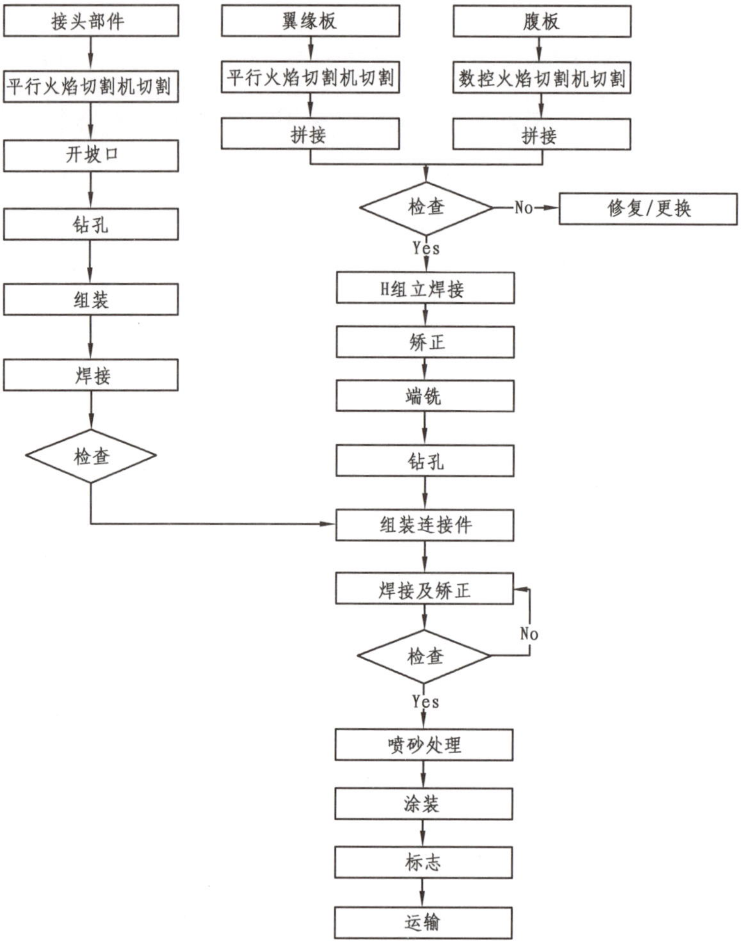

图6.25　高层钢框架梁制作工艺

1)钻孔设备

高强度螺栓孔采用钻孔的方法在数控平面钻床和摇臂钻床上进行,如图6.26所示。

图6.26　数控平面钻床制孔

2)制孔精度的要求

制孔精度的要求和高强度螺栓连接构件的孔距允许偏差分别见表6.19、表6.20。

表6.19　制孔精度的要求

<table>
<tr><th>序号</th><th>名 称</th><th colspan="8">公称直径及允许偏差/mm</th></tr>
<tr><td rowspan="2">1</td><td rowspan="2">螺 栓</td><td>公称直径</td><td>12</td><td>16</td><td>20</td><td>(22)</td><td>24</td><td>(27)</td><td>30</td></tr>
<tr><td>允许偏差</td><td colspan="2">±0.43</td><td colspan="3">±0.52</td><td colspan="2">±0.84</td></tr>
<tr><td rowspan="2">2</td><td rowspan="2">螺栓孔</td><td>直　径</td><td>13.5</td><td>17.5</td><td>22</td><td>(24)</td><td>26</td><td>(30)</td><td>33</td></tr>
<tr><td>允许偏差</td><td colspan="2">+0.43
0</td><td colspan="2">+0.52
0</td><td colspan="3">+0.84
0</td></tr>
<tr><td>3</td><td colspan="2">圆度(最大直径与最小直径之差)</td><td colspan="2">1.00</td><td colspan="5">1.50</td></tr>
<tr><td>4</td><td colspan="2">中心线倾斜度</td><td colspan="7">应不大于板厚的3%,且单层板不大于1.0 mm,多层组合不大于2.0 mm</td></tr>
</table>

表6.20　高强度螺栓连接构件的孔距允许偏差

序号	项目	螺栓孔距/mm			
		<500	500~1 200	1 200~3 000	>3 000
1	同一组内任意两孔之间	±1.0	±1.2	—	—
2	相邻两组的断控之间	±1.2	±1.5	+2.0	±3.0

3)套模钻孔

(1)样板制作

制孔采用样板套模钻孔,首件钻孔合格后,方能继续钻孔。套模用45#钢或合金钢T8、Gr13等材料进行车制,然后进行热处理,达到HRC35~40。整体钻套模制作应符合如下要求:

①相邻两孔中心距:±0.2 mm;

②两最外排孔中心距:±0.3 mm;

③两对角线两最外排孔中心距:±0.3 mm。

套模用样板如图6.27所示。

(2)钻孔

①套模钻孔在摇臂钻床上进行。

②零件板的钻孔采用板叠钻孔,其夹具一定要将板叠夹牢固。

③钻孔时,钻臂与工件应保持垂直。

套模钻孔的现场情况如图6.28所示。

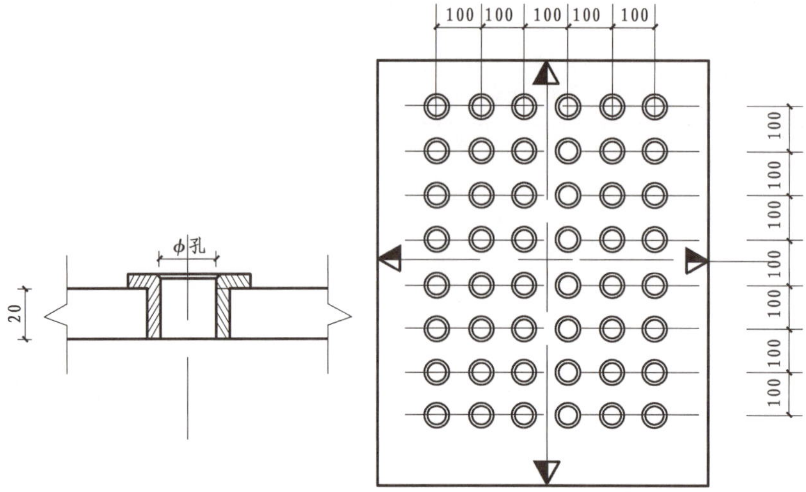

(a) 套模钻孔示意图

(b) 套模钻孔样板

图6.27　套模钻孔

图6.28　高强度螺栓利用样板套模钻孔

4)高强度螺栓连接摩擦面抗滑移系数的检验

(1)检验批的划分

制作前,摩擦面抗滑移系数试验应以钢结构制造批为单位,根据工程量每2 000 t为一批,不足2 000 t的可视为一批,每批3组试件;安装前,也应按上述工艺条件用相同的工艺进行复验。

(2)检验批的选定

摩擦面抗滑移系数试验(复验)用的试件由制作单位加工,试件所代表的钢结构构件应为同一材质、同批制作、采用同一摩擦面处理工艺和具有相同的表面状态,并应用同批、同一性能等级的高强度螺栓连接副,且在同一环境条件下存放。

(3)检验和复验要求

摩擦面抗滑移系数试验和复验结果均应符合设计要求,方可施工;否则,构件摩擦面应重新处理,直至符合设计要求。

(4)试件规格要求

摩擦面抗滑移系数试验、复验用试件规格要求如表6.21和图6.29所示。

表6.21 摩擦面抗滑移系数试验试件规格 单位:mm

螺栓规格(d)	芯板(δ_1)	侧板(δ_2)	板宽(b)	边距(a_1)	孔距(a)
16	16	8	75	40	60
20	20	10	100	50	70
22	22	12	105	55	80
24	25	14	110	60	90

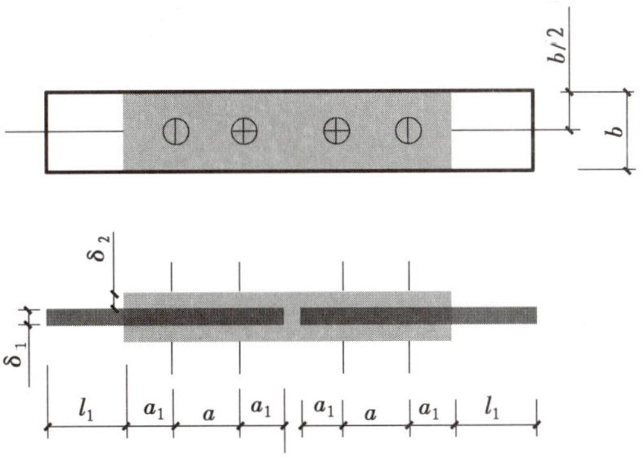

图6.29 高强度螺栓接触面抗滑移试件

5)摩擦面处理

(1)摩擦面处理要求

高强度螺栓连接部分的摩擦面处理,必须达到设计文件所规定的摩擦系数值(Q235系数值为0.45,Q345系数值为0.50)。

(2)摩擦面处理方法

处理摩擦面的方法:采用喷砂后生赤锈。

(3)摩擦面四周处理要求

摩擦面的处理范围应不小于螺栓直径的4倍,表面应无明显不平或飞边毛刺、油污和油漆等脏物。

6.4.3 翼缘板、腹板的制作

1)钢板的矫平

采用九辊钢板矫平机对钢板进行矫平。矫平的目的是消除钢板的残余变形和减少轧制内应力,从而可以减少制造过程中的变形,这是保证板件平面度的必要工艺。

2)钢板的预处理

钢板的预处理是采用专用钢板预处理生产线对钢板进行除锈,喷底漆和烘干,保证钢材的除锈质量达到Sa2.5级。

钢板预处理的目的是为了使加工成型后的钢板整体喷丸除锈难度降低,对于损坏处的底漆只需补涂即可。其工艺流程按自动喷丸→自动除尘→自动喷漆→自动烘干的流程进行,如图6.30所示。

图6.30 钢板预处理

3)钢板拼接

(1)原材料拼接原则

H型钢翼缘板只允许长度拼接,不允许宽度拼接,腹板拼接允许十字形或T形交叉拼接;其拼接的最小长度不宜小于40倍的板厚,也不小于600 mm;其拼接最小宽度不宜小于20倍的板厚,也不小于300 mm;T形拼接焊缝交叉点的间距不小于200 mm。翼缘板和腹板对接焊缝不应设在同一截面,应互相错开200 mm以上,并应尽量避免在内力较大的区段内拼接。

(2)原材料拼接焊接要求

钢板拼接时应采用引弧板、熄弧板(其材质、厚度、坡口与主材相同),并保证焊透。引弧板、熄弧板切割时,应用磨光机磨平接缝两端的焊疤。焊缝余高不得超过2 mm且不低于母材表面,余高超出2 mm时要用磨光机进行修磨,低于母材表面时要进行焊补,拼接焊缝按一级焊缝要求。焊接:拼接缝的焊接,先用焊条电弧焊进行打底焊接,然后用埋弧自动焊焊接;焊接完毕,在反面气刨、打磨清根。焊接前应将坡口和施焊表面上熔渣、油污、铁锈和其他影响焊接质量的杂物清理干净。拼接 24 h 之后要进行无损探伤检测。钢板拼接时，当钢板厚度 12 mm≤δ<20 mm 时采用单面坡口全熔透焊接，坡口的角度和为 60°，误差为 ±5°，钝边为 4 mm；当钢板厚度 δ≥20 mm 时采用双面 X 形坡口全熔透焊接，坡口的角度和为 60°，钝边为 4 mm。腹板的拼接长度应不小于 600 mm，翼板拼接长度应不小于 2 倍的板宽。

钢板拼接焊接的参数见表 6.22。

表 6.22　钢板拼接焊接参数

工件厚度/mm	坡口形式	焊丝直径/mm	焊接顺序	焊接电流/A	电弧电压/V	焊接速度/(cm·min^{-1})
14	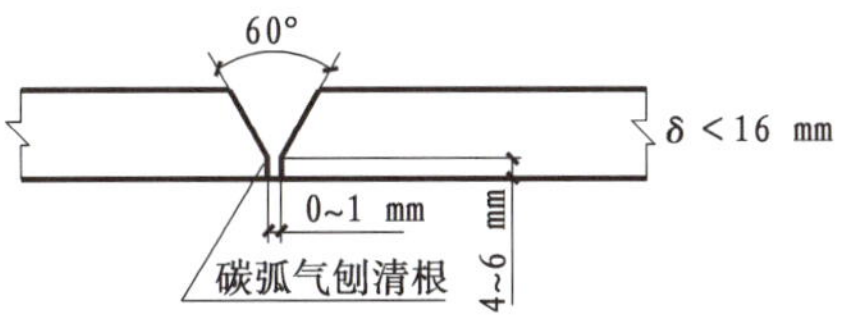	5	正	830 ~ 850	36 ~ 38	41.8
		5	反	600 ~ 620	36 ~ 38	75.2
16		5	正	830 ~ 850	36 ~ 38	33.4
		5	反	600 ~ 620	36 ~ 38	75.2
18	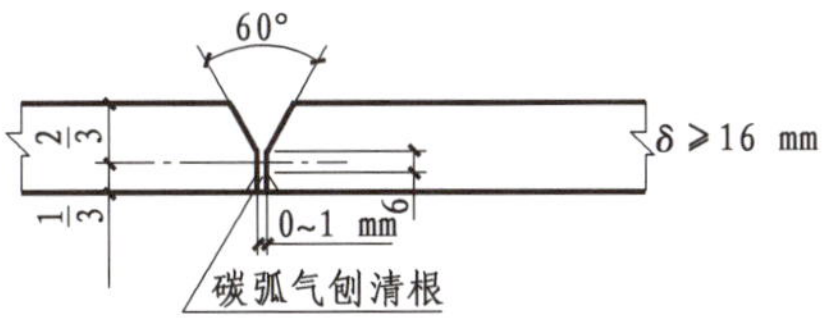	5	正	830 ~ 860	36 ~ 38	33.4
		5	反	600 ~ 620	36 ~ 38	75.2
22		6	正	1 050 ~ 1 150	38 ~ 40	30.1
		5	反	600 ~ 620	36 ~ 38	75.2
24		6	正	1 100	38 ~ 40	40.1
		5	反	800	36 ~ 38	43.4
30		6	正	1 000 ~ 1 100	38 ~ 40	30.1
		6	反	900 ~ 1 000	36 ~ 38	33.4

4) 大型 H 型钢柱排版设计

对所有的钢材和型材而言，在同一个工程中通过排版达到使用率最高，减少其拼接量和焊缝长度，最终达到降低成本的目的。

在同一个工程中，一般同一厚度的板有很多种尺寸(长 × 宽)，且其几何尺寸多为不规则图形，对同一规格不同尺寸的材料进行统筹考虑可达到一个最佳的排列效果，从而提高利用率、降低损耗。

统筹组合有以下两种途径：

①根据用户提供的零件尺寸选择最合适的材料长度和宽度。

②根据已有的材料规格，对不规则的零件进行最佳组合。

根据图纸尺寸进行钢板排版设计，排版时预留焊接收缩余量和加工余量，余量为 25 ~ 30 mm，排版设计图如图 6.31 所示。

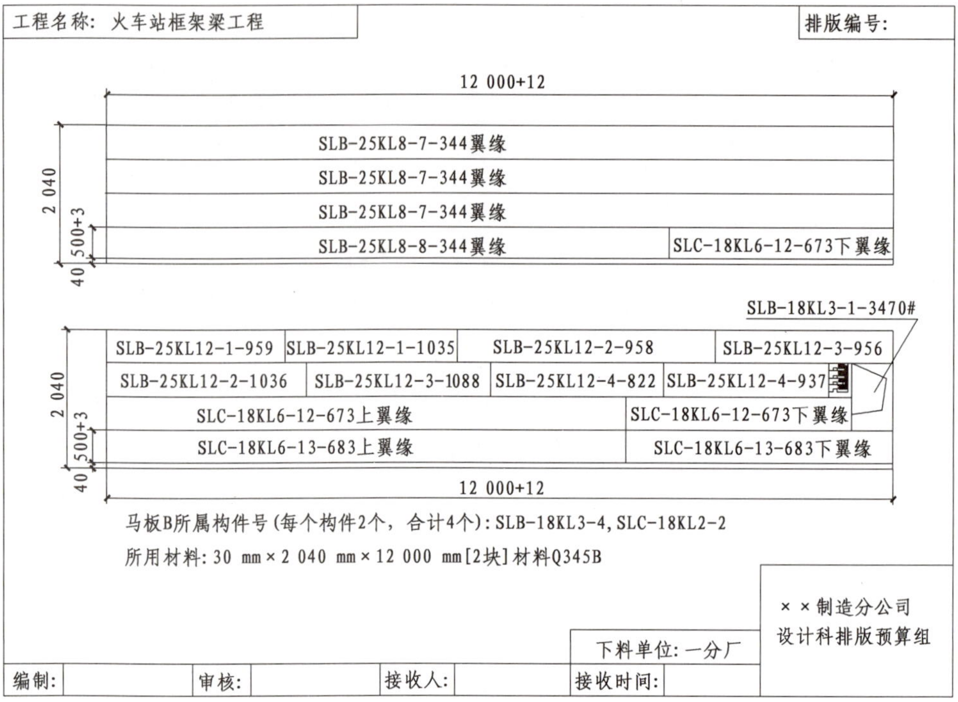

图6.31　钢板排版设计图

5)材料拼接

材料不得随意拼接，如确需拼接需经批准后进行，并按材料拼接原则对翼板、腹板进行拼接。钢材的拼接原则如下：

①接头应设置在受力较小的地方(且每个构件最多只能对接一次)。

②等强度拼接。

③焊接H型钢的翼板拼接长度大于2倍板宽；腹板的拼接宽度大于300 mm，长度大于600 mm，并与钢板轧制方向一致。拼接、焊接必须在焊接H型钢组装前进行，焊接按焊接工艺要求进行。

④热轧制H型钢的对接位置 >1 m且 $<1/3L$ 处，同时节点部位距拼接处必须 >100 mm，焊接按焊接工艺要求进行，焊接探伤合格后进行锁口。

课后思考题

1. 图纸自审的主要内容有哪些？
2. 工艺规程编制的内容有哪些？
3. 简述钢结构构件的加工工序。
4. 焊接H型钢拼接应满足哪些要求？
5. 高层钢框架梁的制作工艺流程有哪些？
6. 钢结构原材料拼接的原则是什么？

项目7　某单层工业厂房钢结构焊接工艺

本单层工业厂房焊接要求，见图纸总说明中第7.2条，如图7.1所示。

7.2　焊接：

7.2.1　焊接时应选择合理的焊接工艺及焊接顺序，以减小钢结构中产生的焊接应力和焊接变形。

7.2.2　型钢因焊接产生的变形应以机械或火焰矫正调直，具体做法应符合GB 50205的相关规定。

7.2.3　钢板与钢板间的焊接材料选用如下：

钢号 \ 焊接材料 \ 焊接类型	CO_2 气体保护焊	手工电弧焊	自动埋弧焊（焊剂、焊丝）
Q235与Q235	E43××	ER49-1	F4A0-H08A
Q345与Q345	E50××	ER50-3	F5014-H08MnA
Q235与Q345	E43××	ER49-1	F4A0-H08A

7.2.4　选用的焊条（焊丝、焊剂）型号应与主体金属力学性能相适应。

图7.1　某单层工业厂房焊接要求

本项目分为3个工作任务，讲解单层工业厂房的焊接工艺。

任务1　某单层工业厂房焊接方法分类

钢结构的焊接方法有电弧焊、电阻焊和气焊。常用的电弧焊包括手工电弧焊、自动埋弧焊、半自动埋弧焊、气体保护焊等。

7.1.1　手工电弧焊

1）焊接的设备和材料

手工电弧焊的主要设备有交流焊机、直流焊机、交直流焊机、焊钳；手工电弧焊的主要材料是焊条。

2)焊接原理

在焊接过程中,焊条通过焊钳作为一个电极与焊机相连,被焊构件作为一个电极与焊机相连。通电后,在涂有药皮的焊条与焊件之间产生电弧,电弧的温度可达3 000 ℃。在高温作用下,电弧周围的金属变成液态,形成熔池。同时,焊条中的焊丝很快熔化形成熔滴,滴入熔池中,与焊件的熔融金属相互融合,冷却后即形成焊缝。焊条药皮则在焊接过程中产生气体,保护电弧和融合金属,并形成熔渣覆盖着焊缝,防止空气中的氧、氮等有害气体与熔化金属接触而形成易脆的化合物。

图7.2　手工电弧焊(H型钢定位点焊)

3)适用范围

手工电弧焊的设备简单,操作灵活方便,适合任意空间位置的焊接,特别适合于焊接短焊缝。但其生产效率低,劳动强度大,焊接质量取决于焊工的技术水平,现已很少使用。

4)实际应用

在本单层工业厂房施工中,使用手工电弧焊的部位为:焊接H型钢定位点焊(图7.2)、构件现场安装连接部位、现场安装焊缝、连接板焊接等。

5)焊条种类

手工电弧焊所用焊条应与焊接钢材(或主体金属)相适应。焊条的具体适用范围见表7.1。

表7.1　各材质钢所匹配的焊条

材质	焊条
Q235	E43型焊条(E4300~4328)
Q345	E50型焊条(E5000~5048)
Q390、Q420	E55型焊条(E5500~5518)
不同材质相连(如Q235与Q345连接时)	宜采用与低强度钢材相适应的焊条(E43型焊条)

本单层工业厂房中,焊条选用如图7.1中表格所示。

7.1.2　自动(半自动)焊

自动(半自动)焊可分为电弧焊和埋弧焊两大类。

1)自动(半自动)电弧焊

半自动电弧焊通常是指带送丝机的手工电弧焊,就是用焊丝来焊接的,焊丝的送进靠自动送出,但焊枪沿焊缝移动靠手工移动,常见的MIG、7IG、CO_2都是半自动焊,如图7.3所示。如果把以上几种焊接的焊枪放到自动行走的小车上,或者机器人手臂上,所进行的焊接即为全自动焊接。

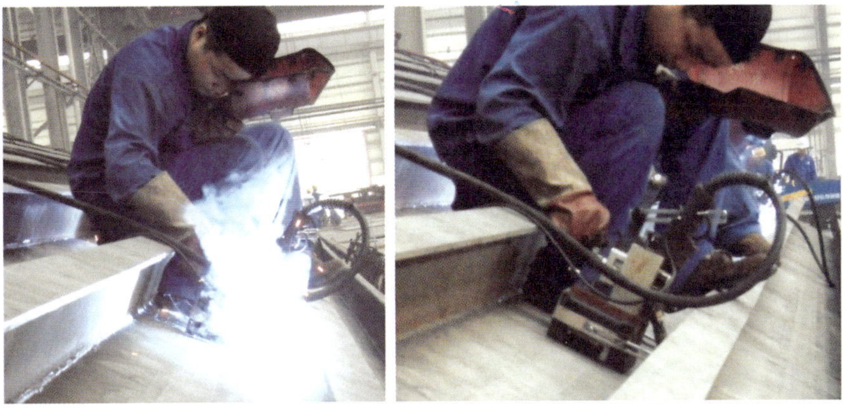

图7.3 半自动电弧焊

2)自动(半自动)埋弧焊

自动埋弧焊接在钢构件制作厂应用十分广泛,主要应用在钢板的对接焊中,焊缝要求较长且平直,对接的两块钢板打I/Y/X形坡口,对接间隙为0~1 mm;先撒焊药到焊缝,再用自动焊接机用焊丝将焊缝填充,由于没有弧光外射且运行平稳,所以焊接质量得到有效保证,可以实现双面成形,如图7.4所示。

图7.4 自动埋弧焊

自动埋弧焊视频

半自动埋弧焊就是焊接机靠人工移动,但填充焊丝和焊接是自动的,其他与自动焊接相同,如图7.5所示。

除此之外,焊接方式还有多焊头焊接等。多焊头焊接就是有两个以上焊头同时焊接多个焊缝,可以焊接平行的几条焊缝,同时对接好几块钢板。这个技术难度大,制作厂不常用。

3)实际应用

在本单层工业厂房中,焊接H型钢翼缘、腹板之间的焊缝,优先采用自动埋弧焊(图7.4);在钢板材料拼接中,优先采用半自动埋弧焊(图7.5)。

图 7.5　半自动埋弧焊

半自动埋弧焊视频

7.1.3　气体保护焊

利用气体作为电弧介质并保护电弧和焊接区的电弧焊称为气体保护电弧焊，简称气体保护焊。气体保护焊由焊接电源、送丝系统、焊枪、保护气体组成。其中，保护气体有惰性气体（如纯 Ar）、富 Ar 和氧化性气体（如 CO_2）等。

①焊接电源：熔化极气体保护焊通常采用直流焊接电源，目前生产中使用较多的是弧焊整流器式直流电源。

②送丝系统：通常是由送丝机（包括电动机、减速器、校直轮、送丝轮）、送丝软管、焊丝盘等组成。盘绕在焊丝盘上的焊丝经过校直轮和送丝轮送往焊枪。

图 7.6　二氧化碳气体保护焊

③焊枪：熔化极气体保护焊的焊枪分为半自动焊枪（手握式）和全自动焊枪（安装在机械装置上）。在焊枪内部装有导电嘴（紫铜或铬铜等）。焊枪还有一个向焊接区输送保护气体的通道和喷嘴。喷嘴和导电嘴根据需要都可以方便地更换。

④供气系统：通常与钨极氩弧焊相似，对于 CO_2 气体，通常还需要安装预热器和干燥器，以吸收气体中的水分，防止焊缝中生成气孔。对于熔化极活性气体保护焊还需要安装气体混合装置，先将气体混合均匀，然后再送入焊枪。

⑤控制系统：控制系统由焊接参数控制系统和焊接过程程序控制系统组成。焊接参数控制系统主要包括焊接电源输出调节系统、送丝速度调节系统、小车（或工作台）行走速度调节系统（自动焊）和气流量调节系统。它们的作用是在焊前或焊接过程中调节焊接电流或电压、送丝速度、焊接速度和气流量的大小。

二氧化碳气体保护焊可分为半自动焊和自动焊。二氧化碳气体保护焊的半自动焊是指送丝过程是自动的,其他过程是人工操作的,如图7.6所示。二氧化碳气体保护焊的自动焊可分为自动焊和全智能自动焊,一般的自动焊是指操作者下指令(如按下焊接开始或停止按钮等)或按给定程序来控制焊接的开始和停止,其他过程都是自动完成的。全智能自动焊则由机器全部自动完成全过程,如焊接机器人或焊接机械手等。

任务2 某单层工业厂房焊缝缺陷及焊接变形

7.2.1 焊缝缺陷

焊缝缺陷是指焊接过程中产生于焊接金属或附近影响区钢材表面和内部的缺陷。

焊缝缺陷是影响焊缝质量的主要因素,可分为外部缺陷和内部缺陷两种。外部缺陷位于焊缝表面,用肉眼或低倍放大镜可以看到,如焊缝尺寸不合格、咬边、焊瘤、弧坑、表面裂纹等。内部缺陷位于焊缝内部,这类缺陷用探伤方法来发现,如未焊透、内部气孔、内部裂纹、夹渣等。焊缝缺陷如图7.7所示。

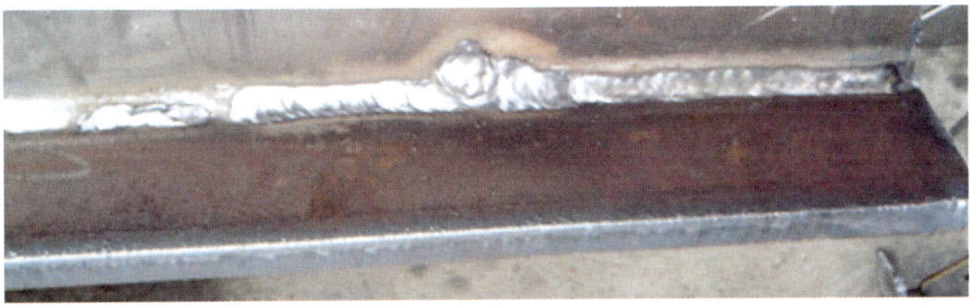

(a)焊瘤

(b)气孔

图7.7 焊缝缺陷

外部焊缝质量合格后,还需进行内部缺陷超声波检测,如图7.8、图7.9所示。

当超声波检测出缺陷时,需局部返修,如图7.10所示。缺陷可能是因为一个地方内部存在气孔或夹渣。这种局部返修范围较小,需用氧气乙炔火焰将有缺陷的焊缝熔化吹掉,然后再重新焊接、重新检测,直至合格为止。

图 7.8　焊缝外部合格

图 7.9　现场超声波检测焊缝内部缺陷

图 7.10　焊缝内部局部有缺陷(需返修)

7.2.2　焊接变形

在焊接过程中,由于不均匀的加热和冷却,焊接区在纵向和横向收缩时,容易导致构件产生局部鼓曲、弯曲、歪曲和扭转等变形。焊接变形如图 7.11 所示。

(a)焊接引起的局部弯曲变形

(b)焊接引起的角度变形

(c)焊接引起的平面度变形

图7.11　焊接变形

减少焊接变形主要有如下措施：

(1)设计措施

①焊接位置要合理安排，尽可能使焊缝对称于构件截面的中和轴，以减少焊接变形。

②采用适宜的焊脚尺寸和焊缝长度。

③焊缝不宜过分集中。因为焊缝集中，热量也会高度集中，易引起过大的焊接变形，同时焊缝及主体金属也会发生组织改变。

④尽量避免两条或三条焊缝垂直交叉。例如，梁腹板加劲肋与腹板及翼缘的连接焊缝应中断，以保证主要焊缝(翼缘与腹板的连接焊缝)连续通过，如图7.12所示。

(2)工艺措施

①采用合理的施焊顺序。例如，钢板对接时应采用分段退焊，厚焊缝采用分层焊，工字形截面按对角跳焊、钢板分块拼接等，如图7.13所示。

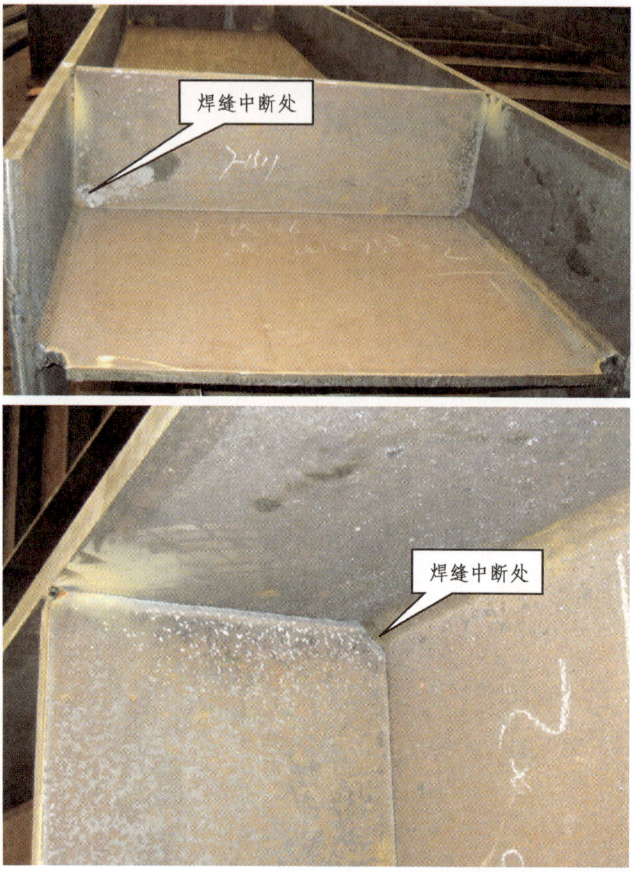

图 7.12　加劲肋焊缝中断图片

②采用反变形。施焊前给构件一个与焊接变形反方向的预变形，使之与焊接所引起的变形相抵消，从而达到减小焊接变形的目的，如图 7.14 所示。

③对于小尺寸焊件，需焊前预热或焊后热处理，也可消除焊接应力和焊接变形。

图 7.13　厚焊缝采用分层焊

图 7.14　构件固定在反变形胎架上焊接

任务 3　某单层工业厂房焊接工艺评定

①焊条、焊丝、焊剂、电渣焊熔嘴等焊接材料与母材的匹配应符合设计要求及国家标准《钢结构焊接规程》(GB 50661—2011)的规定。焊条、焊剂、药芯焊丝、熔嘴等在使用前,应按其产品说明书及焊接工艺文件的规定进行烘焙和存放(图 7.15)。

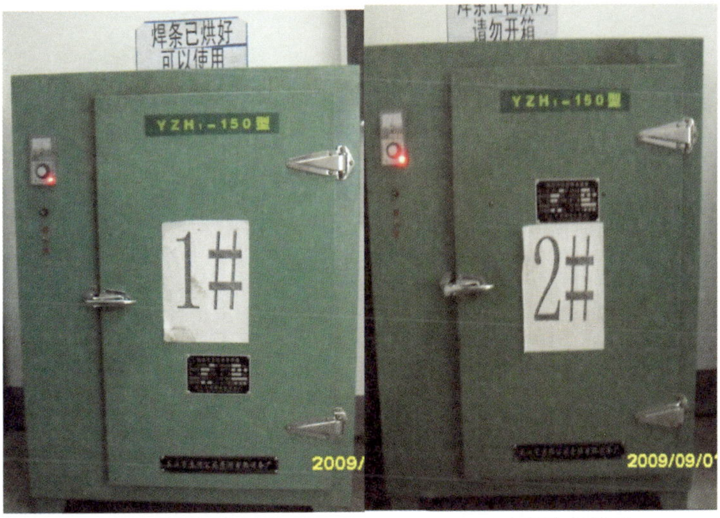

(a)已烘焙好的焊条　　(b)正在烘焙的焊条

图 7.15　焊条烘焙

- 检查数量:全数检查。
- 检验方法:检查质量证明书和烘焙记录。

②焊工必须经考试合格并取得合格证书。持证焊工必须在其考试合格项目及其认可范围内施焊。

- 检查数量:全数检查。
- 检验方法:检查焊工合格证及其认可范围、有效期。

③施工单位对其首次采用的钢材、焊接材料、焊接方法、焊后热处理等,应进行焊接工艺评定,并应根据评定报告确定焊接工艺。

- 检查数量:全数检查。
- 检验方法:检查焊接工艺评定报告。

④设计要求全焊透的一、二级焊缝应采用超声波探伤进行内部缺陷的检验。超声波探伤不能对缺陷作出判断时,应采用射线探伤,其内部缺陷分级及探伤方法应符合现行国家标准《焊接无损检测　超声检测　技术、检测等级和评定》(GB/T 11345—2013)或《金属熔化焊焊接接头射线照相》(GB/T 3323—2005)的规定。

焊接球节点网架焊缝,螺栓球节点网架焊缝及圆管 T、K、Y 形点相贯线焊缝,内部缺陷分级及探伤方法应分别符合国家现行标准《钢结构超声波探伤及质量分级法》(GB/T 203—2007)、《钢结构焊接规程》(GB 50661—2011)的规定。

- 检查数量:全数检查。
- 检验方法:检查超声波或射线探伤记录。

⑤T 形接头、十字接头、角接接头等要求熔透的对接和角对接组合焊缝,其焊脚尺寸不应小于 $t/4$(t 为厚度);设计有疲劳验算要求的吊车梁或类似构件的腹板与上翼缘连接焊缝的焊脚尺寸为 $t/2$,且不应小于 10 mm。焊脚尺寸的允许偏差为 0 ~ 4 mm。

- 检查数量:资料全数检查;同类焊缝抽查 10%,且不应少于 3 条。
- 检验方法:观察检查,用焊缝量规抽查测量。

⑥焊缝表面不得有裂纹、焊瘤等缺陷。一级、二级焊缝不得有表面气孔、夹渣、弧坑裂纹、电弧擦伤等缺陷;且一级焊缝不允许有咬边、未焊满、根部收缩等缺陷。

- 检查数量:每批同类构件抽查 10%,且不应少于 3 件;被抽查的构件中,每一类型焊缝按条数抽查 5%,且不应少于 1 条;每条检查 1 处,总抽查数不应少于 10 处。
- 检验方法:观察检查或使用放大镜、焊缝量规和钢尺检查,当存在疑似缺陷时,采用渗透或磁粉探伤检查。

⑦焊缝无损检测。无损检验,又简称为焊缝探伤,包括超声波、X 射线、磁粉、渗透等检测。

焊缝无损检测相关要求如下:

a. 超声波、X 射线探伤的部位均以片位计算,每个片位长 300 mm,不足 300 mm 的以一个片位计。

b. 经外观检查合格的焊缝方能进行探伤,探伤应在焊接 24 h 后进行。

c. 进行局部超声波探伤的焊缝,当发现裂纹或较多其他缺陷时,应扩大该条焊缝探伤范围,必要时可延长至全长。进行射线抽查探伤的焊缝,当发现超标缺陷时应加倍检验。

d. 用射线和超声波两种方法检验的焊缝,必须达到各自的质量要求,该焊缝方可认为合格。

⑧焊缝缺陷的补修：

a. 重要焊缝的修补（如裂纹等），必须先查明原因，经质检人员和主管技术人员确认后进行，并作好记录。

b. 焊波、余高超标、焊缝咬边≤1 mm 时，用砂轮机修磨匀顺。

c. 焊缝内部缺陷的返修应采用碳弧气刨或其他机械方法清除焊接缺陷，在清除缺陷时应刨出利于返修焊的坡口，并用砂轮磨掉坡口表面的氧化皮，露出金属光泽，再采用手工电弧焊施焊。

d. 返修焊缝焊后均要求打磨光顺，并按原质量要求重新复检，返修焊缝的最小长度不小于 50 mm。

e. 同一部位的焊缝返修次数不宜超过两次；返修次数超过两次的，应先查明原因，并制订相应的返修工艺，返修工艺须经技术负责人签认后才能实施。

课后思考题

1. 简述钢结构焊接方法及其适用范围。
2. 钢结构的哪些部位适宜使用手工电弧焊？
3. 焊缝常见的缺陷有哪些？
4. 减少焊接变形的措施有哪些？
5. 焊缝缺陷该如何修补？

项目 8 某单层工业厂房钢结构涂装工艺

本单层工业厂房涂装要求，见图纸总说明中“第十条 钢结构涂装”，涂装要求如图 8.1 所示。

层别	油漆名称	遍数	漆膜厚度/μm	使用条件
底漆	GZH204 无机磷酸盐富锌重防腐底漆	1	30	喷射或抛丸
中漆	GZH206 改性环氧云铁中间漆	2	40	
面漆	TH-CM04 醇酸磁漆（灰色）	2	50	
		5	120	

图 8.1 涂装要求

本项目分 3 个工作任务，分别阐述钢结构涂装工艺。

任务 1 某单层工业厂房钢结构表面除锈方法和等级

钢结构表面除锈等级应符合设计要求，且应与设计采用的涂料相适应，其质量应符合现行国家标准《涂覆涂料前钢材表面处理 表面清洁度的目视评定 第 1 部分：未涂覆过的钢材表面和全面清除原有涂层后的钢材表面的锈蚀和处理等级》（GB/T 8923.1—2011）的规定。

8.1.1 喷射清理

对喷射清理的表面处理，用字母“Sa”表示，喷射清理等级描述见表 8.1。喷射清理前，应铲除全部厚锈层，可见的油脂和污物也应清除；喷射清理后，应清除表面的浮灰和碎屑。

表 8.1 喷射清理等级

清理等级	描述
Sa1 轻度的喷射清理	在不放大的情况下观察时，表面应无可见的油脂、污物，并且没有附着不牢的氧化皮、铁锈、涂层和外来杂质

续表

清理等级	描述
Sa2 彻底的喷射清理	在不放大的情况下观察时，表面应无可见的油脂和污物，并且几乎没有氧化皮、铁锈、涂层和外来杂质；任何残留污染物应附着牢固
Sa2.5 非常彻底的喷射清理	在不放大的情况下观察时，表面应无可见的油脂和污物，并且没有氧化皮、铁锈、涂层和外来杂质；任何残留污染物应仅呈现为点状或条纹状的轻微色斑
Sa3 使钢材表面洁净的喷射清理	在不放大的情况下观察时，表面应无可见的油脂和污物，并且没有氧化皮、铁锈、涂层和外来杂质；该表面应具有均匀的金属色泽

8.1.2 手工和动力工具清理

对手工和动力工具清理，例如刮、手工刷、机械刷和打磨等表面处理，用字母“St”表示。手工和动力工具清理等级描述见表8.2。

手工和动力工具清理前，应铲除全部厚涂层，可见的油脂和污物也应清除。手工和动力工具清理后，应清除表面的浮灰和碎屑。

表8.2 手工和动力工具清理等级

清理等级	描述
St2 彻底的手工和动力工具清理	在不放大的情况下观察时，表面应无可见的油脂和污物，并且没有附着不牢的氧化皮、铁锈、涂层和外来杂质
St3 非常彻底的手工和动力工具清理	同St2，但表面处理应彻底得多，表面应具有金属底材的光泽

工厂通常用通过式抛丸机，对桁架进行抛丸除锈，如图8.2所示。

图8.2 通过式抛丸机

8.1.3 酸洗除锈

1)原理

利用酸洗液中的酸与金属氧化物进行化学反应,使金属氧化物溶解,形成金属盐并溶于酸洗液中,从而除去金属表面的氧化物及锈。酸洗除锈质量比手工和动力机械除锈的质量高,与喷射方法除锈质量等级 Sa2.5 基本相当,但酸洗后的表面不能造成像喷射除锈后形成适应于涂层附着的表面粗糙度。

2)优缺点

酸洗除锈的优点是:可以满足除锈质量要求,而且效率高、费用低。

酸洗除锈的缺点是:产生的酸雾对人和建筑物有害,一次性投资费用较大,工艺过程也较多,若最后一道清洗工序不彻底,将对涂层质量有严重的影响。

任务 2 某单层工业厂房钢结构涂装施工方法

8.2.1 钢结构防腐涂装作业条件的一般规定

①钢结构除锈、防腐涂装工序应在钢结构构件组装、焊接、构件的隐蔽部位、预拼装或钢结构安装检验批施工质量验收合格后进行。

②钢结构涂装应编制涂装施工工艺,其内容包括除锈防腐、除锈等级、涂料种类、配置方法、涂装顺序和方法、安全防护、检验方法等,并作好施工记录及检验记录。

③钢材表面应清理干净,除锈后应立即喷涂一道车间底漆。

④不得使用带锈防锈漆代替除锈和底漆。

⑤涂装时的环境温度和相对湿度应符合涂装产品说明书的要求。

⑥涂装前应对施工人员进行专业培训、工艺交底,熟悉相关涂料性能和操作方法。

8.2.2 涂装的工艺流程和方法

1)工艺流程

涂装的工艺流程为:除锈→底漆→中间漆→面漆→检查验收。

2)涂装方法

(1)涂装前的施工准备

涂装前环境温度和湿度应遵照涂料产品说明:环境湿度一般应在相对湿度小于 80% 的条件下进行,具体应按照产品说明书的规定执行。在雾、雪较大时,必须采用适当的防护措施,方可进行涂装施工。

(2)涂装时需注意事项

①设计中注明不涂装的部位,如地脚螺栓和底板、高强度螺栓连接接触面与混凝土紧贴或埋入的部位、安装焊缝 30 ~ 50 mm 内等,为防止误涂,在涂装前必须进行遮蔽保

护，待安装完成后再补涂。

②涂装过程中，应控制油漆的黏度，兑制时应充分搅拌，使油漆色泽均匀一致。

③涂装须安排合理的施工方法和施工顺序，对保证涂装质量、施工进度、节约材料和降低成本有很大作用。

(3)涂装的施工方法

目前常用的施工方法有刷涂法、手工滚涂法、浸涂法、空气喷涂法、雾气喷涂法。各种方法的适用范围及优缺点等见表8.3。

表8.3　各涂装施工方法的适用范围及优缺点

施工方法	适用的涂料			被涂物	适用工具或设备	优缺点
	干燥速度	物理性能	品种			
刷涂法	干性较慢	塑性小	油性漆、酚醛漆、醇酸漆	一般构件及建筑物、各种设备及管道等	各种毛刷	优点：投资少、施工方法简单，适用于各种形状、大小面积涂装；缺点：装饰性差，施工效率低
手工滚涂法	干性较慢	塑性小	油性漆、酚醛漆、醇酸漆	一般大型平面的构件和管道等	滚筒刷子	优点：投资少、施工方法简单，适用于大面积涂装；缺点是装饰性差，施工效率低
浸涂法	干性适当、流平性好、干燥速度适中	触变性小	各种合成树脂涂料	小型零件、设备和机械部件	浸漆槽、离心真空设备	优点：设备投资少、施工方法简单、涂料损失少，适用于构造复杂的构件；缺点：流平性不好，有流坠现象，溶剂易挥发
空气喷涂法	挥发快、干燥适宜	黏度小	各种硝基漆、橡胶漆、过氯乙烯漆、聚氨酯漆等	各种大型构件、设备和管道	喷枪、空气压缩机、油水分离器等	优点：施工效率较刷涂法高；缺点：设备投资多，施工方法较复杂、损耗涂料和溶剂量大，污染现场，易引起火灾
雾气喷涂法	具有高沸点溶剂的涂料	高不挥发性	原浆型涂料和高不挥发性涂料	各种大型构件、桥梁、管道、车辆、船舶等	高压雾气喷枪、空气压缩机等	优点：施工效率比空气喷涂法高，能获得厚涂层；缺点：设备投资多，施工方法较复杂，损失部分涂料，装饰性较差

任务3　某单层工业厂房涂装工艺案例解析

8.3.1　工程概况

1)概述

本任务主要对某单层工业厂房钢结构部分防腐油漆进行案例解析。

2)具体施工范围及工程量

需防腐处理的钢结构工程量为550 t。

构件表面利用喷丸机除锈,油漆要求见工程设计图纸(总说明中会明确油漆要求)。

8.3.2　编制依据

本工程涂装工艺要求的编制依据为:

①某单层工业厂房施工图纸;

②《钢结构工程施工质量验收规范》(GB 50205—2001);

③《建筑钢结构防腐蚀技术规程》(JGJ/T 251—2011)。

8.3.3　本专业工程特点

①油漆材料质量要求高,施工工序要求严格。

②除锈及涂刷油漆对空气相对湿度要求严格,因其直接关系到油漆表面光洁度和油漆的附着力。

③油漆颜色调配要求精度高。

8.3.4　施工条件

①工程管理人员需持证上岗。

②油漆作业培训并体检合格后方可进入施工现场。

③机械设备准备齐全并到位。

④安全及技术交底进行完毕。

⑤材料到位并检查合格。

8.3.5　人员安排

1)组织机构图

涂装工程组织机构图如图8.3所示。

2)劳动力安排

涂装工程劳动力安排见表8.4。

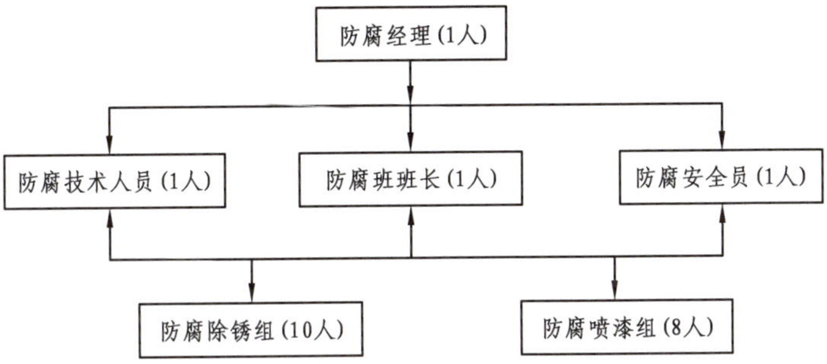

图8.3　组织机构图

表8.4　劳动力安排表　　单位:人

日期	8月			9月		
	10日	20日	31日	10日	20日	30日
管理人员	4	4	4	4	4	4
架子工	3	3	3	3	3	3
除锈工	10	10	10	10	10	10
油漆工	8	8	8	8	8	8
合　计	25	25	25	25	25	25

8.3.6　施工工艺流程

涂装施工的工艺流程如图8.4所示。

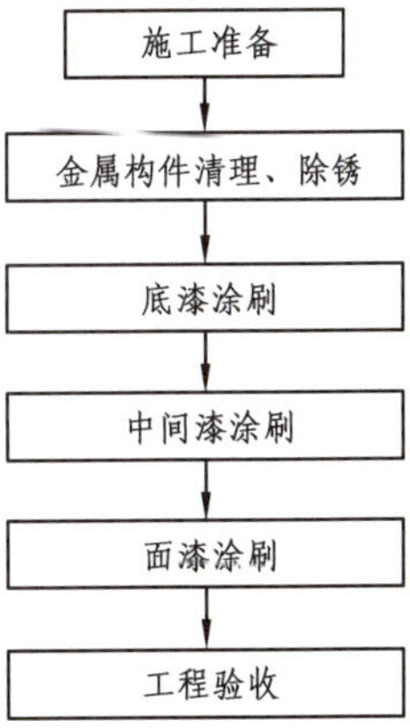

图8.4　施工工艺流程图

1)施工方法

(1)施工的准备和要求

①电动工器具的检查:

a.外壳、手柄无裂缝、无损坏;

b.保护地线或保护零线连接正确、牢固;

c.电缆或软线插头完好;

d.开关动作正常、灵活,无损坏;

e.电气保护装置完好;

f.机械防护装置完好;

g.转动部件灵活。

②施工工器具及场地要求见表8.5。

涂装施工需要场地面积200 m^2,材料堆放场地面积200 m^2。

(2)主要施工材料的施工管理

①领料:

a.需核对油漆材料类别及数量;

b.自购材料入厂需经甲方管理人员核对,确认品质、数量方可;

c. 材料领出前应会同发料人员清点数量及检查包装完整性。

表 8.5　施工工器具及现场要求

类别	名称	型号规格	数量	单位	用途
施工工器具	抛丸机		1	台	钢构件表面除锈
	磨光机	ϕ125	10	台	钢结构表面处理
	湿度计		2	支	测施工环境湿度
	油漆刷		40	把	油漆施工
	电动搅拌器		4	台	搅拌油漆
	移动脚手架		30	台	网架施工用
	空压机		1	台	油漆施工
	推车		5	辆	厂内运输
安全设施	安全网		200	m^2	安全防护
	安全帽		30	顶	安全防护
	安全带		30	条	高空作业安全防护

②储存：

a. 不同品名油漆、稀释材料等应分别存放；

b. 储放场所须干燥，通风良好，油漆材料附近不得放置破布等易燃物品；

c. 油漆存放须远离明火场所 10 m 以外且配备灭火器，并设置“严禁烟火”标志牌，增加警示；

d. 油漆及稀释剂开罐后未用完应立即恢复加盖密封，油漆不得受到阳光直射，防止起火。

(3)金属构件

①生锈程度的等级。将未经表面处理的钢结构表面锈蚀状态分为 A、B、C、D 四级。

A 级：金属结构表面完全覆盖着完整黑皮，无红铁锈或仅出现少量的红铁锈。

B 级：金属结构表面开始锈蚀，部分黑皮已剥落，出现红铁锈。

C 级：金属结构表面已产生全面性锈蚀，大部分黑皮已剥离或呈非常松散状态。

D 级：黑皮已完全剥落，金属结构表面已产生许多锈孔，呈全面性严重腐蚀状态。

②表面除锈清洁度要求。使用手工或电动工具除锈法以及表面处理的清洁度要求如下：

a. 手工或电动工具除锈法要求：

B-St1 级：使用钢刷来处理一些蓬松的铁锈和松散的黑皮，直到刷不出铁锈为止，处理完成后再用溶剂进行清理。

B-St2 级：需借助强力机械来处理表面针孔、大部分松散黑皮、浮锈及其他异物，然后用吸尘器、压缩空气或毛刷等将灰尘除去，处理后表面若没有光泽，仍需再用溶剂清洗。

B-St3 级：使用电动工具、钢刷或研磨机处理表面针孔、锈孔及异物，并经过清除灰尘后表面出现金属光泽，然后再用溶剂清理。

b. 表面处理要求：

(a)钢结构表面的浮锈、松散黑皮及异物用铲具、砂石、刮刀、砂纸和电动工具清除。

(b)钢结构表面的油脂、漆痕，先用溶剂清洗除去，若表面还有层叠的铁锈附着时，再用电动工具、钢刷或其他工具清除。

(c)焊缝附近的飞溅物、焊珠等需用电动工具或钢刷清除干净。

(d)除锈完成后，应将表面附着的尘垢和杂物清净，若还有残留油脂，应使用溶剂清洗。

2)油漆施工方法及注意事项

(1)油漆施工环境

①雨天、雾天及相对湿度高于80%时，除另有特别配方或规定外，不得进行室外油漆作业。

②油漆工程施工时的环境温度不低于+10 ℃，相对湿度不大于60%。

③钢结构防腐严禁在雨天、雪天、五级风及以上天气时施工。

④施涂油漆后，4 h内严禁雨淋。

⑤刷涂油漆时构件不得有结露。

(2)油漆混合及稀释

二液或二液一粉型油漆调配：依据要求比例缓慢地将硬化剂加入主剂中不断搅拌，如有粉剂分开包装时，最后再将粉剂加入，并在规定时间内用完。

稀释剂用量一般不超过10%，以免影响遮盖性能及漆膜厚度；油漆混合必须依据指定的稀释剂正确调配；调和漆使用前应充分搅拌均匀。

(3)油漆施工方式

①刷涂。刷涂是最简单的涂装方法，将油漆浸含于刷毛中施工。油漆刷了应配合油漆性能及被涂刷构件的外部形状，选用材质好的毛刷。油漆涂刷方向须上下左右交互施工，粗糙表面、边角等处，更要特别注意。

现场喷漆视频

②喷涂。利用空压机的气带动喷枪将油漆均匀地喷涂在金属结构的表面，喷枪离金属结构的表面距离均等，缓慢匀速左右喷刷。喷涂的方式最适合平面大面积喷刷，灰色底漆三道共100 μm，面漆两道50 μm，对于角钢和H型钢的死角处要特别注意。

3)施工注意事项

①除锈、油漆施工前要确保做好防护措施，不得污染周围环境及设备。

②厂内油漆作业需经甲方管理人员全面检查合格后才能进行。

③除锈作业完成后应在当天4 h内进行涂刷底漆作业，因故未能在当天涂刷底漆的，隔天应重新除锈后再进行油漆作业。

④第一道底漆与第二道底漆间隔不能少于4 h、不能超过8 h。

⑤须等上道漆干燥后才能涂刷下道漆，当天不得同时涂刷两道漆。

⑥油漆道数和漆膜厚度，应依据图示或施工规定作业，且各道漆应有颜色区分。

⑦油漆涂刷时应注意缝隙及死角，避免漏刷及漆膜厚度不均匀现象产生。

⑧施涂油漆前，应将金属表面的灰尘、油脂、锈斑用抹布清理干净。

⑨在使用新的油漆材料前，应先进行试验，认为符合设计要求时再施工。

⑩油漆完成的工件表面不得有皱纹、垂流、渗色、粉化、回粘、龟裂、针孔、气泡、剥离、附着物等外观不良现象。

4)质量要求

①涂装应均匀，无明显皱纹、流挂，附着力应良好。

②涂刷油漆的金属表面刷纹通顺。

③施工时，严格按照《钢结构工程质量检验评定标准》(GB 50221—2001)中钢结构油漆涂装工程有关内容执行。

④涂刷应均匀，色泽一致，无垂流、渗色、粉化、回粘、龟裂、针孔、气泡、剥离、附着物等外观不良现象。

⑤涂刷好的构件要有标志，以防止误用，严禁漏涂和锈蚀，颜色应符合设计要求。

⑥损坏的涂层按涂装工艺分层补漆，涂层应完整，附着良好。

为了达到油漆涂装基准，油漆涂装质量控制如图 8.5 和图 8.6 所示。对各道工序进行严格检验，设定工件除锈质量检查见证点，公司质检员对此检查确认，达不到甲方要求的工件，不得进行下道工序。为了确保油漆涂装质量达到标准，加强制度管理，要求认真执行涂装基准，办理制作—涂装工序交接，未经检验合格不得擅自进行下道工序，各道油漆要确保间隔时间，油膜厚度用测厚仪测量，真实记录，涂装后结合面不得有油漆及杂物。

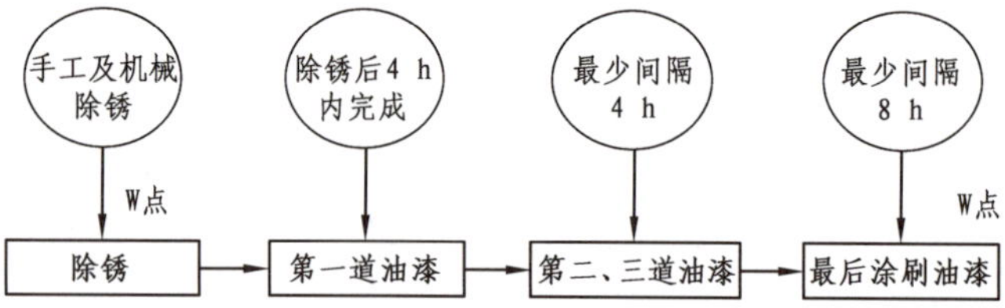

图 8.5　工件油漆涂装质量控制图

本工程采用的油漆及稀释剂如下：

①底漆：根据油漆使用环境与适应范围相一致的原则，选用耐盐雾侵蚀、防锈性能好的铁红醇酸底漆。

②面漆：采用与底漆配套使用的醇酸防腐漆(醇酸磁漆)。

③稀释剂：稀释剂的使用严格按照说明书的规定执行。

5)安全文明施工

①施工中必须遵守有关安全生产的法律、法规的相关规定。

②必须遵守内部制订的有关安全生产、文明施工的安全管理规定。

③工地应建立、健全本班组安全责任人制度，并制订班组的安全目标和施工安全措施等规定。

④确保施工作业环境良好，督促施工人员佩戴劳动保护用品；必须进行班组安全培训、安全技术交底并作好安全记录，确保劳动者的人身安全，做到“三不伤害”。

⑤在使用钢丝刷、板锉、电动工具清理铁锈时，为了避免眼睛受到污染和伤害，需戴

上防护眼镜、口罩等。

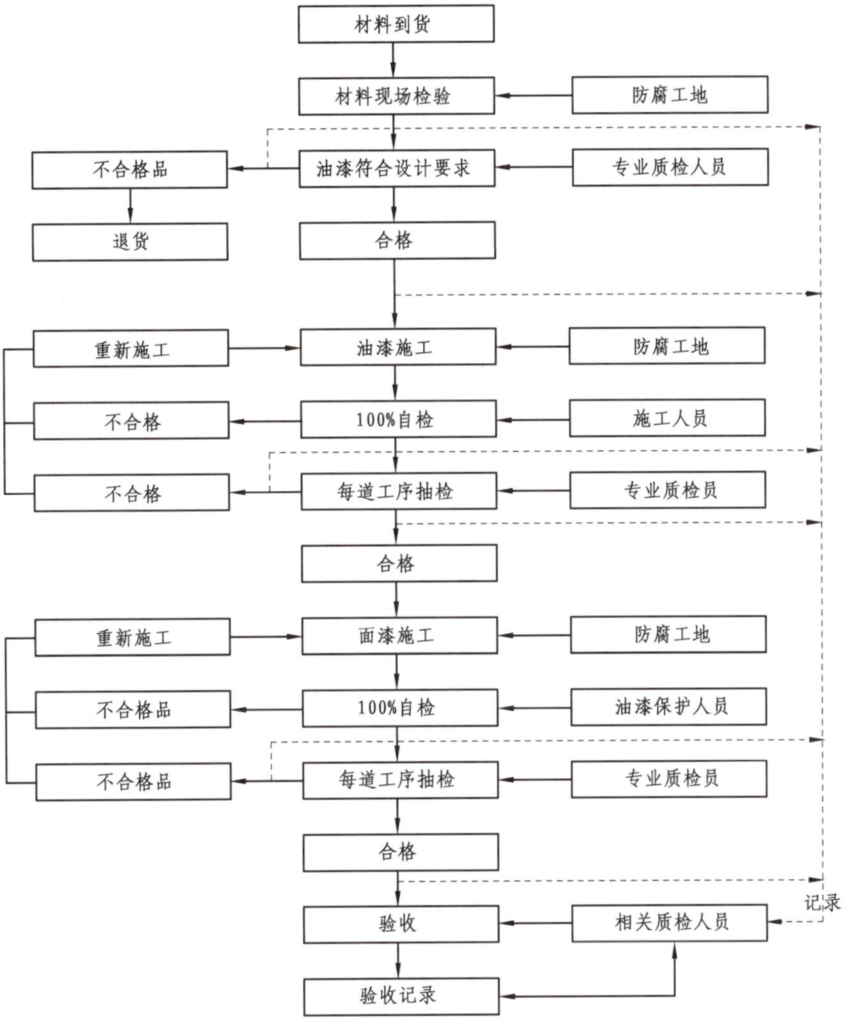

图8.6　油漆质量控制流程图

（说明：图中虚线表示需记录和联合检查的工序）

⑥所有施工人员需进行体检，体检合格后方可施工作业。

⑦施工完成后，应做到“工完料尽场地清”。

⑧脚手架必须由专人负责、专人搭设，脚手管、脚手板要轻拿轻放，上下左右有人传递且搭设要牢固，经检查合格挂牌后方可施工。

⑨易燃易爆油品的防控措施：

a. 不准乱扔废油布、废油漆桶、废油刷、废油手套等，这些物品要有专人负责回收，放入专用废品回收箱内。

b. 废油桶、废油漆要有专门堆放地点，不得随处乱堆乱放。

c. 施工地面要铺设细砂和彩条布，完工后要及时清理和更换。

d. 施工现场严禁乱涂、乱画，做到精心施工、文明施工。

6)工程检验及验收

涂装工程检验及验收标准见表8.6。

表8.6　涂装工程检验表

检验项目	检验方法	检验标准	施工负责人
喷丸除锈	目视	露出金属光泽	
漆料检查	目视	检查漆料的种类、品名、规格及颜色是否符合设计要求	
膜厚检查	目视和测厚仪	1. 每涂刷过一道漆,原则上经自然干燥后,隔日方可涂刷下道漆; 2. 各道漆涂刷程序依图纸说明施工; 3. 漆膜厚度应依设计规定执行; 4. 各道漆膜总测定平均值不得低于规定膜厚,单点最低值不得低于规定膜厚的90%,油漆施工完成的总膜厚要求一般不得低于设计要求厚度	
完成面检查	目视	不得有皱纹、垂流、渗色、粉化、回粘、龟裂、针孔、气泡、剥离、附着物等现象	

8.3.7　安全注意事项

施工现场存在的危险因素见表8.7。

表8.7　施工现场的危险因素及控制措施

序号	作业活动	风险因素	可能导致的事故	涉及相关方	风险级别	控制措施
1	焊接和切割	火灾	人身伤害和财产损失	作业人员	显著风险	现场附近严禁有可燃物、油漆桶、稀释剂,并设有标示牌
		烫伤	人身伤害	作业人员	显著风险	正确使用劳保用品
		触电	人身死亡	作业人员	显著风险	电源设有漏电保护器并设专人管理电源
2	高空作业	高空坠落	人身死亡	作业人员	高度危险	高空作业必须系好安全带,戴好安全帽,在下方设有安全网
		自然因素	人身伤害	作业人员	显著风险	恶劣天气禁止施工
3	电动工具	机械伤害	人身死亡	作业人员	稍有危险	正确使用电动工具,机械设备有专业人员维护
		触电	人身死亡	作业人员	显著风险	必须设有漏电保护器,戴绝缘劳保手套

续表

序号	作业活动	风险因素	可能导致的事故	涉及相关方	风险级别	控制措施
4	搭设架子	碰伤	人身伤害	作业人员	显著风险	脚手架传递配合紧密，设有围栏和警示牌
5	室内施工	窒息	人身伤害	作业人员	高度风险	必须设有良好的通风设备，必须设有监护人员
6	油漆	污染环境	人身伤害和环境污染	作业人员	显著风险	搭设隔离棚，戴好防护用品

1）进入现场条件

①进入施工现场必须严格执行企业内部管理手册的规定。

②进入施工现场必须穿合格的工作服，正确佩戴安全帽，系安全带。

③严禁酒后作业。

④刷油人员必须配备相应的劳动保护用品。

⑤刷油人员严禁吸烟并远离火源。

⑥室内油漆施工必须通风良好。

2）油漆仓库的管理

①油漆仓库由专人负责管理，油漆应独立存放，配备灭火器材，并有禁止吸烟和严禁明火的标志，非工作人员严禁入内。

②油漆仓库必须采取防火、防水、防霉等措施。

③油漆入库要贴上标签，注明批次和入库日期，分类存放。

④库存油漆出库采取先进先出的办法，防止积压变质。

⑤库存油漆，每月盘点一次，做到账物相符。

⑥仓管员必须根据工程进度和油漆消耗定额，编制进货计划，使库存保持一定周转量，做到不积压、不停工待料。

⑦施工中严格控制油漆的损耗，损耗量必须控制在一定范围内。

3）对油漆的要求

①不同油漆应分类存放。

②油漆稀释应用专门的稀释剂，不同稀释剂严禁混用。

4）现场环境

①现场使用蘸过油的布、纸等，应放进密闭的桶内，严禁乱扔。

②现场油漆领用规定：用多少领多少，坚决避免因多领造成污染和浪费。

③注意施工现场防火，坚决避免交叉作业，如有交叉作业必须有隔离措施。

④现场油漆摆放有序、合理、层次分明，要有明显标志。

⑤现场刷油时必须有良好的通风。

5）高空作业注意事项

①施工时必须有足够的光线。

②遇到六级或六级以上的大风及其他恶劣气候时，应停止露天作业。

③高空作业必须把安全带挂在上方牢靠的地方；作业人员应携带工具袋，较大的工具应系保险绳，传递物品时严禁抛掷。

④严禁在栏杆、孔洞边缘休息。

⑤高空作业时必须搭设严密牢固的防护隔离设施。

6）高空挂式脚手架施工的注意事项

现场喷油施工采用高空挂式脚手架，其施工应遵从下列规定：

①所有的挂式脚手架必须按要求进行焊接。

②根据梁的形式选用相应的挂架形式，不能混用。

③每种挂架上的螺栓必须和梁紧固，绝对不允许有松动现象，上面的底边必须和梁全部接触。

④钢托架螺钉必须紧固，防止其上下滑动。

⑤在钢架上面固定好挂架，挂好托架后在其上面绑扎钢筋梯子，用 8 号线通过挂架的孔进行绑扎，防止其向外滑出。

⑥挂架的间距不超过 2 m，每个挂架必须设一个挂梯。

⑦挂梯在挂架绑扎好后采用 50 mm × 250 mm × 4 000 mm 的双块木脚手板连接，木制脚手板必须绑扎牢固，板与板之间搭接不少于 300 mm，每层高度不超过 2 m。

⑧铺设完脚手板后在每一层脚手板层间设两道安全绳，安全绳的直径为 14 mm，钢丝绳用绳夹夹紧，钢丝绳接头处不少于 3 个接头卡，直线部分每隔 5 m 设一道卡子，安全绳必须夹紧、夹牢。

⑨钢筋梯子和钢架每隔 3.5m 左右设一道连接支撑，保证架子的整体性和稳定性。

⑩架子上的荷载不超过 270 kg/m^2。

⑪任何人不得随意拆改脚手架及松动挂架的螺栓等。

⑫脚手架每天上班时必须进行检查，确认无安全隐患后才能进行施工作业。

⑬五级及以上大风及雨天严禁作业，风雨停后应进行全面检查，合格后方可使用。

⑭脚手架严格按规程搭设，尽量做到谁搭设谁拆除。

⑮脚手架必须有专人负责，挂牌施工。

7）危害辨识与危险评价

（1）判别依据

①搭设不符合法律、法规及其他要求；

②曾发生过事故，仍未采取有效控制措施；

③相关方面合理抱怨式的要求；

④直接观察到的风险。

（2）定量评价（LEC 法）

定量计算每一种危险源所带来的风险，可采用如下公式：

$$D = L \times E \times C$$

式中 L——发生事故的可能性大小；

E——人体暴露在这种风险环境中的频繁程度；

C——一旦发生事故造成的损失后果；

D——风险等级。

课后思考题

1. 钢结构表面除锈的方法有哪几种?
2. 简述钢结构防腐涂装作业条件的一般规定。
3. 钢结构涂装的施工方法及其优缺点有哪些?

项目9　某单层工业厂房钢结构安装工艺

任务1　吊装机械的选择

9.1.1　常用的吊装机械

1)起重机

(1)塔式起重机

塔式起重机有行走式、固定式、附着式与内爬式几种类型。塔式起重机由提升、行走、变幅、回转等结构及金属结构两大部分组成,其中金属结构的质量占起重机总质量的很大比例。塔式起重机提升高度高、动作平稳,质量一般较大,转移、安装、拆卸都比较麻烦,行走式起重机还需要铺设轨道。塔式起重机主要用于高层建筑物的结构安装,常用的型号有 TC6020 型、TOPKIT HK40/21B 型、FO/23B 型、H3/36B 型、C7022 型、TOPKIT MC 300K12 型等。

(2)履带式起重机

履带式起重机由回转台和履带行驶结构两部分组成。在回转台上装有起重臂、动力装置、绞车和操纵室,尾部装有平衡重,回转台能做360°回转。履带式起重机可在一般平整坚实的路面上负载工作与行驶。履带式起重机的起重量一般都较大,且行驶速度慢、自重大,对路面有破坏性。履带式起重机是目前结构安装工程中的主要起重机械,常用的型号有 KH 180-3 型、KU 300-2 型、P&H5300R 型等。

(3)汽车起重机

汽车起重机的起重结构和回转台安装在载重汽车底盘或专业的汽车底盘上。底盘两侧设有 4 个支腿,以增加起重机的稳定性。汽车起重机机动性能好,运行速度高,可与汽车编队行驶,但不能负荷行驶,对工作场地的要求较高。常用的型号有 QY20 型、QY25A 型、QY32 型 NK-450 型、QY50 型等。

(4)其他起重设备

其他起重设备有轮胎式起重机、桅杆式起重机,现阶段较少被采用。

2）索具设备

(1)千斤顶

千斤顶是一种起重高度小(小于1 m)的最简单的起重设备,用钢性顶举件作为工作装置,通过顶部托座或底部托爪在行程内顶升重物的轻便起重设备。千斤顶分机械式和液压式两种,在钢结构工程施工中,主要用于结构定位、校正、就位等工作,其有结构轻巧坚固、灵活可靠等优点,一人即可携带和操作。常用的类型有:螺旋式LQ型千斤顶,3～200 t油压、5～100 t油压千斤顶。

(2)卷扬机

电动卷扬机是起重吊装作业中常用的动力设备。电动卷扬机的牵引力大、速度快、操作方便。卷扬机的安装位置应选择地势稍高、地基坚实之处,以防积水,保持稳定。卷扬机与构件起吊点之间的距离应大于起吊高度,以便机械操作人员观察起吊情况。卷扬机必须加以固定,使用应注意安全。

(3)地锚

地锚用来固定缆风绳、卷扬机、滑车、拔杆的平衡绳索等。常用的地锚有桩式地锚和水平地锚两种。桩式地锚是将圆木打入土中,承担拉力,用于固定受力不大的缆风绳;水平地锚是将一根或几根圆木绑扎在一起,水平埋入土中而成。

(4)倒链

倒链又名"手拉葫芦",是一种使用简易、携带方便的手动起重工具,如图9.1所示。倒链运用轮轴的原理,从而起到了省力的作用;适用于起吊轻型构件,拉紧缆风绳及捆绑构件的绳索等安装作业,尤其对露天及无电作业有重要作用。

图9.1　倒链

(5)滑车及滑车组

滑车组既能省力又能改变力的方向。使用时应查明其允许荷载,不得超荷使用。使用前应检查各构造部件,如有损伤、裂缝或转动不灵的不得使用。其吊钩中心应在所吊构件的中心垂直线上,以免起吊时构件摆动。滑车组起重时,上下滑车之间应有1.0～3.0 m的距离,以防钢丝绳相互扭结,如图9.2所示。

为了稳定被起吊物,减少其晃动,一般常采用出端头从定滑车穿绕出的方式。有时为了牵引方向合理,可将出端头再穿入转向滑车,以达到牵引方向合理的目的。

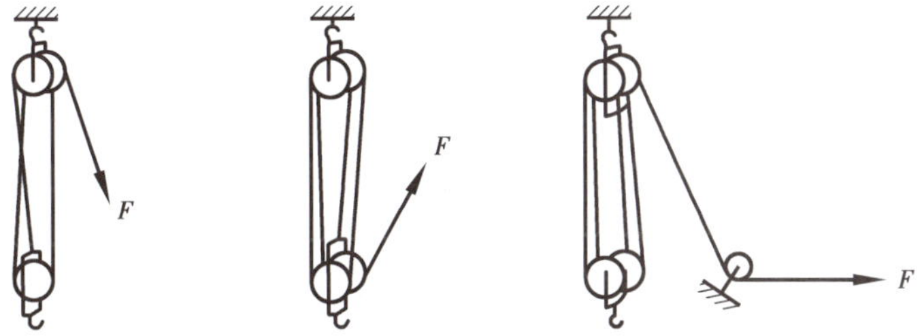

(a)从定滑轮绕出　(b)从动滑轮绕出　(c)穿过转向定滑轮,引出牵引力

图9.2　滑车组工作示意简图

3)钢丝绳

钢丝绳是由0.3~3 mm直径的高强度钢丝绕成,用于建筑工地的多为普通绳。根据绳股及丝数不同,钢丝绳的主要规格分为6×19、6×37、6×61三种。钢丝绳按其结构形式不同可分为普通式、复合式、闭合式;按捻制方向不同分为顺绕、反绕、混合绕。使用中不准超载;为了减少腐蚀和磨损,应定期加润滑油;存放时,应保持干燥,并成卷排列,不得堆压。使用旧钢丝绳,应事先进行检查。

4)吊具

吊具包括吊钩、卡环、卡扣(钢丝绳夹头)、花篮螺钉、吊索(又称为捆绑绳)、横吊梁(又称为铁扁担)等。

9.1.2 吊装方法选择

钢结构安装方法有分件安装法、节间安装法和综合安装法3种。

1)分件安装法

①定义:分件安装法是指起重机在节间内每开行一次仅安装一种或两种构件的方法,适用于中小型厂房吊装。

②优点:起重机在每次开行中仅吊装一类构件,吊装内容单一,准备工作简单,校正方便,吊装效率高等。

2)节间安装法

①定义:节间安装法是指起重机在厂房内一次开行中,分节间依次安装所有各类构件,即先吊装一个节间柱子,并立即加以校正和最后固定,然后接着吊装地梁、柱间支撑、墙梁、吊车梁、走道板、柱头系统、托架、屋架、天窗架、屋面支撑系统、屋面板和墙板等构件。

②优点:起重机开行路线短,起重机停机点少,停机一次可以完成一个节间全部构件安装工作,可为后期工程及早提供工作面,可组织交叉平行流水作业,缩短工期。

3)综合安装法

①定义:综合安装法是将全部或一个区段的柱头以下部分的构件用分件吊装方法吊装,即柱子吊装完毕并校正固定,再按顺序吊装地梁、柱间支撑、吊车梁、走道板、墙梁、托架,接着按节间综合法吊装屋架、天窗架、屋面支撑系统和屋面板等屋面结构构件。

②优点:结合了分件安装法和节间安装法的优点,能最大限度地发挥起重机的能力和效率,缩短工期,是被广泛采用的一种安装方法。

9.1.3 吊装机械选择

1)选择依据

①构件最大质量、数量、外形尺寸、结构特点、安装高度、吊装方案;

②各类型构件的吊装要求,施工现场条件;

③吊装机械的技术性能;

④吊装工程量的大小、工程进度等;

⑤现有或租赁起重设备的情况;

⑥施工力量和技术水平;

⑦构件吊装的安全和质量要求及经济合理性。

2)起重机类型的选择

①一般吊装多按履带式、轮胎式、汽车式、塔式的顺序选用;

②对厂房大型构件,可选用重型塔式起重机;

③当缺乏起重机设备或吊装工作量不大、厂房不高时,可选用各种拔杆进行吊装;

④当厂房位于狭窄的地段,或厂房采用敞开式施工方案,宜采用双机抬吊;

⑤当起重机的起重量不能满足要求时,可以采用增加或增长支腿、后移或增加配重、增设拉绳等措施来提高起重能力。

9.1.4　吊装参数的确定

起重机的吊装参数包括起吊构件质量、起吊构件高度、旋转半径。所选择的起重机械应同时满足这3个参数,并且还需保持一定的安全距离,与已安装好的构件之间最小安全距离不小于0.3 m。

任务2　吊装方案的编制

9.2.1　施工技术准备

①施工技术文件的准备、施工图及有关设计文件的审核执行、施工技术文件管理程序。

②确定特殊过程。施工前项目总工程师组织施工单位技术、工程管理人员确定特殊过程,指导特殊过程作业设计的编制,并且确定工程关键工序。

③吊装机械选择。根据本工程的特点,厂房结构的安装采用跨外安装和跨内安装相结合的方法。为了保证工程施工的顺利进行,吊装机械的选择见表9.1。

表9.1　投入吊装机械计划表

区域	工作内容	构件最大质量/t	采用主吊车
主体部分	A列钢柱	2.8	32 t履带吊
	柱间支撑	1.3	8 t汽车吊
	B列钢柱	1	8 t汽车吊
	吊车梁系统	3.0	32 t履带吊
	屋面梁地面组装	1.2	32 t汽车吊
	屋面梁吊装	3.1	32 t履带吊
	檩条安装	0.6	32 t履带吊
屋面	屋面板安装	0.3	32 t履带吊
墙面	墙面板安装	0.2	32 t履带吊

9.2.2 施工场地处理

构件堆放及拼装场地铺设200 mm厚碎石,便于构件堆放及吊车、运输车辆通行。行走道路应推平压实,保证地耐力不小于127 kPa。

9.2.3 钢结构安装施工部署

根据工程特点和现场条件,确定施工顺序。以下以某单层工业厂房吊装为例进行讲述。

确定施工顺序如下:安装1,2列钢柱→1,2列柱间支撑→1,2列屋面梁→1,2列屋面檩条→3列钢柱→2,3列屋面梁→2,3列屋面檩条→4列钢柱→3,4列柱间支撑→3,4列屋面梁→3,4列屋面檩条→1,2列屋面板→2,3列屋面板→3,4列屋面板→墙面板。

9.2.4 钢结构安装现场准备

1)基础轴线、标高的复测

在安装之前首先根据土建部门提供并经监理单位认可的轴线、标高进行复测。

①标高基准点复测:用两台水准仪对基础标高进行复验。

②轴线基准点复测:由土建部门提供经监理单位签证认可的轴线为基准轴线。

③标记:根据复测结果在相对标高±0.00 m的混凝土基础面上用红色油漆作纵横轴线的三角标记,此标记将作为各节柱垂直度控制的基准点。

④把复测结果报送监理单位。如轴线、预埋螺栓偏差超过允许偏差,提出解决方法,经监理单位审核批准后对相对应的钢柱地脚板螺栓孔进行气割、打磨修正。

2)构件验收

构件进场时,应按构件明细表进行核对,查验产品合格证和构件上钢印编号是否齐全,以及构件变形、油漆脱落状况,负责将进场构件按系统、安装顺序存放。构件在装卸时使用的钢丝绳,必须套橡胶管或在接触处垫木块,以保护油漆,防止刮落。在结构安装前,施工班组依据图纸对进场构件的几何尺寸和外观质量进行全面认真的复查,对不能满足标准要求的构件,应预先处理。

任务3 钢结构构件吊装

9.3.1 钢柱吊装

以某超高层钢柱安装为例,介绍钢柱吊装方案。

1)吊装前准备工作

①在钢柱底口周边标出纵、横轴线标记;在柱的标高1.2 m处画一水平线,以便安装固定前后作复查平面标高基准用。

②在柱身上翼、腹板上下两端的4个面轴线上画出柱子的垂直中心线。

③在柱上设置软梯,用于登高作业。

④对吊装作业人员进行施工安全、技术交底。特殊工种操作人员应有相应岗位证书。

2)钢柱施工工艺流程

钢柱吊装工艺流程如图9.3所示。

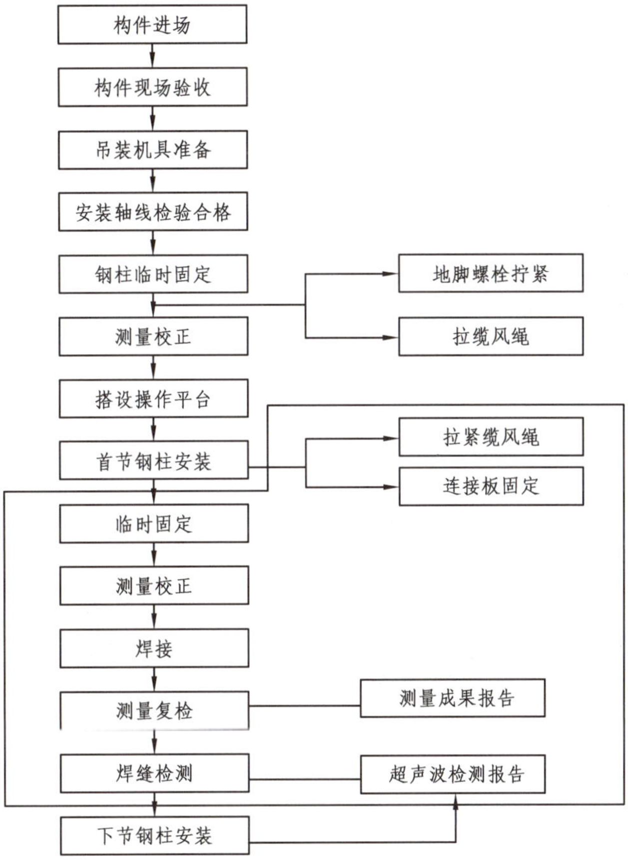

图9.3　钢柱吊装工艺流程图

3)地上钢柱安装

钢柱吊点设置在钢柱的上部,利用4个临时连接耳板,装专用吊具来吊装(图9.4)。吊装前,下节钢柱顶面和本节钢柱底面的渣土和浮锈要清除干净,保证上下节钢柱对接面接触顶紧;绑好爬梯,准备好缆风绳、千斤顶、工具包以及扳手等小型工具。

钢柱吊装到位后,钢柱的中心线应与下面一段钢柱的中心线吻合,并四面兼顾,活动双夹板平稳插入下节柱对应的安装耳板上,穿好连接螺栓,连接好临时连接夹板,并及时拉设缆风绳对钢柱进一步稳固。钢柱完成后,即可进行初校,以便于钢梁的安装。

4)钢柱的校正

①第一节柱柱脚的位移调整以基面中线与柱身中线对齐为标准,如有偏差,可用千斤顶往反向调整,千斤顶的反作用力点可作用在劲性柱脚插筋的根部,如图9.5所示。

图9.4　钢柱专用吊具示意图

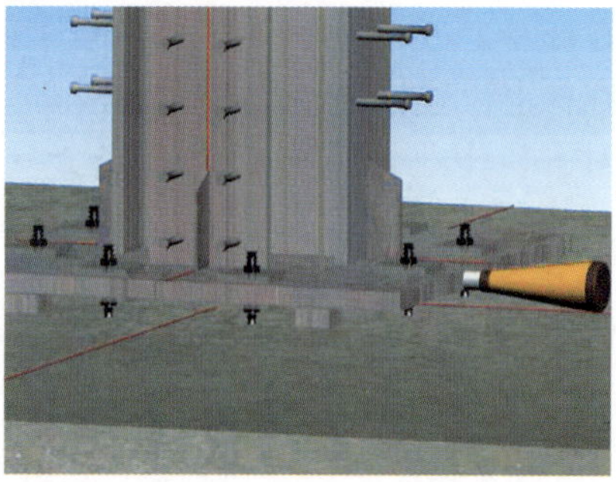

图9.5　千斤顶校正第一节柱柱脚示意图

②上下两节柱错口的校正：可在下节柱的耳板连接处加减垫片，利用千斤顶来调整。

③钢柱垂直度的校正：采用两台经纬仪分别置于相互垂直的轴线控制线上，精确对中整平后，纵转望远镜，找准柱头上的标尺并读数，与设计控制值相比后，判断校正方向并指挥吊装人员对钢柱进行校正，直到两个正交方向上均校正到正确位置，钢柱的垂直度偏差也可以采用控制柱底位移来调整。此种方法多用于上柱校正，利用千斤顶调整柱底中心线的就位偏差来调整柱子的垂直精度，如图9.6所示。钢柱的对接校正如图9.7所示。钢柱安装的允许偏差见表9.2。

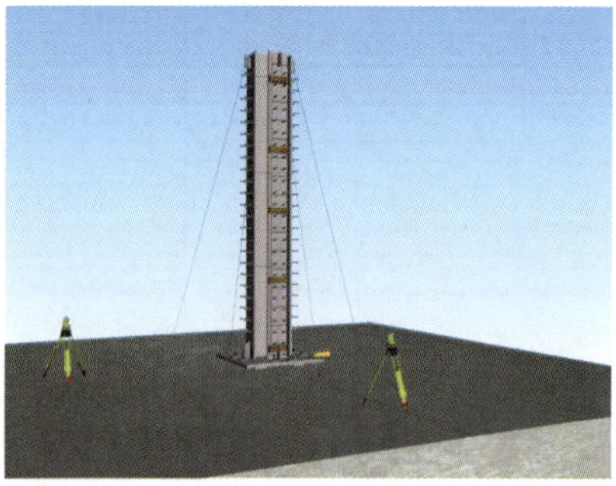

图9.6　第一节钢柱整体校正示意图

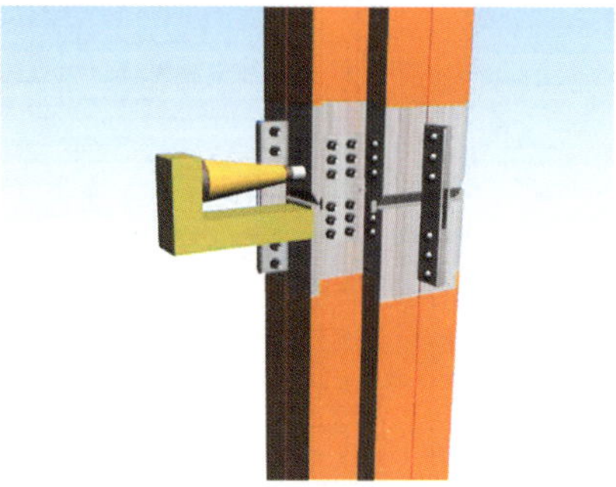

图9.7　钢柱对接校正示意图

表9.2　钢柱安装的允许偏差

项目	允许偏差/mm	图例
柱脚底座中心线对定位轴线的偏移	5.0	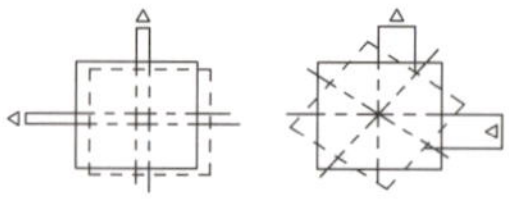
柱基准点标高	+3 −5	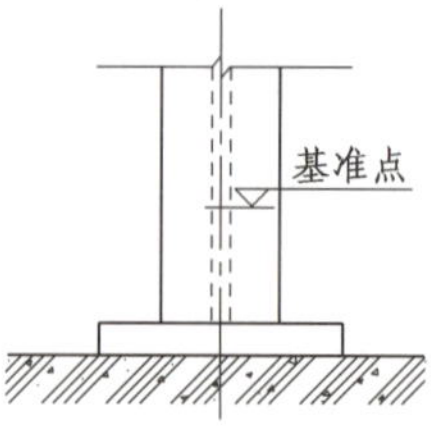

续表

项目		允许偏差/mm	图例
弯曲矢高		$h/1\,000$ 15.0	
柱轴线垂直度	$h \leqslant 10$ m	$h/1\,000$	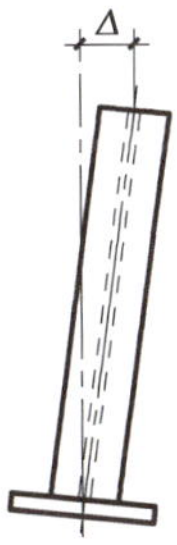
	$h > 10$ m	$h/1\,000$ 15.0	

注：h 为钢柱高度。

上部钢柱的柱顶标高以及轴线定位可以利用全站仪进行。高层施工现场作业面较小，可以制作专用工具将全站仪、激光反射棱镜固定在钢柱顶部进行操作。

小棱镜在钢柱上架设方法示意图如图9.8所示。

图9.8　棱镜架设示意图

5）钢柱安装注意事项

①钢柱吊装应按照安装顺序进行。

②校正时应对轴线、垂直度、标高、焊缝间隙等因素进行综合考虑，全面兼顾，每个分项的偏差值都要达到设计及规范要求。

③每节柱的定位轴线应直接从地面控制线基准线引上，不得从下层柱的轴线引上。

④结构的楼层标高可按相对标高进行，安装第一节柱时，从基准点引出控制标高在混凝土基础或钢柱上，以后每次使用此标高，确保结构标高符合设计及规范要求。

⑤在形成空间刚度单元后，应及时向土建单位移交工作面，柱底板和基础顶面之间的空隙进行二次灌浆。

⑥上部钢柱之间的连接板待校正并全部焊接完毕后，将连接板割除（预留5～10 mm），不得损伤母材，然后打磨光滑，涂上防锈漆。

⑦起吊前钢构件应横放在垫木上。起吊时不得使构件在地面上有拖拉现象；回转时需有一定的高度，起钩、旋转、移动3个动作交替进行；就位时缓慢下落，防止擦坏螺栓丝口。

柱子吊装图片集

9.3.2　钢平台梁的吊装

1）钢梁的安装顺序

钢梁随钢柱的安装顺序进行，临时钢柱安装完毕后，及时连接柱间的钢梁，使安装的构件形成稳定的框架。每天安装完的钢柱必须用钢梁连接起来，不能及时连接钢梁的钢柱应拉设缆风绳进行临时稳固。悬挑钢梁在结构主梁安装完毕后进行安装。

2）钢梁的吊点设置

按对称的原则设置吊点的位置以保证钢梁平衡。吊点一般设置在钢梁的1/5～1/4处。吊索同水平钢梁之间的夹角不得小于45°，如图9.9所示。

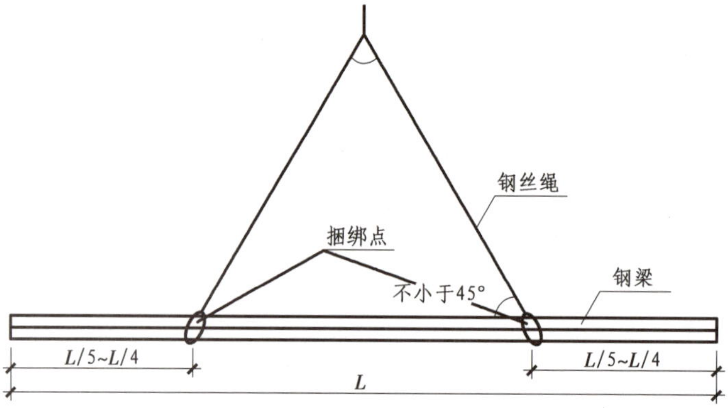

图9.9 绑扎示意图

3）钢梁吊装方法

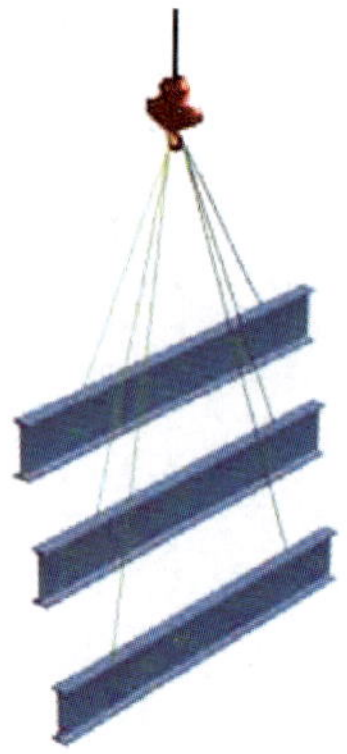

图9.10 钢梁吊装示意图

一般工程的钢结构单层梁较多。为了提高工作效率，可在塔吊的起重范围内对钢梁进行串吊，如图9.10所示。在塔吊钩头上悬挂3对长度不同的钢丝绳，每对钢丝绳长度相差1～1.5 m，每对钢丝绳起吊一根梁，逐根吊起3根梁，使梁处于水平状态。安装时，先从最下部的次梁开始安装，用普通螺栓将次梁与主梁连接；依次将第二根、第三根次梁安装完毕。一个循环后，吊车回转堆场开始第二个循环。

4）钢梁的就位与临时固定

钢梁吊装前，应清理钢梁表面污物，对产生浮锈的连接板和摩擦面在吊装前进行除锈，除锈采用钢丝刷进行。

待吊装的钢梁应配好附带的连接板，并用工具包装好螺栓挂在两端，工具包要用12号铁丝扎紧。

钢梁安装就位时，及时夹好连接板，对孔洞有偏差的接头应用冲钉配合调整跨间距，然后再用普通螺栓临时连接。普通螺栓数量按规范要求不得少于该节点数的30%，且不得少于2个。当一个框架内的钢柱钢梁安装完毕后，及时进行测量校正。吊车梁和轨道安装的允许偏差见表9.3。

表9.3 吊车梁和轨道安装的允许偏差

<table>
<tr><th colspan="2">项目</th><th>允许偏差/mm</th><th>图例</th></tr>
<tr><td colspan="2">吊车梁跨中垂直度</td><td>$h/500$</td><td>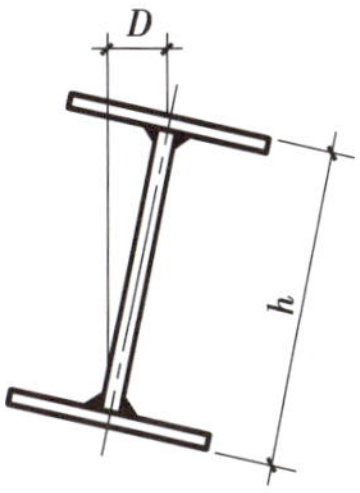
</td></tr>
<tr><td>两端支座中心位移（Δ）</td><td>对牛腿中心的偏移</td><td>5.0</td><td>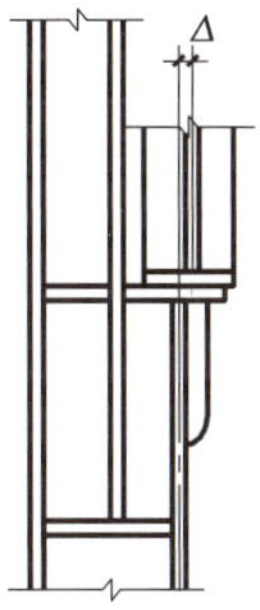
</td></tr>
<tr><td rowspan="2">同跨间同一横截面吊车梁顶面高差</td><td>支座处</td><td>10.0</td><td rowspan="2">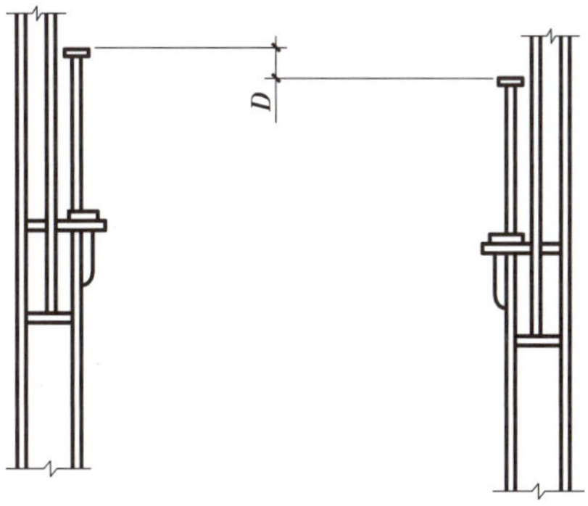
</td></tr>
<tr><td>其他处</td><td>15.0</td></tr>
<tr><td colspan="2">同列相邻两柱间吊车梁顶面高差（Δ）</td><td>$L/1\ 500$
10.0</td><td>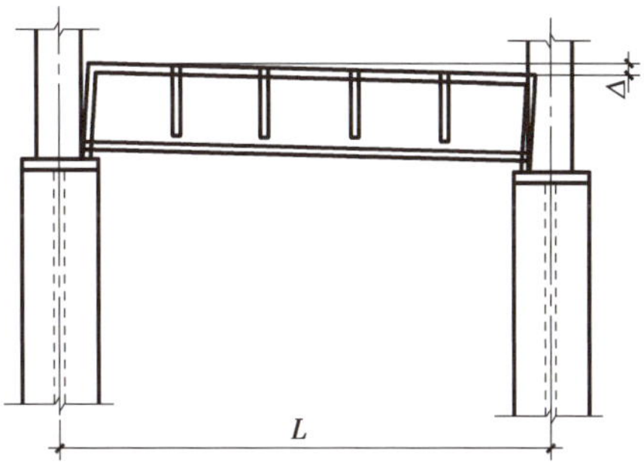
</td></tr>
</table>

续表

<table>
<tr><th colspan="2">项目</th><th>允许偏差/mm</th><th>图例</th></tr>
<tr><td colspan="2">同跨间任一横截面的吊车梁中心跨距</td><td>±10.0</td><td>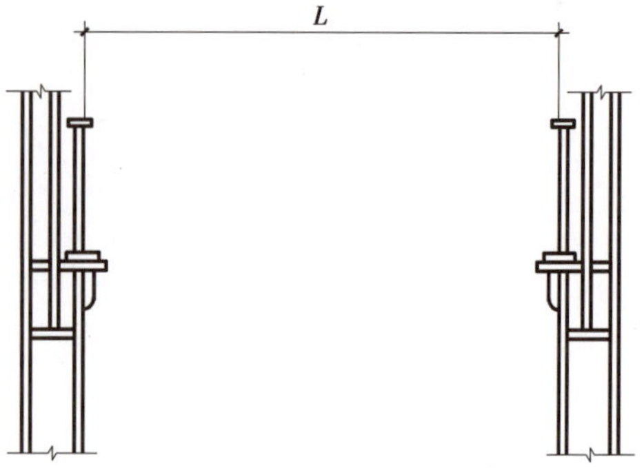</td></tr>
<tr><td rowspan="2">相邻两吊车梁接头部位</td><td>中心错位</td><td>3.0</td><td rowspan="2">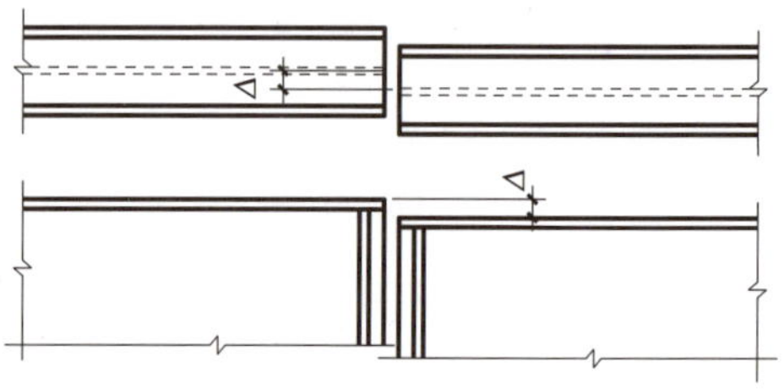</td></tr>
<tr><td>顶面高差</td><td>1.0</td></tr>
<tr><td colspan="2">轨道中心线对吊车梁腹板轴线偏差(Δ)</td><td>10.0</td><td></td></tr>
</table>

5)钢梁安装注意事项

①钢梁的吊装顺序应严格按照钢柱的吊装顺序进行，及时形成框架，保证框架的垂直度，为后续钢梁的安装提供方便。

钢梁吊装图片集

②处理产生偏差的螺栓孔时，只能采用绞孔机扩孔，不得采用气割扩孔方式。

③安装时应用临时螺栓进行临时固定，不得用高强度螺栓代替安装螺栓直接穿入。

④安装后应及时拉设安全绳，以便施工人员行走时挂安全带，确保施工安全。

9.3.3 屋面结构的吊装

1)屋面系统安装的一般要求

单层厂房门式刚架屋架(以屋架为例讲解)应先在地面完成组装,然后再吊装。明确每榀屋架的最大质量,吊机、吊索的选择与钢柱的吊装相同。

①屋架起吊时在离地 50 cm 时暂停,检查无误后再继续起吊。

②安装第一榀屋架时,在松开吊钩前初步校正;对准屋架支座中心线或定位轴线就位,调整屋架垂直度,并检查屋架侧向弯曲,将屋架临时固定。

③第二榀屋架用同样方法吊装就位好后,与第一榀屋架固定,接着安装水平支撑系统及部分檩条,最后校正固定。务必使第一榀屋架与第二榀屋架形成一个具有空间刚度和稳定的整体。

④从第三榀屋架开始,在屋脊点及上弦中点装上檩条即可将屋架固定,同时将屋架校正好。

⑤构件安装采用焊接或螺栓连接的节点,需检查连接节点,合格后方能进行焊接或紧固。

⑥安装螺栓孔不允许用气割扩孔,永久性螺栓不得垫两个以上垫圈,螺栓外露丝扣长度不少于 2 ~ 3 扣。

⑦安装定位焊缝不需承受荷载时,焊缝厚度不少于设计焊缝厚度的 2/3 且不小于 8 mm,焊缝长度不宜小于 25 mm,位置应在焊道内。安装焊缝全数外观检查,主要的焊缝应按设计要求用超声波探伤检查内在质量。上述检查均需作出记录。

⑧焊接及高强度螺栓连接操作依照高强度螺栓施工或焊接工艺要求进行。

⑨屋架支撑系统的构造做法需认真检查,必须符合设计要求,零配件不得遗漏。

⑩屋架安装后首先检查现场连接部位的质量。

⑪屋架安装质量主要检查屋架跨中对两支座中心竖向面的不垂直度;屋架受压弦杆对屋架竖向面的侧面弯曲,必须保证上述偏差不超过验收规范的允许偏差,以保证屋架符合设计受力状态要求及整体稳定要求。

⑫屋架支座的标高、轴线位移、跨中挠度,经测量作出记录。

⑬结构表面干净、无油污和泥沙。

2)屋面梁吊装

屋面梁吊装吊耳参照吊车梁吊装吊耳,吊装前在现场安装生命线,在屋面梁的两端安装两只挂篮,并在梁的两端各系一根牵引绳用于安装定位;在屋面梁跨中处的上下弦各设置两道 $\phi 12$ 的钢丝绳,临时固定屋架,待相临两榀屋面梁按照设计图纸固定,并将两榀屋面梁中间的钢梁支撑安装并调整完毕后方可拆除钢丝绳;吊装就位,用高强度螺栓连接固定,并焊接完上下翼缘板的对接焊缝后,吊机方可松钩。屋面梁吊装立面图如图 9.11 所示。屋面梁安装允许偏差见表 9.4。

大跨度屋面梁吊装视频

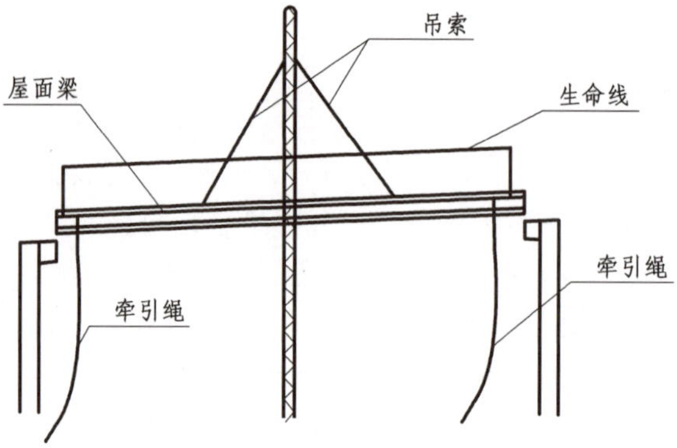

屋面梁吊装图片集

图 9.11　结构吊装示意图

表 9.4　屋面梁安装允许偏差

项目	允许偏差/mm	图例
面梁跨中垂直度	$h/250$ 15.0	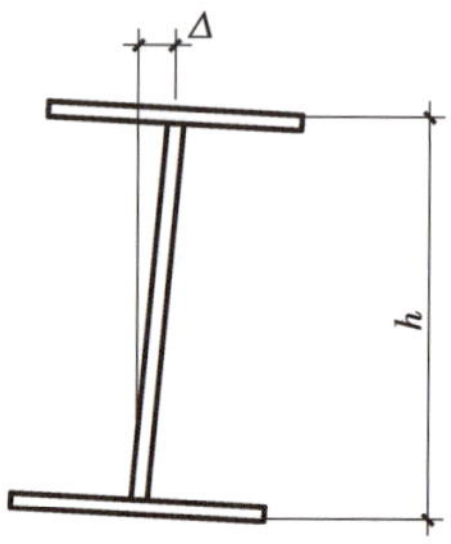

3)钢檩条安装

相邻两榀屋面梁安装完毕后,随即安装檩条及屋面支撑。檩条吊装时,可以根据需要,一次起吊 2～3 根檩条,逐根安装,下层檩条就位并安装螺栓拧紧后,吊机方可松钩,随后再安装第二根檩条,如图 9.12 所示。

檩条吊装图片集

4)彩钢板安装

(1)屋面板安装

①屋面板安装前应严格检查屋面梁、檩条的安装直线度,待复查合格后在屋面上设纵横控制点(每个柱子处设一点)形成控制网,施工中严格控制屋面板的直线度和起始位置,便于墙、屋面包角、泛水安装。

②长尺屋面板(超过 30 m)采用高空压制,直接安装。一般长度屋面板(30 m 以下)进行垂直吊装时,要求采用专用吊架、尼龙带,铺设时要搭好跳板,板要轻拿轻放,施工人员不许穿硬底鞋,铺板后必须当天固定,固定座钻孔时应先校核控制线后再钻孔,板与板之间搭接要紧密无缝、中心对正,屋面板要按要求安装封头板、挡水板等。屋面板在屋面上临时堆放位置应靠近屋面梁的位置。为确保其屋面的防水性,屋面钢板排水方向不得搭接,即由屋脊至檐口为一片钢板,不得上下搭接,以确保其防水性。

③屋面板安装要求达到的精度:波峰侧向弯曲偏差≤5 mm;错口处板与板之间的错

口偏差≤3 mm；檐口水平度偏差≤65 mm；天沟安装时，必须在墙面檩条上给出控制点，以控制天沟安装的水平直线度和标高偏差。

(2)墙面板安装

①安装第一张墙面压型板前，在墙最高处吊一根垂直于地面的基准线，然后在压型板底部位置拉一根平行于地坪的水平线，以横、竖基准线为准将压型板固定于墙皮檩条上，以此类推，直到最后一张压型板安装完成。

②墙面板的安装需保证板与板之间搭接紧密，连接用的螺栓紧固力均匀，排列整齐。

③墙面压型板的安装精度要求：板垂直度偏差≤H/1 000，但不大于 15 mm；板下端的水平度偏差L/1 000，但不大于 10 mm；板与板之间的错口偏差≤3 mm；开口部位，窗洞之间的水平度偏差≤5 mm。

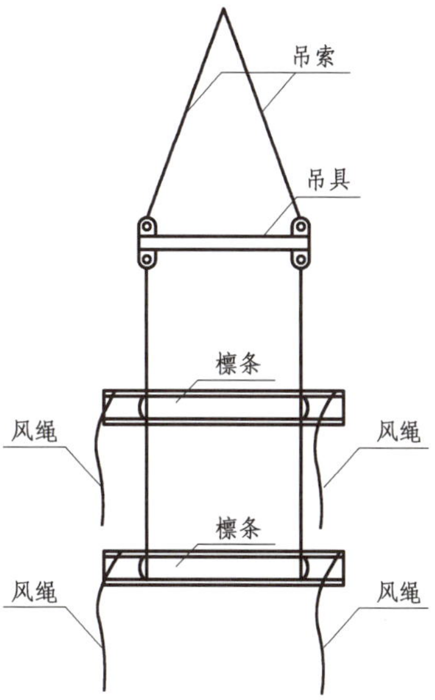

图 9.12　钢檩条吊装示意图

(3)包角、泛水板安装

安装时要求边角平直，拉铆钉间距均匀、大小合适，搭接部位要紧密无缝；在外露式钢柱和内埋式钢柱的施工中，均需精心施工，达到优良标准；板面平整，按设计要求放置密封条、密封带和密封膏。安装精度要求达到：边角直线度偏差：L/1 000 且≤10 mm；搭接长度允许偏差：6 mm；拉铆钉直线度偏差：±5 mm；拉铆钉间距偏差：0 ~ +10 mm。

(4)屋面结构安装允许偏差标准(表 9.5)

表 9.5　屋面结构安装允许偏差表　　单位：mm

项次	项目	允许偏差	检查方法
1	屋架弦杆在相邻节点间平直度	l/1 000≤5	用拉线和钢尺检查
2	檩条间距	±5	用钢尺检查
3	屋架安装垂直度(跨中)	h/250≤15	用经纬仪或吊线和钢尺检查
4	侧向弯曲	L/1 000≤10	用拉线和钢尺检查

注：h 为屋架高度，L 为屋架长度，l 为弦杆在相邻节点间的距离。

任务 4　高强度螺栓的安装

9.4.1　高强度螺栓的施工工艺流程

高强度螺栓的施工工艺流程如图 9.13 所示。

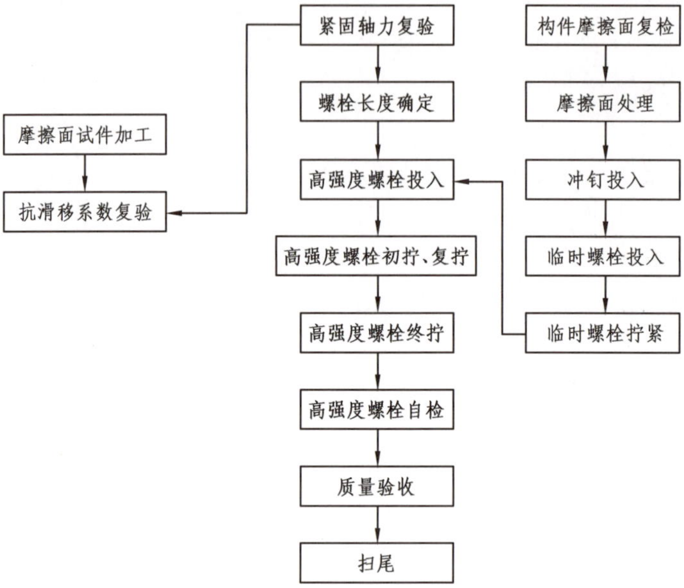

图 9.13　高强度螺栓的施工工艺流程图

9.4.2　高强度螺栓连接副的一般规定及验收

①扭剪型高强度螺栓连接副由一个螺栓、一个螺母、一个垫圈组合而成。

②高强度螺栓连接副应由制造厂按批配套供应，并按批提供出厂质量保证书（螺栓楔负载、螺母保证荷载、螺栓硬度、垫圈硬度等机械性能以及紧固轴力平均值和变异系数）。高强度螺栓连接副必须分批验收，并在同批内配套使用。

③高强度螺栓连接副，按性能等级的不同，均须做出明显的标志，以便使用时，不混淆出错。

④高强度螺栓连接副的储运、保管和发放：

a. 高强度螺栓连接副在运输和搬运过程中应轻装、轻放、轻卸，以防止损伤螺栓。

b. 高强度螺栓连接副应按不同的规格、批号分类保管，不得露天堆放；在储存过程中，应防止受潮生锈。

c. 高强度螺栓连接副在安装使用前，严禁任意开箱，以防沾污，改变表面状态。

d. 高强度螺栓连接副的领取、发放应按当天施工需用量，不得随意多领；施工结束后剩余的连接副应严格按批号分别妥善保管，不得乱扔混放，沾染污物或碰损螺纹。

⑤高强度螺栓连接副的施工要求：

a. 钢结构的连接接头应经检查合格后，方可紧固。

b. 高强度螺栓施工前，应先复验连接构件摩擦面的抗滑移系数，合格后方可安装。本工程的摩擦面抗滑移系数不小于 0.50。

抗滑移系数检验的最小值必须等于或大于设计规定值。当不符合上述规定时，构件摩擦面应重新处理，处理后的构件摩擦面应按规定重新检验。

c. 高强度螺栓长度的选用按下式计算：

$$L = L' + \Delta L$$

式中　L'——连接板层总厚度(逢1,2,3,4进5,逢6,7,8,9进10)

ΔL——附加长度,见表9.6。

表9.6　螺栓附加长度表

螺栓直径/mm	20	22	24
附加长度/mm	30	35	40

d. 高强度螺栓连接板接触面应平整。当接触有间隙时:小于1.0 mm的间隙可不处理;1.0～3.0 mm的间隙应将高出的一侧磨成1∶10的斜面,使间隙小于1.0 mm,打磨方向应与受力方向垂直;大于3.0 mm的间隙应加垫板,垫板两面处理方法应与构件相同。

e. 高强度螺栓连接安装时,在每个节点上应穿入临时螺栓和冲钉,数量由安装时可能承担的荷载计算确定,并应符合下列规定:不得少于安装孔数的1/3;不得少于两个临时螺栓;冲钉穿入数量不宜多于临时螺栓的30%;扩钻后的螺柱孔(A、B级)不得使用冲钉。

f. 不得用高强度螺栓兼作临时螺栓。

g. 高强度螺栓的安装应顺畅穿入孔内,严禁强行敲打,如不能自由穿入时,该孔应用绞刀进行修整,修整后的最大孔径应小于1.2倍螺栓直径。修孔时,为了防止铁屑落入板缝中,铰孔前应将四周的螺栓全部拧紧,待连接板叠密贴后再进行,严禁用气割扩孔。

h. 高强度螺栓的穿入方向宜以施工方便为准,并力求一致,高强度螺栓连接副组装时,螺母带圆台面的一侧应朝向垫圈有倒角的一侧。

i. 高强度螺栓安装时,构件的摩擦面应保持干燥、整洁,不得在雨中作业;应清除飞边、毛刺、焊接飞溅物、焊疤氧化铁皮和不需要的涂料等。安装前应视锈蚀程度不同按不同除锈方法进行处理:有少量微锈的,可用钢丝刷除锈;锈蚀比较严重的,需用砂轮机除锈。砂轮机使用时要慎重:砂轮机打磨方向应同构件受力方向垂直;砂轮打磨范围不应小于螺栓孔径的4倍;砂轮要来回均匀打,不能将连接面处理成凹凸面。

j. 高强度螺栓连接副的拧紧应分为初拧、终拧。初拧、终拧应在24 h内完成。

k. 高强度螺栓连接副初拧、终拧时,一般应按由螺栓群节点中心位置顺序向外缘拧紧的方向施拧,应先腹板后翼缘。焊接和高强度螺栓并用的连接,当设计无特殊要求时,应按先拧紧后焊接的顺序施工。

l. 高强度螺栓施工前,应按出厂批对高强度螺栓连接副的紧固轴力进行复验,每批复验8套。8套紧固轴力的平均值和变异系数按下式计算,并应符合表9.7的规定。

表9.7　高强度螺栓紧固轴力

螺栓规格		M20	M22	M24
每批紧固轴力平均值/kN	公称	170	211	245
	最大	186	231	270
	最小	154	191	222

$$变异系数 = \frac{标准偏差}{紧固轴力平均值} \times 100\%$$

高强度螺栓初拧、终拧扭矩值见表9.8。

表9.8 高强度螺栓初拧、终拧扭矩值

螺栓规格	M20	M22	M24
初拧扭矩/(N·m)	220	300	390
终拧扭矩/(N·m)	440	600	780

m. 扭剪型高强度螺栓初拧时用定扭矩扳手,使接头各层钢板达到充分紧密。

n. 高强度螺栓检测分为性能试验和安装摩擦面处理两部分。

性能试验:本工程所使用的螺栓均应按设计及规范要求的材料和规格选用,保证其性能符合要求。高强度螺栓和连接副的额定荷载及螺母和垫圈的硬度试验,应在工厂进行;连接副紧固轴力的平均值和变异系数试验由厂方、施工方参加,在工厂确定。

安装摩擦面处理:为了保证安装摩擦面达到规定的摩擦系数,连接面应平整,不得有涂料、毛刺、飞边、焊疤、飞溅物、铁屑以及浮锈等污物,摩擦面上不允许存在钢材卷曲变形及凹陷等现象。

任务5 现场焊接

9.5.1 焊接条件

①错边等误差,经安装、装配后的焊接节点须经专人检查合格后才能交焊工施焊。

②检查工具、设备和电源:焊机型号符合要求,焊机要完好,必需的工具应配备齐全;设备平台上的设备应安置稳妥,防止滑移,排列应符合安全规定;电源线路要合理、安全可靠;设备平台布置应合理,确保能焊接所有部位。

③要保证焊接操作条件。气候对焊接的影响大,雨雪天原则上停止焊接(除非采取相应措施),风速超过10 m/s以上不准焊接。一般情况下,为了充分利用时间,减少气候的影响,多采取防雨雪设施和挡风设施。严寒季节在温度 -10 ℃情况下,焊缝应采取保温措施,延长降温时间。

④焊接结束后,应对焊缝进行外观检查。焊缝的焊波应均匀,不得有裂纹、未熔合、夹渣、焊瘤、咬边、弧坑和针状气孔等缺陷,焊接区无飞溅残留物,焊缝的位置、外形尺寸必须符合《钢结构焊接规范》(GB 50661—2011)、《钢结构工程施工质量验收规范》(GB 50205—2001)的规定。

9.5.2 现场焊接施工流程

现场焊接施工流程如图9.14所示。

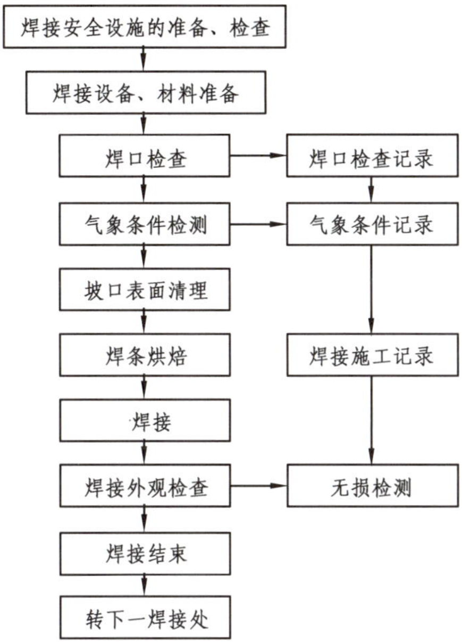

图9.14　现场焊接施工流程图

9.5.3　焊材的选用

焊材的选用见表9.9。

表9.9　焊材选用表

序号	母材材质	焊接材料
1	Q235B + Q235B	E4303
2	Q345B + Q345B	E5015
3	Q235B + Q345B	E4316

9.5.4　焊材的管理

①焊材要有齐全的材质证明，并经检查确认合格后方可入库。

②焊材应由专人发放，并作好发放记录。

③焊条、焊剂要按规定烘烤。烘干焊条时，应防止将焊条突然放进高温炉内，或从高温中突然取出冷却，以防止焊条因骤冷骤热而产生药皮开裂、脱皮现象。

④焊条烘烤次数不得超过3次。

⑤焊条应随用随取，领出的焊条应放入保温筒内，剩余的焊条应当天退回焊条房。

⑥焊条的烘焙技术要求见表9.10。

表 9.10　焊条的烘焙技术要求

品名	烘烤温度/℃	烘烤时间/h	保温温度/℃	备注
E5015	350～400	1～2	100～150	
E4316	350～400	1～2	100～150	
E4303	150	1	50	

9.5.5　焊接工艺参数

焊材的焊接工艺参数见表 9.11。

表 9.11　焊材的焊接工艺参数表

焊接方法	层次	焊接材料		焊接工艺参数			备注
		型号	规格/mm	电流/A	电压/V	焊速/($\text{cm} \cdot \text{min}^{-1}$)	
手工电弧焊	1	E5015 E5016	ϕ3.2	90～140	22～25	6～10	
	2～3		ϕ4	130～200	24～27	6～10	
	4 以上		ϕ5	190～250	26～29	7～11	
	1	E4316	ϕ3.2	100～155	24～25	7～11	
	2～3		ϕ4	140～160	26～28	7～11	
	4 以上		ϕ5	215～275	28～30	8～12	

9.5.6　焊工

焊接工作应由特有相应项目并在有效期限内的焊工合格证的焊工承担。焊工须考试合格后方可上岗。

9.5.7　焊缝等级

本工程屋架上下翼板与钢柱的焊接为全熔透二级焊缝,其余焊缝均为外观二级。其余焊缝均为三级焊缝。

9.5.8　焊缝检测

所有全熔透焊缝焊接完成 24 h 后进行 UT 检测。焊缝检测比例为焊缝总数量的 20%。

任务 6　现场涂装

现场焊接完成后,应及时清理焊缝表面的焊渣、飞溅物及焊缝区域高强度连接板的浮锈,确认符合焊缝质量(二级焊缝经无损检测合格)要求后,根据设计要求在焊接区域及高强度连接板、高强度螺栓涂防锈底漆两道(50～60 μm)、面漆两道(50～60 μm)。

对由于运输、安装过程中的油漆损伤,应将其表面污垢清除干净,根据损伤情况确定是否要补底漆、中间漆,然后涂一道面漆。

钢结构安装完毕后再涂一道面漆。涂装前应清理构件表面灰尘、油污等杂物;保证室内漆膜厚度达到125 μm,室外漆膜厚度达到150 μm。

任务7 钢结构安装质量通病的防治

针对结构安装中经常出现的质量通病,如焊接时焊缝表皮熔渣清理不彻底,油漆补刷不及时、不到位,除锈不彻底,构件带泥土吊装,构件随地摆放等,可采取如下措施进行防治:

①焊接分项工程施工前对焊接施工人员进行上岗前的培训,合格后方可上岗。施工前进行详细的技术交底,并对每个焊工所焊接的位置进行编号,发现质量问题根据质量管理办法对当事人进行处罚。

②现场的构件必须摆放在准备好的垫木上,结构吊装前,针对构件进行几何尺寸及外观检查,发现构件有泥土或变形、脱漆的必须在结构吊装前处理好方可吊装。

③项目部每周一上午由项目总工程师组织施工、技术、质量管理人员对一周内安装的结构质量进行检查,尤其是对质量通病的防范治理情况进行检查评比,作为月底奖金发放、报量签证的依据。

④测量标志保护:最后一道油漆施工时,油漆工对钢柱上的标高、中心红三角标志容易误涂。因此,在油漆施工前必须对油漆施工人员进行详细交代,并建立处罚制度(如误涂一个标志罚款200元)。

课后思考题

1. 起重机械的种类有哪些?试分别说明其特点和使用范围。
2. 简述钢结构构件的安装方法及其适用范围。
3. 简述钢柱吊装的工艺流程及注意事项。
4. 简述高强度螺栓连接副的一般规定及验收标准。
5. 现场焊接的施工流程是什么?
6. 简述钢结构构件安装时的质量通病及防治措施。

项目 10　某单层工业厂房钢结构现场施工安全管理

任务 1　组织机构及职责

10.1.1　现场施工管理组织机构

施工现场应由项目部成立应急响应指挥部，负责指挥及协调工作。组织机构如图 10.1 所示。

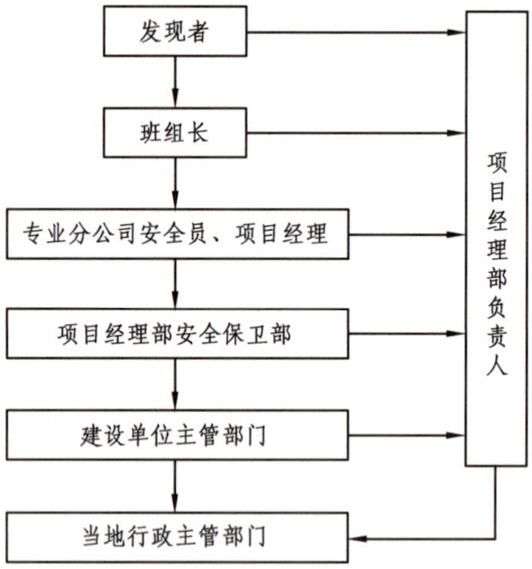

图 10.1　组织机构

10.1.2　现场施工管理组织机构人员职责

1)发现者职责

事故发生后，应由发现者、各专业项目部负责人或者事故现场有关人员立即以电话或其他形式，迅速上报项目经理部指挥小组。必要时，对于发生死亡、重大险肇等突发事件，可以越级直接向上级相关部门上报（根据组织机构箭头走向及时上报）。

2）组长职责

组长负责事故现场，任务是掌握了解事故情况，组织现场抢救。

3）副组长职责

副组长负责联络工作，任务是根据指挥小组命令，及时布置现场抢救，保持与上级主管部门及相关部门联系。

4）小组成员职责

小组成员负责维持现场秩序，做好当事人、周围人员的问讯记录。

5）安全保卫部职责

安全保卫部负责妥善处理好善后工作，负责保持与上级相关部门的沟通联系。

6）项目经理部职责

项目经理部接报后，立即启动应急救援预案，组织人员开展抢救工作。

任务2 安全措施

安装前应首先了解工程结构构造，掌握结构连接形式、单体构件质量。以某钢结构建筑工程为例，讲解现场施工安全措施。

本工程厂房高、跨度大、构件重，柱子安装采取分段作业，专业交叉、施工场地狭窄、安全施工难度大，针对这些情况需对安装采取特殊安全防护措施。

10.2.1 构件吊装时的安全措施

①钢柱上设置软梯作为施工人员登高作业工具。

②吊车梁安装安全措施：吊车梁吊装前，先在两跨柱之间设置安全绳，安装制动梁时在吊车梁侧面设置安全绳，如图10.2所示。

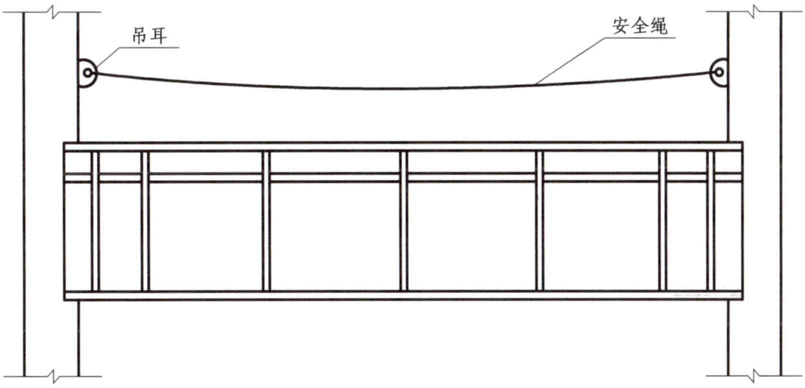

图10.2 吊车梁安全绳示意图

③屋面梁安装安全措施：吊装前在地面设置安全绳，在屋面梁的两端预先挂好挂篮，作为拼接口操作平台。第一榀屋面梁安装完成后应在其上下弦各拉两根缆风绳，如图

10.3 所示。每两榀屋面梁安装后及时用 4 根檩条连接,确保屋面单元形成稳定结构,然后再安装屋面系统的构件,施工人员在屋面梁上作业时,安全带必须扣在生命绳上。

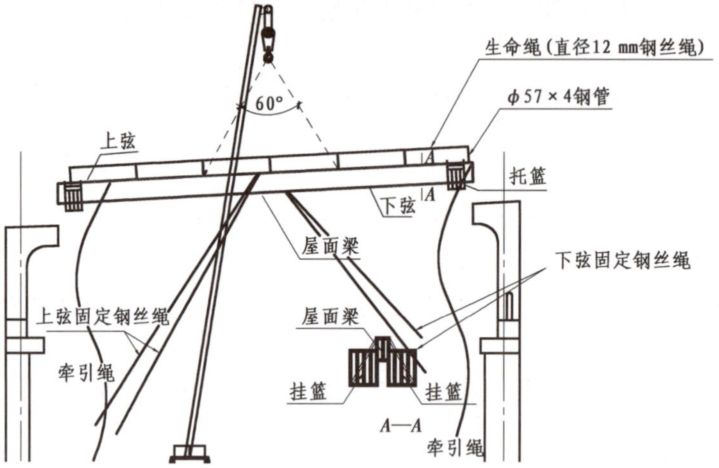

图 10.3　吊车梁吊装示意图

10.2.2　现场施工安全措施

①作业现场安全措施。结构吊装时,应对动火作业过程中进行监控,并落实专员监护,做好监护人职责交底工作。加强施工中的安全信息反馈,不断消除施工过程中的事故隐患,使安全信息不停反馈,这是预防和控制事故发生的重要方面。

②雨季施工安全措施:

a. 加强雨季施工的防护措施,及时掌握气象资料,以便提前做好工作安排并采取预防措施,防止雨天对施工造成恶劣影响。

b. 大风、大雨不得从事露天高空作业,施工人员应注意防滑、防雨、防水及用电防护。

c. 不允许雨天进行焊接作业,如必须在雨天焊接的,需设置可靠的挡雨、挡风棚,防护后方可作业。

d. 加强台风、大风的防护措施。台风、大风来临前,现场零散物品应集中,施工材料、工具回收至工具房内,施工废料集中安放到临时堆场,已安装结构件节点固定,整体结构必须加固稳定。

③重视安全宣传,加强安全管理,以教育为主、惩罚为辅。

④易燃、易爆、有毒物品一定要隔离,加强保管,禁止随意摆放。

⑤吊运设备和结构件要充分做好准备,由专人指挥操作,遵守吊运安全规定。

⑥施工用电、照明用电按规定分线路接线,严禁使用绝缘保护层裸露的线。

⑦各种施工材料要分类堆放整齐,注意定期回收余料,及时清理废料,定点设垃圾箱,保持施工现场的清洁整齐。

⑧定期按情况进行安全与文明检查评比,根据评比分数高低给予不同班组相应奖罚,把安全与文明工作做好。

⑨结构运输必须绑扎牢固,堆放平稳牢靠,防变形、防坍塌倾倒。

⑩特殊工种人员必须持证上岗，严格遵守本工种安全操作规程。在安装中不要因侥幸心理而忽视安全规定。

⑪构件吊装时，吊索靠棱角处必须加保护套。

⑫六级及以上大风、大雨、大雪及浓雾等恶劣天气，严禁露天高空作业。

⑬夜间施工必须有足够的照明，并设置作业警戒区域。

⑭所有临时电源和移动电动工具必须设置有效的漏电保护开关。

⑮每台用电设备应有专用的开关，实行“一机、一闸、一漏”，严禁一闸多用。

⑯氧气瓶、乙炔瓶的距离不小于5 m，设专人看管。

⑰严禁机械设备超负荷使用，带病作业。吊装机械使用前须进行试吊。

⑱高空立体交叉作业时，不得在同一垂直方向操作，地面交叉工作人员应滞后两层进行施工，避免被坠落物砸伤。无法避免形成同一作业面施工时，应签订安全协议。

⑲有坠落危险的地段需设置防护标志，有专人监护。

⑳高强度螺栓施工时，必须两人配合进行，严禁从高处往下抛掷任何物资材料。

㉑吊装绳索必须在使用前进行检查，发现断丝、破股应立即更换。吊装绳索必须满足5倍的安全系数。绳索与构件夹角不小于45°，吊装作业时，吊臂和吊装构件行走范围内严禁站人。

㉒所有高空作业人员必须从专用爬梯及安全通道上下，严禁随意攀爬。

㉓使用起重机应和司机密切配合，严格执行起重机械“十不吊”的规定。

㉔脚手架搭设应遵守脚手架工程安全操作规定。

㉕严格遵守三级动火审批制度。

㉖进入作业现场动火作业前，必须落实防火安全措施。

㉗焊接完毕后应及时关闭焊机开关，将焊钳放在绝缘物品上或悬挂起来，不得与构件接触。

任务3　应急准备与响应预案

本任务主要讲解现场常规事故的应急准备与相应预案。

10.3.1　触电事故应急准备与响应预案

①现场人员应当机立断地设法脱离电源，尽可能地立即切断电源（关闭电路），也可用现场的绝缘材料等使触电人员脱离带电体。若触电者未脱离带电体，切勿用手去拉。

②将伤员脱离危险地方后，立即组织人员进行抢救。

③若发现触电者停止了自主呼吸，则立即将伤员仰卧在平地上或平板上进行人工呼吸，同时进行体外心脏按压。心肺复苏抢救应坚持不断地进行（包括送往医院途中），不能放弃。

④立即拨打急救电话120，与当地急救中心取得联系（医院在附近的直接送往医院），应详细说明事故地点、严重程度、联系电话，并派人到路口接应。

⑤立即向建设单位有关部门、建设单位应急抢险领导小组汇报事故发生情况并寻求支持。

⑥维护现场秩序，保护好事故现场，便于调查分析事故原因。

10.3.2 高处坠落事故应急准备与响应预案

①迅速将伤员脱离危险场地，移至安全地带。

②保持伤者呼吸道通畅，若发现窒息者，应立即解开伤员衣领，消除伤员口鼻、咽、喉部的异物、血块、分泌物、呕吐物等，设法解除其呼吸道梗塞和呼吸机能障碍。

③有效止血，包扎伤口。

④视其伤情确定是报警还是直接送往医院，或待简单处理后送去医院检查。

⑤若伤员有骨折、关节伤、肢体挤压伤、大块软组织伤都要先固定。

⑥若伤员有断肢情况发生，应尽量用干净的干布(灭菌敷料)包裹断肢，装入塑料袋内，随伤员一起转送。

⑦为防止伤口感染或缓解剧痛，可以给伤员用抗生素和止痛剂。

⑧记录伤情。现场救护人员应边抢救边记录伤员的受伤部位、受伤程度等第一手资料。

⑨拨打急救电话120与当地急救中心取得联系(医院在附近的直接送往医院)，应详细说明事故地点、严重程度、本部门的联系电话，并派人到路口接应。

⑩注意事项：

a. 事故发生时应组织人员进行全力抢救，拨打120急救电话和马上通知有关负责人。

b. 重伤员运送应使用担架。腹部创伤及背柱损伤者，应用卧位运送；胸部伤者一般采取半卧位；颅脑损伤者一般采取仰卧偏头或侧卧位，以免吸入呕吐物。

c. 注意保护好事故现场，便于调查分析事故原因。

10.3.3 火灾事故应急准备与响应预案

①立即报警。当接到报告施工现场发生火灾信息后，指挥小组立即拨打"119"火警电话，并及时通知建设单位应急准备领导小组，以便他们了解和指挥扑救火灾事故。

②组织扑救火灾。当基地或施工现场发生火灾后，除及时报警外，指挥小组要立即组织义务消防队员和员工进行扑救。扑救火灾时按照"先控制、后灭火，救人重于救火，先重点后一般"的灭火原则，并派人及时切断电源，接通消防水泵电源，组织抢救被困人员及伤亡人员，隔离火灾危险源和重要物资，充分利用施工现场中的消防器材进行灭火。

③协助消防员灭火。当专业消防队到达火灾现场后，火灾事故应急指挥小组要简要向专业消防队负责人说明火灾情况及周边环境，并全力支持、配合专业消防队员灭火，听从专业消防队的指挥，齐心协力，共同灭火。

④保护现场。当火灾扑救完毕后，指挥小组要派人保护好现场，维护好现场秩序，等待对事故原因及责任人的调查；同时应立即开展善后工作，采取有效措施将火灾事故对

环境造成的污染降至最低限度。

⑤火灾事故调查处置。按照建设单位事故(事件)报告分析处理制度规定,项目经理部火灾事故应急准备和响应指挥小组在调查和审查事故情况报告出来以后,重新落实防范措施,并报建设单位应急准备领导小组和有关上级主管部门。

⑥应急物资,如消防灭火器材、水源、砂土、抽水泵等救火物资,应按规定配备。

⑦注意事项:

a. 贵重的书画文物及重要的档案资料等,一旦着火不可用水扑救。

b. 高压电气设备失火不能用水扑救。一是水能导电,容易造成电气设备短路烧毁;二是容易发生高压电流沿水柱传到消防器材上,导致消防人员伤亡。

c. 硫酸、硝酸、盐酸遇火不能用水扑救,因为这三种强酸遇火后发生强烈的发热反应,引起强酸四处飞溅,甚至发生爆炸。

d. 金属钾、钠、锂和易燃的铝粉、锰粉等着火,千万不可用水扑救,因为它们会与水发生化学反应,生成大量可燃性气体——氢气,极易发生爆炸。

e. 那些比重轻于水的易燃液体着火后不宜用水扑救,因为着火的易燃体会漂在水面上,到处流淌,反而造成火势蔓延。

10.3.4 机械事故应急准备与响应预案

除按照高处坠落事故应急准备与响应预案进行处理外,还应注意以下问题:

①检查设备损伤情况,立即关闭设备的动力系统和电力系统,以免发生火灾和不必要的损失。

②利用警戒绳将发生事故设备保护起来,警示他人不得靠近,以免再次发生事故。

③组织相关人员最大限度地抢修机械设备,将损失降至最低。

课后思考题

1. 吊车梁安装时有哪些安全施工措施?
2. 简述高处坠落事故应急措施。
3. 试绘出事故应急响应预案上报流程图。

项目 11　某单层工业厂房钢结构现场文明施工管理

任务 1　施工总平面的管理

项目经理部的工程部具体负责施工平面规划的组织、管理和实施，做到定员管理，物流畅通，施工道路、排水、用电、用水到位，并按照业主及所在省市的安全、文明施工管理规定进行施工，确保业主正常生产和工程的顺利进行。

施工平面布置原则如下：

①严格执行施工管理有关文件，服从业主对总平面管理和现场平面管理的要求。

②现场设施搭建严格按业主批准的搭建方案实施，杜绝擅自乱建和扩大面积现象。实施业主审批后的施工平面布置方案。

③当吊装与其他工种作业发生矛盾时，应服从总承包的安排。

严格执行所在省市有关部门的有关规定，以及企业的管理文件，坚持文明施工，保证施工区域内部及外部道路清洁和安全，不对周围环境及生产造成不良影响。

任务 2　项目管理体系

11.2.1　全过程管理

为了更好地实现本工程的质量、工期、投资、安全、文明施工等目标，对本工程施工实施全过程管理。内容主要包括以下几个方面：

①成立工地文明施工委员会：

组长：项目经理；

副组长:项目副经理、项目总工程师、综合办公室主任、工程技术部部长;
组员:责任工程师、安全员。

②文明施工与环境保护措施。

③严格执行所在省市文明施工有关规定及企业标准化工地有关规定。

④文明施工委员会随时到施工现场进行检查,设立考核制度,成绩上牌公布。

⑤项目经理部每月进行一次安全文明施工大检查,对重点和危险部位进行跟踪检查。

⑥场容、场貌布置:

a. 严格服从业主对总平面管理和现场平面管理的要求。设置各项临时设施,堆放大宗材料、成品、半成品和机具设备时,不得侵占场内道路及安全防护设施。

b. 在施工标段区域周围用标准围墙封闭围挡。

11.2.2　钢结构安装组织管理体系

钢结构安装组织管理体系如图11.1所示。

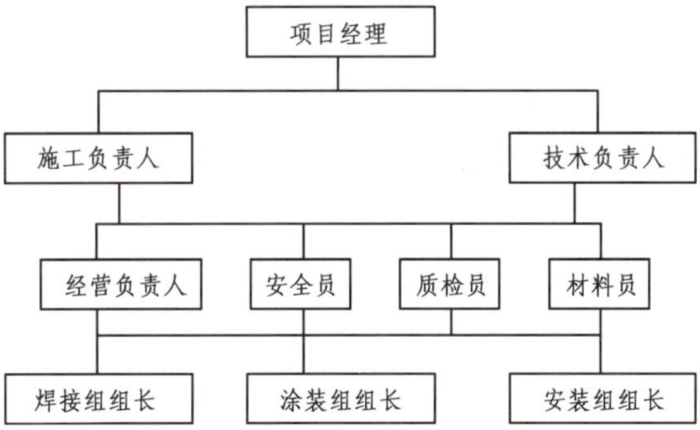

图11.1　钢结构安装组织管理体系

11.2.3　钢结构安装质量管理体系

钢结构安装质量管理网络如图11.2所示。

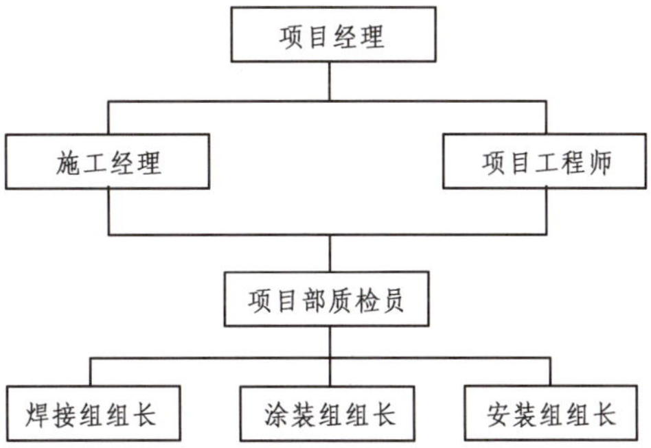

图11.2　质量管理网络图

课后思考题

1. 钢结构施工平面布置的原则是什么？
2. 钢结构项目管理体系从哪些方面入手？

项目 12　某单层工业厂房钢结构施工竣工验收管理

工程项目的竣工验收是施工全过程的最后一道程序，是建设投资成果转入生产或使用的标志，也是全面考核投资效益、检验设计和施工质量的重要环节。

建设工程完工后，承包单位应当按照国家竣工验收的有关规定，向建设单位提供完整的竣工资料和竣工验收报告，提请建设单位组织竣工验收。建设单位收到竣工验收报告后，应及时组织有设计、施工、工程监理单位参加的竣工验收，检查整个建设项目是否已按设计要求和合同约定全部建设完成，是否已符合竣工验收条件。有时为了及早发挥项目效益，也可对工程进行单项验收，即在一个总体建设项目中，一个单项工程或一个车间（应为具备独立的施工条件和使用功能的子单位工程）已按设计要求建设完成，能满足生产要求或具备使用条件，建设单位也可组织正式验收，办理交工手续。在整个项目进行全部验收时，对已验收过的单项工程，可以不再进行验收和办理验收手续，但应将单项工程验收单作为全部工程验收的附件而加以说明。

任务 1　了解竣工验收的条件

根据《建设工程质量管理条例》第十六条规定，建设单位收到建设工程竣工报告后，应当根据施工图纸及说明书、国家颁发的施工验收规范和质量检验标准，及时组织设计、施工、工程监理等有关单位进行竣工验收。交付竣工验收的建设工程，应当符合以下条件：

（1）完成建设工程设计和合同约定的各项内容

建设工程设计和合同约定的内容，主要是指设计文件所确定的、在承包合同“承包人承揽工程项目一览表”中载明的工作范围，也包括监理工程师签发的变更通知单中所确定的工作内容。

（2）有完整的技术档案和施工管理资料

工程技术档案和施工管理资料是工程竣工验收和质量保证的重要依据之一，主要包括以下档案和资料：

①工程项目竣工报告；

②分项、分部工程和单位工程技术人员名单；

③图纸会审和设计交底记录；

④设计变更通知单、技术变更核实单；

⑤工程质量事故发生后的调查和处理资料；

⑥隐蔽验收记录及施工日志；

⑦竣工图；

⑧质量检验评定资料；

⑨合同约定的其他资料。

(3)有工程使用的主要建筑材料、建筑构配件和设备的进场试验、检验报告

对建设工程使用的主要建筑材料、建筑构配件和设备的进场，除具有质量合格证明资料外，还应当有试验、检验报告。试验、检验报告中应当注明其规格、型号、用于工程的哪些部位、批量批次、性能等技术指标，其质量要求必须符合国家规定的标准。

(4)有勘察、设计、施工、工程监理等单位分别签署的质量合格文件

勘察、设计、施工、工程监理等有关单位依据工程设计文件及承包合同所要求的质量标准，对竣工工程进行检查和评定。对符合规定的，签署合格文件。竣工验收所依据的国家强制性标准有土建工程、安装工程、人防工程、管道工程、桥梁工程、电气工程及铁路建筑安装工程验收标准等。

(5)有施工单位签署的工程质量保修书

施工单位同建设单位签署的工程质量保修书也是交付竣工验收的条件之一。

工程质量保修是指建设工程在办理交工验收手续后，在规定的保修期限内，因勘察、设计、施工、材料等原因造成的质量缺陷，由施工单位负责维修，由责任方承担维修费用并赔偿损失。施工单位与建设单位应在竣工验收前签署工程质量保修书，保修书是施工合同的附加合同。工程保修书的内容包括保修项目内容及范围、保修期、保修责任和保修金支付方法等。

建设工程经竣工验收合格的，方可交付使用。无论是单项工程提前交付使用(例如单幢住宅)，还是全部工程整体交付使用，都必须经过竣工验收这一环节，并且必须验收合格；没有经过竣工验收或者经过竣工验收确定为不合格的建设工程，不得交付使用。如果建设单位为提前获得投资效益，在工程未经验收即提前投产使用是违法的，由此所产生的质量问题由建设单位承担责任。

任务2　了解竣工验收的程序

按照住房和城乡建设部《房屋建筑工程和市政基础设施工程竣工验收暂行规定》的有关内容，工程竣工验收应当按以下程序进行：

①工程完工后，施工单位向建设单位提交工程竣工报告，申请工程竣工验收。实行监理的工程，工程竣工报告应经总监理工程师签署意见。

②建设单位收到工程竣工报告后，对符合竣工验收要求的工程，组织勘察、设计、施工、监理等单位和其他有关方面的专家组成验收组，制订验收方案。

③建设单位应当在工程竣工验收7个工作日前，将验收的时间、地点及验收组名单书面通知负责监督该工程的质量监督机构。

④建设单位组织工程竣工验收。

a. 建设、勘察、设计、施工、监理单位分别汇报工程合同履约情况和在工程建设各个环节执行法律法规和工程建设强制性标准的情况；

b. 审阅建设、勘察、设计、施工、监理单位的工程档案资料；

c. 实地查验工程质量；

d. 对工程勘察、设计、施工、设备安装质量和各管理环节等方面作出全面评价，形成经验收组人员签署的工程竣工验收意见。

e. 负责监督该工程的质量监督机构，应当对工程竣工验收的组织形式、验收程序、执行验收标准等情况进行现场监督，发现有违反建设工程质量管理规定行为的，责令改正，并将对工程竣工验收的监督情况作为工程质量监督报告的重要内容。

f. 以上是建设主管部门对建设工程竣工验收的有关规定。除此之外，建设单位还应取得规划部门、公安消防部门以及环保单位针对工程项目出具的认可文件或准许使用文件，并在建设工程竣工验收合格之日起15日内按建设工程项目分级管理权限向建设行政主管部门办理备案手续。

课后思考题

1. 钢结构工程竣工验收的条件有哪些？
2. 工程保修书的内容是什么？
3. 简述工程竣工验收的程序。

附　录

附录 Ⅰ　钢材和连接件的强度设计值

钢材的强度设计值

单位：N/mm^2

钢材		抗拉、抗压和抗弯 f	抗剪 f_v	端面承压（刨平顶紧）f_{ce}
牌号	厚度或直径/mm			
Q235 钢	≤16	215	125	325
	>16～40	205	120	
	>40～60	200	115	
	>60～100	190	110	
Q345 钢	≤16	310	180	400
	>16～35	295	170	
	>35～50	265	155	
	>50～100	250	145	
Q390 钢	≤16	350	205	415
	>16～35	335	190	
	>35～50	315	180	
	>50～100	295	170	
Q420 钢	≤16	380	220	440
	>16～35	360	210	
	>35～50	340	195	
	>50～100	325	185	

钢铸件的强度设计值

单位：N/mm³

钢 号	抗拉、抗压和抗弯 f	抗剪 f_v	端面承压（刨平顶紧）f_{ce}
ZG200-400	155	90	260
ZG230-450	180	105	290
ZG270-500	210	120	325
ZG310-570	240	140	370

焊缝的强度设计值

单位：N/mm³

焊接方法和焊条型号	构件钢材		对接焊接				角焊缝
	牌 号	厚度或直径/mm	抗压 f	焊接质量为下列等级时，抗拉 F_t		抗剪 f	抗拉、抗压和抗剪 f
				一级、二级	三级		
自动焊、半自动焊和 E43 型焊条的手工焊	Q235 钢	≤16	215	215	185	125	160
		>16～40	205	205	175	120	
		>40～60	200	200	170	115	
		>60～100	190	190	160	110	
自动焊、半自动焊和 E50 型焊条的手工焊	Q345 钢	≤16	310	310	265	180	200
		>16～35	295	295	250	170	
		>35～50	265	265	225	155	
		>50～100	250	250	210	145	
自动焊、半自动焊和 E55 型焊条的手工焊	Q390 钢	≤16	350	350	300	205	220
		>16～35	335	335	285	190	
		>35～50	315	315	270	180	
		>50～100	295	295	250	170	
	Q420 钢	≤16	380	380	320	220	220
		>16～35	360	360	305	210	
		>35～50	340	340	290	195	
		>50～100	325	325	275	185	

螺栓连接的强度设计值

单位:N/mm^2

螺栓的性能等级、锁栓和构件钢材的牌号		普通螺栓						锁栓	承压型连接高强度螺栓		
		C级螺栓			A级、B级螺栓						
		抗拉	抗剪	承压	抗拉	抗剪	承压	抗拉	抗拉	抗剪	承压
普通螺栓	4.6级、4.8级	170	140	—	—	—	—	—	—	—	—
	5.6级	—	—	—	210	190	—	—	—	—	—
	8.8级	—	—	—	400	320	—	—	—	—	—
锁　栓	Q235钢	—	—	—	—	—	—	140	—	—	—
	Q345钢	—	—	—	—	—	—	180	—	—	—
承压型连接高强度螺栓	8.8级	—	—	—	—	—	—	—	400	250	—
	10.9级	—	—	—	—	—	—	—	500	310	—
构　件	Q235钢	—	—	305	—	—	405	—	—	—	470
	Q345钢	—	—	385	—	—	510	—	—	—	590
	Q390钢	—	—	400	—	—	530	—	—	—	615
	Q420钢	—	—	425	—	—	560	—	—	—	655

铆钉连接的强度设计值

铆钉钢号和构件钢材牌号		抗　拉（钉头拉脱）	抗　剪		承　压	
			Ⅰ类孔	Ⅱ类孔	Ⅰ类孔	Ⅱ类孔
铆钉	BL.2或BL.3	120	185	155		
构件	Q235钢	—	—	—	450	365
	Q345钢	—	—	—	565	460
	Q390钢	—	—	—	590	480

钢材和钢铸件的物理性能指标

弹性模量 $E/(N\cdot mm^{-2})$	剪变模量 $G/(N\cdot mm^{-2})$	线膨胀系数 a(以每°C记)	质量密度 $p/(kg\cdot m^{-3})$
206×10^3	79×10^3	12×10^{-6}	7 850

附录Ⅱ 轴心受压构件的稳定系数

a类截面轴心受压构件稳定系数 φ

λ	0	1	2	3	4	5	6	7	8	9
0	1.000	1.000	1.000	1.000	0.999	0.999	0.998	0.998	0.997	0.996
10	0.995	0.994	0.993	0.992	0.991	0.989	0.988	0.986	0.985	0.983
20	0.981	0.979	0.977	0.976	0.974	0.972	0.970	0.968	0.966	0.964
30	0.963	0.961	0.959	0.957	0.955	0.952	0.950	0.948	0.946	0.944
40	0.941	0.939	0.937	0.934	0.932	0.929	0.927	0.924	0.921	0.919
50	0.916	0.913	0.910	0.907	0.904	0.900	0.897	0.894	0.890	0.886
60	0.883	0.879	0.875	0.871	0.867	0.863	0.858	0.854	0.849	0.844
70	0.839	0.834	0.829	0.824	0.818	0.813	0.807	0.801	0.795	0.789
80	0.783	0.776	0.770	0.763	0.757	0.750	0.743	0.736	0.728	0.721
90	0.714	0.706	0.699	0.691	0.684	0.676	0.668	0.661	0.653	0.645
100	0.638	0.630	0.622	0.615	0.607	0.600	0.592	0.585	0.577	0.570
110	0.563	0.555	0.548	0.541	0.534	0.527	0.520	0.514	0.507	0.500
120	0.494	0.488	0.481	0.475	0.469	0.463	0.457	0.451	0.445	0.440
130	0.434	0.429	0.423	0.418	0.412	0.407	0.402	0.397	0.392	0.387
140	0.383	0.378	0.373	0.369	0.364	0.360	0.356	0.351	0.347	0.343
150	0.339	0.335	0.331	0.327	0.323	0.320	0.316	0.312	0.309	0.305
160	0.302	0.298	0.295	0.292	0.289	0.285	0.282	0.279	0.276	0.273
170	0.270	0.267	0.264	0.262	0.259	0.256	0.253	0.251	0.248	0.246
180	0.243	0.241	0.238	0.236	0.233	0.231	0.229	0.226	0.224	0.222
190	0.220	0.218	0.215	0.213	0.211	0.209	0.207	0.205	0.203	0.201
200	0.199	0.198	0.196	0.194	0.192	0.190	0.189	0.187	0.185	0.183
210	0.182	0.180	0.179	0.177	0.175	0.174	0.172	0.171	0.169	0.168
220	0.166	0.165	0.164	0.162	0.161	0.159	0.158	0.157	0.155	0.154
230	0.153	0.152	0.150	0.149	0.148	0.147	0.146	0.144	0.143	0.142
240	0.141	0.140	0.139	0.138	0.136	0.135	0.134	0.133	0.132	0.131
250	0.130									

b类截面轴心受压构件稳定系数 φ

λ	0	1	2	3	4	5	6	7	8	9
0	1.000	1.000	1.000	0.999	0.999	0.998	0.997	0.996	0.995	0.994
10	0.992	0.991	0.989	0.987	0.985	0.983	0.981	0.978	0.976	0.973
20	0.970	0.967	0.963	0.960	0.957	0.953	0.950	0.946	0.943	0.939
30	0.936	0.932	0.929	0.925	0.922	0.918	0.914	0.910	0.906	0.903
40	0.899	0.895	0.891	0.887	0.882	0.878	0.874	0.870	0.865	0.861
50	0.856	0.852	0.847	0.842	0.838	0.833	0.828	0.823	0.818	0.813
60	0.807	0.802	0.797	0.791	0.786	0.780	0.774	0.769	0.763	0.757
70	0.751	0.745	0.739	0.732	0.726	0.720	0.714	0.707	0.701	0.694
80	0.688	0.681	0.675	0.668	0.661	0.655	0.648	0.641	0.635	0.628
90	0.621	0.614	0.608	0.601	0.594	0.588	0.581	0.575	0.568	0.561
100	0.555	0.549	0.542	0.536	0.529	0.523	0.517	0.511	0.505	0.499
110	0.493	0.487	0.481	0.475	0.470	0.464	0.458	0.453	0.447	0.442
120	0.437	0.432	0.426	0.421	0.416	0.411	0.406	0.402	0.397	0.392
130	0.387	0.383	0.378	0.374	0.370	0.365	0.361	0.357	0.353	0.349
140	0.345	0.341	0.337	0.333	0.329	0.326	0.322	0.318	0.315	0.311
150	0.308	0.304	0.301	0.298	0.295	0.291	0.288	0.285	0.282	0.279
160	0.276	0.273	0.270	0.267	0.265	0.262	0.259	0.256	0.254	0.251
170	0.249	0.246	0.244	0.241	0.239	0.236	0.234	0.232	0.229	0.227
180	0.225	0.223	0.220	0.218	0.216	0.214	0.212	0.210	0.208	0.206
190	0.204	0.202	0.200	0.198	0.197	0.195	0.193	0.191	0.190	0.188
200	0.186	0.184	0.183	0.181	0.180	0.178	0.176	0.175	0.173	0.172
210	0.170	0.169	0.167	0.166	0.165	0.163	0.162	0.160	0.159	0.158
220	0.156	0.155	0.154	0.153	0.151	0.150	0.149	0.148	0.146	0.145
230	0.144	0.143	0.142	0.141	0.140	0.138	0.137	0.136	0.135	0.134
240	0.133	0.132	0.131	0.130	0.129	0.128	0.127	0.126	0.125	0.124
250	0.123									

c 类截面轴心受压构件稳定系数 φ

λ	0	1	2	3	4	5	6	7	8	9
0	1.000	1.000	1.000	0.999	0.999	0.998	0.997	0.996	0.995	0.993
10	0.992	0.990	0.988	0.986	0.983	0.981	0.978	0.976	0.973	0.970
20	0.966	0.959	0.953	0.947	0.940	0.934	0.928	0.921	0.915	0.909
30	0.902	0.896	0.890	0.884	0.877	0.871	0.865	0.858	0.852	0.846
40	0.839	0.833	0.826	0.820	0.814	0.807	0.801	0.794	0.788	0.781
50	0.775	0.768	0.762	0.755	0.748	0.742	0.735	0.729	0.722	0.715
60	0.709	0.702	0.695	0.689	0.682	0.676	0.669	0.662	0.656	0.649
70	0.643	0.636	0.629	0.623	0.616	0.610	0.604	0.597	0.591	0.584
80	0.578	0.572	0.566	0.559	0.553	0.547	0.541	0.535	0.529	0.523
90	0.517	0.511	0.505	0.500	0.494	0.488	0.483	0.477	0.472	0.467
100	0.463	0.458	0.454	0.449	0.445	0.441	0.436	0.432	0.428	0.423
110	0.419	0.415	0.411	0.407	0.403	0.399	0.395	0.391	0.387	0.383
120	0.379	0.375	0.371	0.367	0.364	0.360	0.356	0.353	0.349	0.346
130	0.342	0.339	0.335	0.332	0.328	0.325	0.322	0.319	0.315	0.312
140	0.309	0.306	0.303	0.300	0.297	0.294	0.291	0.288	0.285	0.282
150	0.280	0.277	0.274	0.271	0.269	0.266	0.264	0.261	0.258	0.256
160	0.254	0.251	0.249	0.246	0.244	0.242	0.239	0.237	0.235	0.233
170	0.230	0.228	0.226	0.224	0.222	0.220	0.218	0.216	0.214	0.212
180	0.210	0.208	0.206	0.205	0.203	0.201	0.199	0.197	0.196	0.194
190	0.192	0.190	0.189	0.187	0.186	0.184	0.182	0.181	0.179	0.178
200	0.176	0.175	0.173	0.172	0.170	0.169	0.168	0.166	0.165	0.163
210	0.162	0.161	0.159	0.158	0.157	0.156	0.154	0.153	0.152	0.151
220	0.150	0.148	0.147	0.146	0.145	0.144	0.143	0.142	0.140	0.139
230	0.138	0.137	0.136	0.135	0.134	0.133	0.132	0.131	0.130	0.129
240	0.128	0.127	0.126	0.125	0.124	0.124	0.123	0.122	0.121	0.120
250	0.119									

d 类截面轴心受压构件稳定系数 φ

λ	0	1	2	3	4	5	6	7	8	9
0	1.000	1.000	0.999	0.999	0.998	0.996	0.994	0.992	0.990	0.987
10	0.984	0.981	0.978	0.974	0.969	0.965	0.960	0.955	0.949	0.944
20	0.937	0.927	0.918	0.909	0.900	0.891	0.883	0.874	0.865	0.857
30	0.848	0.840	0.831	0.823	0.815	0.807	0.799	0.790	0.782	0.774
40	0.766	0.759	0.751	0.743	0.735	0.728	0.720	0.712	0.705	0.697
50	0.690	0.683	0.675	0.668	0.661	0.654	0.646	0.639	0.632	0.625
60	0.618	0.612	0.605	0.598	0.591	0.585	0.578	0.572	0.565	0.559
70	0.552	0.546	0.540	0.534	0.528	0.522	0.516	0.510	0.504	0.498
80	0.493	0.487	0.481	0.476	0.470	0.465	0.460	0.454	0.449	0.444
90	0.439	0.434	0.429	0.424	0.419	0.414	0.410	0.405	0.401	0.397
100	0.394	0.390	0.387	0.383	0.380	0.376	0.373	0.370	0.366	0.363
110	0.359	0.356	0.353	0.350	0.346	0.343	0.340	0.337	0.334	0.331
120	0.328	0.325	0.322	0.319	0.316	0.313	0.310	0.307	0.304	0.301
130	0.299	0.296	0.293	0.290	0.288	0.285	0.282	0.280	0.277	0.275
140	0.272	0.270	0.267	0.265	0.262	0.260	0.258	0.255	0.253	0.251
150	0.248	0.246	0.244	0.242	0.240	0.237	0.235	0.233	0.231	0.229
160	0.227	0.225	0.223	0.221	0.219	0.217	0.215	0.213	0.212	0.210
170	0.208	0.206	0.204	0.203	0.201	0.199	0.197	0.196	0.194	0.192
180	0.191	0.189	0.188	0.186	0.184	0.183	0.181	0.180	0.178	0.177
190	0.176	0.174	0.173	0.171	0.170	0.168	0.167	0.166	0.164	0.163
200	0.162									

系数 a_1、a_2、a_3

<table>
<tr><th colspan="2">截面类别</th><th>a_1</th><th>a_2</th><th>a_3</th></tr>
<tr><td colspan="2">a 类</td><td>0.41</td><td>0.986</td><td>0.152</td></tr>
<tr><td colspan="2">b 类</td><td>0.65</td><td>0.965</td><td>0.3</td></tr>
<tr><td rowspan="2">c 类</td><td>$\lambda_n \leq 1.05$</td><td rowspan="2">0.73</td><td>0.906</td><td>0.595</td></tr>
<tr><td>$\lambda_n > 1.05$</td><td>1.216</td><td>0.302</td></tr>
<tr><td rowspan="2">d 类</td><td>$\lambda_n \leq 1.05$</td><td rowspan="2">1.35</td><td>0.868</td><td>0.915</td></tr>
<tr><td>$\lambda_n > 1.05$</td><td>1.375</td><td>0.432</td></tr>
</table>

附录Ⅲ　常用型钢规格及截面特性

工字钢截面尺寸、截面面积、理论重量及截面特性

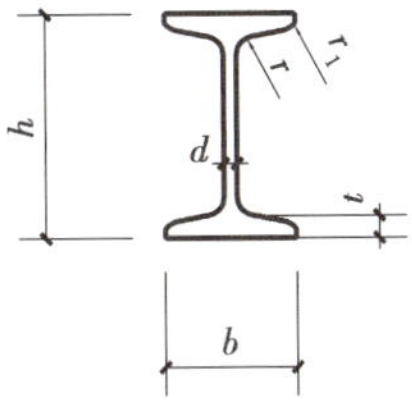

h—高度；　*b*—腿宽度；
d—腰厚度；　*t*—腿中间厚度；
r—内圆弧半径；　r_1—腿端圆弧半径

型号	截面尺寸/mm						截面面积/cm^2	理论重量/(kg·m^{-1})	外表面积/(m^2·m^{-1})	惯性矩/cm^4		惯性半径/cm		截面模数/cm^3	
	h	*b*	*d*	*t*	*r*	r_1				I_x	I_y	i_x	i_y	W_x	W_y
10	100	68	4.5	7.6	6.5	3.3	14.33	11.3	0.432	245	33.0	4.14	1.52	49.0	9.72
12	120	74	5.0	8.4	7.0	3.5	17.80	14.0	0.493	436	46.9	4.95	1.62	72.7	12.7
12.6	126	74	5.0	8.4	7.0	3.5	18.10	14.2	0.505	488	46.9	5.20	1.61	77.5	12.7
14	140	80	5.5	9.1	7.5	3.8	21.50	16.9	0.553	712	64.4	5.76	1.73	102	16.1
16	160	88	6.0	9.9	8.0	4.0	26.11	20.5	0.621	1130	93.1	6.58	1.89	141	21.2
18	180	94	6.5	10.7	8.5	4.3	30.74	24.1	0.681	1660	122	7.36	2.00	185	26.0
20a	200	100	7.0	11.4	9.0	4.5	35.55	27.9	0.742	2370	158	8.15	2.12	237	31.5
20b		102	9.0				39.55	31.1	0.746	2500	169	7.96	2.06	250	33.1
22a	220	110	7.5	12.3	9.5	4.8	42.10	33.1	0.817	3400	225	8.99	2.31	309	40.9
22b		112	9.5				46.50	36.5	0.821	3570	239	8.78	2.27	325	42.7
24a	240	116	8.0	13.0	10.0	5.0	47.71	37.5	0.878	4570	280	9.77	2.42	381	48.4
24b		118	10.0				52.51	41.2	0.882	4800	297	9.57	2.38	400	50.4
25a	250	116	8.0				48.51	38.1	0.898	5020	280	10.2	2.40	402	48.3
25b		118	10.0				53.51	42.0	0.902	5280	309	9.94	2.40	423	52.4
27a	270	122	8.5	13.7	10.5	5.3	54.52	42.8	0.958	6550	345	10.9	2.51	485	56.6
27b		124	10.5				59.92	47.0	0.962	6870	366	10.7	2.47	509	58.9
28a	280	122	8.5				55.37	43.5	0.978	7110	345	11.3	2.50	508	56.6
28b		124	10.5				60.97	47.9	0.982	7480	379	11.1	2.49	534	61.2
30a	300	126	9.0	14.4	11.0	5.5	61.22	48.1	1.031	8950	400	12.1	2.55	597	63.5
30b		128	11.0				67.22	52.8	1.035	9400	422	11.8	2.50	627	65.9
30c		130	13.0				73.22	57.5	1.039	9850	445	11.6	2.46	657	68.5

续表

型号	截面尺寸/mm						截面面积/cm^2	理论重量/$(kg \cdot m^{-1})$	外表面积/$(m^2 \cdot m^{-1})$	惯性矩/cm^4		惯性半径/cm		截面模数/cm^3	
	h	b	d	t	r	r_1				I_x	I_y	i_x	i_y	W_x	W_y
32a		130	9.5				67.12	52.7	1.084	11100	460	12.8	2.62	692	70.8
32b	320	132	11.5	15.0	11.5	5.8	73.52	57.7	1.088	11600	502	12.6	2.61	726	76.0
32c		134	13.5				79.92	62.7	1.092	12200	544	12.3	2.61	760	81.2
36a		136	10.0				76.44	60.0	1.185	15800	552	14.4	2.69	875	81.2
36b	360	138	12.0	15.8	12.0	6.0	83.64	65.7	1.189	16500	582	14.1	2.64	919	84.3
36c		140	14.0				90.84	71.3	1.193	17300	612	13.8	2.60	962	87.4
40a		142	10.5				86.07	67.6	1.285	21700	660	15.9	2.77	1090	93.2
40b	400	144	12.5	16.5	12.5	6.3	94.07	73.8	1.289	22800	692	15.6	2.71	1140	96.2
40c		146	14.5				102.1	80.1	1.293	23900	727	15.2	2.65	1190	99.6
45a		150	11.5				102.4	80.4	1.411	32200	855	17.7	2.89	1430	114
45b	450	152	13.5	18.0	13.5	6.8	111.4	87.4	1.415	33800	894	17.4	2.84	1500	118
45c		154	15.5				120.4	94.5	1.419	35300	938	17.1	2.79	1570	122
50a		158	12.0				119.2	93.6	1.539	46500	1120	19.7	3.07	1860	142
50b	500	160	14.0	20.0	14.0	7.0	129.2	101	1.543	48600	1170	19.4	3.01	1940	146
50c		162	16.0				139.2	109	1.547	50600	1220	19.0	2.96	2080	151
55a		166	12.5				134.1	105	1.667	62900	1370	21.6	3.19	2290	164
55b	550	168	14.5				145.1	114	1.671	65600	1420	21.2	3.14	2390	170
55c		170	16.5	21.0	14.5	7.3	156.1	123	1.675	68400	1480	20.9	3.08	2490	175
56a		166	12.5				135.4	106	1.687	65600	1370	22.0	3.18	2340	165
56b	560	168	14.5				146.6	115	1.691	68500	1490	21.6	3.16	2450	174
56c		170	16.5				157.8	124	1.695	71400	1560	21.3	3.16	2550	183
63a		176	13.0				154.6	121	1.862	93900	1700	24.5	3.31	2980	193
63b	630	178	15.0	22.0	15.0	7.5	167.2	131	1.866	98100	1810	24.2	3.29	3160	204
63c		180	17.0				179.8	141	1.870	102000	1920	23.8	3.27	3300	214

注：表中 r，r_1 的数据用于孔型设计，不作交货条件。

槽钢截面尺寸、截面面积、理论重量级截面特性

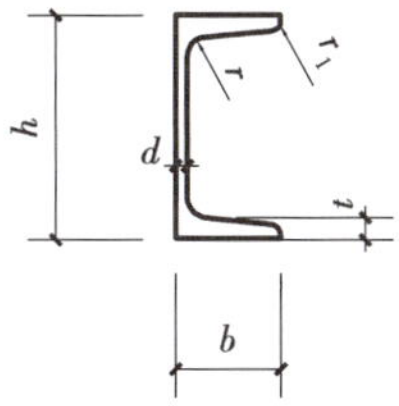

h—高度；　b—腿宽度；
d—腰厚度；　t—腿中间厚度；
r—内圆弧半径；　r_1—腿端圆弧半径

型号	截面尺寸/mm						截面面积/cm^2	理论重量/(kg·m^{-1})	外表面积/(m^2·m^{-1})	惯性距/cm^4			惯性半径/cm		截面模数/cm^3		重心距离/cm
	h	b	d	t	r	r_1				I_x	I_y	I_{y_1}	i_x	i_y	W_x	W_y	Z_0
5	50	37	4.5	7.0	7.0	3.5	6.925	5.44	0.226	26.0	8.30	20.9	1.94	1.10	10.4	3.55	1.35
6.3	63	40	4.8	7.5	7.5	3.8	8.446	6.63	0.262	50.8	11.9	28.4	2.45	1.19	16.1	4.50	1.36
6.5	65	40	4.3	7.5	7.5	3.8	8.292	6.51	0.267	55.2	12.0	28.3	2.54	1.19	17.0	4.59	1.38
8	80	43	5.0	8.0	8.0	4.0	10.24	8.04	0.307	101	16.6	37.4	3.15	1.27	25.3	5.79	1.43
10	100	48	5.3	8.5	8.5	4.2	12.74	10.0	0.365	198	25.6	54.9	3.95	1.41	39.7	7.80	1.52
12	120	53	5.5	9.0	9.0	4.5	15.36	12.1	0.423	346	37.4	77.7	4.75	1.56	57.7	10.2	1.62
12.6	126	53	5.5	9.0	9.0	4.5	15.69	12.3	0.435	391	38.0	77.1	4.95	1.57	62.1	10.2	1.59
14a	140	58	6.0	9.5	9.5	4.8	18.51	14.5	0.480	564	53.2	107	5.52	1.70	80.5	13.0	1.71
14b		60	8.0				21.31	16.7	0.484	609	61.1	121	5.35	1.69	87.1	14.1	1.67
16a	160	63	6.5	10.0	10.0	5.0	21.95	17.2	0.538	866	73.3	144	6.28	1.83	108	16.3	1.80
16b		65	8.5				25.15	19.8	0.542	935	83.4	161	6.10	1.82	117	17.6	1.75
18a	180	68	7.0	10.5	10.5	5.2	25.69	20.2	0.596	1270	98.6	190	7.04	1.96	141	20.0	1.88
18b		70	9.0				29.29	23.0	0.600	1370	111	210	6.84	1.95	152	21.5	1.84
20a	200	73	7.0	11.0	11.0	5.5	28.83	22.6	0.654	1780	128	244	7.86	2.11	178	24.2	2.01
20b		75	9.0				32.83	25.8	0.658	1910	144	268	7.64	2.09	191	25.9	1.95
22a	220	77	7.0	11.5	11.5	5.8	31.83	25.0	0.709	2390	158	298	8.67	2.23	218	28.2	2.10
22b		79	9.0				36.23	28.5	0.713	2570	176	326	8.42	2.21	234	30.1	2.03
24a	240	78	7.0	12.0	12.0	6.0	34.21	26.9	0.752	3050	174	325	9.45	2.25	254	30.5	2.10
24b		80	9.0				39.01	30.6	0.756	3280	194	355	9.17	2.23	274	32.5	2.03
24c		82	11.0				43.81	34.4	0.760	3510	213	388	8.96	2.21	293	34.5	2.00
25a	250	78	7.0	12.0	12.0	6.0	34.91	27.4	0.772	3370	176	322	9.82	2.24	270	30.6	2.07
25b		80	9.0				39.91	31.3	0.776	3530	196	353	9.41	2.22	282	32.7	1.98
25c		82	11.0				44.91	35.3	0.780	3690	218	384	9.07	2.21	295	35.9	1.92
27a	270	82	7.5	12.5	12.5	6.2	39.27	30.8	0.826	4360	216	393	10.5	2.34	323	35.5	2.13
27b		84	9.5				44.67	35.1	0.830	4690	239	428	10.3	2.31	347	37.7	2.06
27c		86	11.5				50.07	39.3	0.834	5020	261	467	10.1	2.28	372	39.8	2.03
28a	280	82	7.5				40.02	31.4	0.846	4760	218	388	10.9	2.33	340	35.7	2.10
28b		84	9.5				45.62	35.8	0.850	5130	242	428	10.6	2.30	366	37.9	2.02
28c		86	11.5				51.22	40.2	0.854	5500	268	463	10.4	2.29	393	40.3	1.95

续表

型号	截面尺寸/mm						截面面积/cm²	理论重量/(kg·m⁻¹)	外表面积/(m²·m⁻¹)	惯性距/cm⁴			惯性半径/cm		截面模数/cm³		重心距离/cm
	h	b	d	t	r	r_1				I_x	I_y	I_{y_1}	i_x	i_y	W_x	W_y	Z_0
30a		85	7.5				43.89	34.5	0.897	6050	260	467	11.7	2.43	403	41.1	2.17
30b	300	87	9.5	13.5	13.5	6.8	49.89	39.2	0.901	6500	289	515	11.4	2.41	433	44.0	2.13
30c		89	11.5				55.89	43.9	0.905	6950	316	560	11.2	2.38	463	46.4	2.09
32a		88	8.0				48.50	38.1	0.947	7600	305	552	12.5	2.50	475	46.5	2.24
32b	320	90	10.0	14.0	41.0	7.0	54.90	43.1	0.951	8140	336	593	12.2	2.47	509	49.2	2.16
32c		92	12.0				61.30	48.1	0.955	8690	374	643	11.9	2.47	543	52.6	2.09
36a		96	9.0				60.89	47.8	1.053	11900	455	818	14.0	2.73	660	63.5	2.44
36b	360	98	11.0	16.0	16.0	8.0	68.09	53.5	1.057	12700	497	880	13.6	2.70	703	66.9	2.37
36c		100	13.0				75.29	59.1	1.061	13400	536	948	13.4	2.67	746	70.0	2.34
40a		100	10.5				75.04	58.9	1.144	17600	592	1070	15.3	2.81	879	78.8	2.49
40b	400	102	12.5	18.0	18.0	9.0	83.04	65.2	1.148	18600	640	1170	15.0	2.78	932	82.5	2.44
40c		104	14.5				91.04	71.5	1.152	19700	688	1220	14.7.	2.75	986	86.2	2.42

注：表中 r, r_1 的数据用于孔型设计，不作交货条件。

国标 HW 型钢截面尺寸、截面面积、理论重量及截面特性

类型	型号（高度×宽度）	截面尺寸/mm				截面面积/cm²	理论重量/(kg·m⁻¹)	截面特性参数					
								惯性矩/cm⁴		惯性半径/cm		截面模数/cm³	
		$H\times B$	t_1	t_2	r			I_x	I_y	i_x	i_y	W_x	W_y
HW	100×100	100×100	6	8	10	21.9	17.2	383	134	4.18	2.47	76.5	26.7
	125×125	125×125	6.5	9	10	30.31	23.8	847	294	5.29	3.11	136	47
	175×175	150×150	7	10	13	40.55	31.9	1660	564	6.39	3.73	221	75.1
	175×175	175×175	7.5	11	13	51.43	40.3	2900	984	7.5	4.37	331	112
	200×200	200×200	8	12	16	64.28	50.5	4770	1600	8.61	4.99	477	160
		#200×204	12	12	16	72.28	56.7	5030	1700	8.35	4.85	503	167
	250×250	250×250	9	14	16	92.18	72.4	10800	3650	10.8	6.29	867	292
		#250×255	14	14	16	104.7	82.2	11500	3880	10.5	6.09	919	304

续表

类型	型号（高度×宽度）	截面尺寸/mm				截面面积/cm²	理论重量/(kg·m⁻¹)	截面特性参数					
								惯性矩/cm^4		惯性半径/cm		截面模数/cm^3	
		$H\times B$	t_1	t_2	r			I_x	I_y	i_x	i_y	W_x	W_y
HW	300×300	#294×302	12	12	20	108.3	85	17000	5520	12.5	7.14	1160	365
		300×300	10	15	20	120.4	94.5	20500	6760	13.1	7.49	1370	450
		300×305	15	15	20	135.4	106	21600	7100	12.6	7.24	1440	466
	350×350	#344×348	10	16	20	146	115	33300	11200	15.1	8.78	1940	646
		350×350	12	19	20	173.9	137	40300	13600	15.2	8.84	2300	776
	400×400	#388×402	15	15	24	179.2	141	49200	16300	16.6	9.52	2540	809
		#394×398	11	18	24	187.6	147	56400	18900	17.3	10	2860	951
		400×400	13	21	24	219.5	172	66900	22400	17.5	10.1	3340	1120
		#414×405	18	28	24	296.2	233	93000	31000	17.7	10.2	4490	1530
		#400×408	21	21	24	251.5	197	71100	23800	16.8	9.73	3560	1170
		#428×407	20	35	24	361.4	284	119000	39400	18.2	10.4	5580	1930
		*458×417	30	50	24	529.3	415	187000	60500	18.8	10.7	8180	2900
		*498×432	45	70	24	770.8	605	398000	94400	19.7	11.1	12000	4370
HM	150×100	148×100	6	9	13	27.25	21.4	1040	151	6.17	2.35	140	30.2
	200×150	194×150	6	9	16	39.76	31.2	2740	508	8.3	3.57	283	67.7
	250×175	244×175	7	11	16	56.24	44.1	6120	985	10.4	4.18	502	113
	300×200	294×200	8	12	20	73.03	57.3	11400	1600	12.5	4.69	779	160
	350×250	340×250	9	14	20	101.5	79.7	21700	3650	14.6	6	1280	292
	400×300	390×300	10	16	24	136.7	107	38900	7210	16.9	7.26	2000	481
	450×300	440×300	11	18	24	157.4	124	56100	8110	18.9	7.18	2550	541
	500×300	482×300	11	15	28	146.4	115	60800	6770	20.4	6.8	2520	451
		488×300	11	18	28	164.4	129	71400	8120	20.8	7.03	2930	541
	600×300	582×300	12	17	28	174.5	137	103000	7670	24.3	6.63	3530	511
		588×300	12	20	28	192.5	151	118000	9020	24.8	6.85	4020	601
		#594×302	14	23	28	222.4	175	137000	10600	24.9	6.9	4620	701
HN	100×50	100×50	5	7	10	12.16	9.54	192	14.9	3.98	1.11	38.5	5.96
	125×60	125×60	6	8	10	17.01	13.3	417	29.3	4.95	1.31	66.8	9.75

续表

类型	型号（高度×宽度）	截面尺寸/mm				截面面积/cm^2	理论重量/(kg·m^{-1})	截面特性参数					
		$H\times B$	t_1	t_2	r			惯性矩/cm^4		惯性半径/cm		截面模数/cm^3	
								I_x	I_y	i_x	i_y	W_x	W_y
HN	150×75	150×75	5	7	10	18.16	14.3	679	49.6	6.12	1.65	90.6	13.2
	175×90	175×90	5	8	10	23.21	18.2	1220	97.6	7.26	2.05	140	21.7
	200×100	198×99	4.5	7	13	23.59	18.5	1610	114	8.27	2.2	163	23
		200×100	5.5	8	13	27.57	21.7	1880	134	8.25	2.21	188	26.8
	250×125	248×124	5	8	13	32.89	25.8	3560	255	10.4	2.78	287	41.1
		250×125	6	9	13	37.87	29.7	4080	294	10.4	2.79	326	47
	300×150	298×149	5.5	8	16	41.55	32.6	6460	443	12.4	3.26	433	59.4
		300×150	6.5	9	16	47.53	37.3	7350	508	12.4	3.27	490	67.7
	350×175	346×174	6	9	16	53.19	41.8	11200	792	14.5	3.86	649	91
		350×175	7	11	16	63.66	50	13700	985	14.7	3.93	782	113
	#400×150	#400×150	8	13	16	71.12	55.8	18800	734	16.3	3.21	942	97.9
	400×200	396×199	7	11	16	72.16	56.7	20000	1450	16.7	4.48	1010	145
		400×200	8	13	16	84.12	66	23700	1740	16.8	4.54	1190	174
	#450×150	#450×150	9	14	20	83.41	65.5	27100	793	18	3.08	1200	106
	450×200	446×199	8	12	20	84.95	66.7	290000	1580	18.5	4.31	1300	159
		450×200	9	14	20	97.41	76.5	33700	1870	18.6	4.38	1500	187
	#500×150	#500×150	10	16	20	98.23	77.1	38500	907	19.8	3.04	1450	121
	500×200	496×199	9	14	20	101.3	79.5	41900	1840	20.3	4.27	1690	185
		500×200	10	16	20	114.2	89.6	47800	2140	20.5	4.33	1910	214
		#506×201	11	19	20	131.3	103	56500	2580	20.8	4.43	2230	257
	600×200	596×199	10	15	24	121.2	95.1	69300	1980	23.9	4.04	2330	199
		600×200	11	17	24	135.2	106	78200	2280	24.1	4.11	2610	228
		#606×201	12	20	24	153.3	120	91000	2720	24.4	4.21	3000	271
	700×300	#692×300	13	20	28	211.5	166	172000	9020	28.6	6.53	4980	602
		700×300	13	24	28	235.5	185	201000	10800	29.3	6.78	5760	722

国标 HN、HP 型钢截面尺寸、截面面积、理论重量及截面特性

类型	型号（高度×宽度）	截面尺寸/mm				截面面积 /cm²	理论重量 /(kg·m⁻¹)	截面特性参数					
								惯性矩 /cm⁴		惯性半径 /cm		截面模数 /cm³	
		$H\times B$	t_1	t_2	r			I_x	I_y	i_x	i_y	W_x	W_y
HN	#800×300	*792×300	14	22	28	243.4	191	25400	9930	32.3	6.39	6400	662
		*800×300	14	26	28	267.4	210	29200	11700	33	6.62	7290	782
	#900×300	*890×299	15	23	28	270.9	213	345000	10300	35.7	6.16	7760	688
		*900×300	16	28	28	309.8	243	411000	12600	36.4	6.39	9140	843
		*912×302	18	34	28	364	286	498000	15700	37	6.56	10900	1040
HP	200×200	200×204	12	12	16	72.28	56.7	5030	1700	8.35	10.85	503	167
	250×250	244×252	11	11	16	82.05	64.4	8790	2940	10.4	5.98	720	233
		250×255	14	14	16	104.7	82.2	11500	3880	10.5	6.09	919	304
	300×300	294×302	12	12	20	108.3	85	17000	5520	12.5	7.13	1150	365
		300×300	10	15	20	120.4	94.5	20500	6760	13.1	7.19	1370	450
	350×350	300×305	15	15	20	135.4	106	21600	7110	12.6	7.24	1440	466
		338×351	13	13	20	135.3	106	28200	9380	14.4	8.33	1670	535
		344×354	16	16	20	166.6	131	35300	11800	14.6	8.43	2050	669
		350×350	12	19	20	173.9	137	40300	13600	15.2	8.84	2300	776
	400×400	350×357	19	19	20	198.4	156	42800	14400	14.7	8.53	2450	809
		388×402	15	15	24	179.2	141	49200	16300	16.6	9.52	2540	809
		394×405	18	18	24	215.2	169	59900	20000	16.7	9.63	3040	986
		400×400	13	21	24	219.5	172	66900	22400	17.5	10.1	3340	1120
		414×405	18	28	24	296.2	233	93000	31000	17.7	10.2	4490	1530
		404×408	21	21	24	251.5	197	71100	23800	16.8	9.73	3560	1170
		428×407	20	35	24	361.4	284	119000	39400	18.2	10.4	5580	1930

注：1. “#”表示的规格为非常规格。

2. “*”表示的规格，目前国内尚未生产。

3. 型号属于同一范围的产品，其内测尺寸高度是一致的。

4. 截面面积计算公式为“$t_1(H-2t_2)+2Bt_2+0.858r_2$”。

等边角钢截面尺寸、截面面积、理论重量及截面特性(按 GB/T 706—2016 计算)

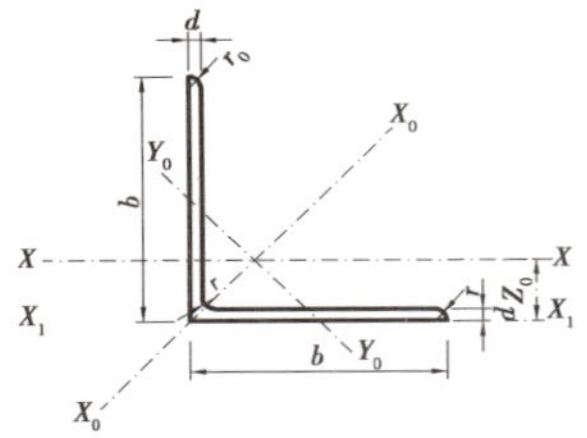

b—边宽度；
d—边厚度；
r—内圆弧半径；
r_1—边端圆弧半径；
z_0—重心距离

型号	截面尺寸/mm			截面面积/cm²	理论重量/(kg·m⁻¹)	外表面积/(m²·m⁻¹)	惯性矩/cm⁴				惯性半径/cm			截面模数/cm³			重心距离/cm
	b	d	r				I_x	I_{x1}	I_{x0}	I_{y0}	i_x	i_{x0}	i_{y0}	W_x	W_{x0}	W_{y0}	Z_0
5.6	56	3	6	3.343	2.62	0.221	10.2	17.6	16.1	4.24	1.75	2.20	1.13	2.48	4.08	2.02	1.48
		4		4.390	3.45	0.220	13.2	23.4	20.9	5.46	1.73	2.18	1.11	3.24	5.28	2.52	1.53
		5		5.415	4.25	0.220	16.0	29.3	25.4	6.61	1.72	2.17	1.10	3.97	6.42	2.98	1.57
		6		6.420	5.04	0.220	18.7	35.3	29.7	7.73	1.71	2.15	1.10	4.68	7.49	3.40	1.61
		7		7.404	5.81	0.219	21.2	41.2	33.6	8.82	1.69	2.13	1.09	5.36	8.49	3.80	1.64
		8		8.367	6.57	0.219	23.6	47.2	37.4	9.89	1.68	2.11	1.09	6.03	9.44	4.16	1.68
6	60	5	6.5	5.829	4.58	0.236	19.9	36.1	31.6	8.21	1.85	2.33	1.19	4.59	7.44	3.48	1.67
		6		6.914	5.43	0.235	23.4	43.3	36.9	9.60	1.83	2.31	1.18	5.41	8.70	3.98	1.70
		7		7.977	6.26	0.235	26.4	50.7	41.9	11.0	1.82	2.29	1.17	6.21	9.88	4.45	1.74
		8		9.020	7.08	0.235	29.5	58.0	46.7	12.3	1.81	2.27	1.17	6.98	11.0	4.88	1.78
6.3	63	4	7	4.978	3.91	0.248	19.0	33.4	30.2	7.89	1.96	2.46	1.26	4.13	6.78	3.29	1.70
		5		6.143	4.82	0.248	23.2	41.7	36.8	9.57	1.94	2.45	1.25	5.08	8.25	3.90	1.74
		6		7.288	5.72	0.247	27.1	50.1	43.0	11.2	1.93	2.43	1.24	6.00	9.66	4.46	1.78
		7		8.412	6.60	0.247	30.9	58.6	49.0	12.8	1.92	2.41	1.23	6.88	11.0	4.98	1.82
		8		9.515	7.47	0.247	34.5	67.1	54.6	14.3	1.90	2.40	1.23	7.75	12.3	5.47	1.85
		10		11.66	9.15	0.246	41.1	84.3	64.9	17.3	1.88	2.36	1.22	9.39	14.6	6.36	1.93

7	70	4	8	5.570	4.37	0.275	26.4	45.7	41.8	11.0	2.18	2.74	1.40	5.14	8.44	4.17	1.86
		5		6.876	5.40	0.275	32.2	57.2	51.1	13.3	2.16	2.73	1.39	6.32	10.3	4.95	1.91
		6		8.160	6.41	0.275	37.8	68.7	59.9	15.6	2.15	2.71	1.38	7.48	12.1	5.67	1.95
		7		9.424	7.40	0.275	43.1	80.3	68.4	17.8	2.14	2.69	1.38	8.59	13.8	6.34	1.99
		8		10.67	8.37	0.274	48.2	91.9	76.4	20.0	2.12	2.68	1.37	9.68	15.4	6.98	2.03
7.5	75	5	9	7.412	5.82	0.295	40.0	70.6	63.3	16.6	2.33	2.92	1.50	7.32	11.9	5.77	2.04
		6		8.797	6.91	0.294	47.0	84.6	74.4	19.5	2.31	2.90	1.49	8.64	14.0	6.67	2.07
		7		10.16	7.98	0.294	53.6	98.7	85.0	22.2	2.30	2.89	1.48	9.93	16.0	7.44	2.11
		8		11.50	9.03	0.294	60.0	113	95.1	24.9	2.28	2.88	1.47	11.2	17.9	8.19	2.15
		9		12.83	10.10	0.294	66.1	127	105	27.5	2.27	2.86	1.46	12.4	19.8	8.89	2.18
		10		14.13	11.10	0.293	72.0	142	114	30.1	2.26	2.84	1.46	13.6	21.5	9.56	2.22
8	80	5		7.912	6.21	0.315	48.8	85.4	77.3	20.3	2.48	3.13	1.60	8.34	13.7	6.66	2.15
		6		9.397	7.38	0.314	57.4	103	91.0	23.7	2.47	3.11	1.59	9.87	16.1	7.65	2.19
		7		10.86	8.53	0.314	65.6	120	104	27.1	2.46	3.10	1.58	11.4	18.4	8.58	2.23
		8		12.30	9.66	0.314	73.5	137	117	30.4	2.44	3.08	1.57	12.8	20.6	9.46	2.27
		9		13.73	10.8	0.314	81.1	154	129	33.6	2.43	3.06	1.56	14.3	22.7	10.3	2.31
		10		15.13	11.9	0.313	88.4	172	140	36.8	2.42	3.04	1.56	15.6	24.8	11.1	2.35
9	90	6	10	10.64	8.35	0.354	82.8	146	131	34.3	2.79	3.51	1.80	12.6	20.6	9.95	2.44
		7		12.30	9.66	0.354	94.8	170	150	39.2	2.78	3.50	1.78	14.5	23.6	11.2	2.48
		8		13.94	10.9	0.353	106	195	169	44.0	2.76	3.48	1.78	16.4	26.6	12.4	2.52
		9		15.57	12.2	0.353	118	219	187	48.7	2.75	3.46	1.77	18.3	29.4	13.5	2.56
		10		17.17	13.5	0.353	129	244	204	53.3	2.74	3.45	1.76	20.1	32.0	14.5	2.59
		12		20.31	15.9	0.352	149	294	236	62.2	2.71	3.41	1.75	23.6	37.1	16.5	2.67

续表

型号	截面尺寸/mm			截面面积 /cm²	理论重量 /(kg·m⁻¹)	外表面积 /(m²·m⁻¹)	惯性矩/cm⁴				惯性半径/cm			截面模数/cm³			重心距离/cm
	b	d	r				I_x	I_{x1}	I_{x0}	I_{y0}	i_x	i_{x0}	i_{y0}	W_x	W_{x0}	W_{y0}	Z_0
10	100	6	12	11. 93	9. 37	0. 393	115	200	182	47. 9	3. 10	3. 90	2. 00	15. 70	25. 7	12. 7	2. 67
		7		13. 80	10. 8	0. 393	132	234	209	54. 7	3. 09	3. 89	1. 99	18. 10	29. 6	14. 3	2. 71
		8		15. 64	12. 3	0. 393	148	267	235	61. 4	3. 08	3. 88	1. 98	20. 50	33. 2	15. 8	2. 76
		9		17. 46	13. 7	0. 392	164	300	260	68. 0	3. 07	3. 86	1. 97	22. 80	36. 8	17. 2	2. 8
		10		19. 26	15. 1	0. 392	180	334	285	74. 4	3. 05	3. 84	1. 96	25. 10	40. 3	18. 5	2. 84
		12		22. 80	17. 9	0. 391	209	402	331	86. 8	3. 03	3. 81	1. 95	29. 50	46. 8	21. 1	2. 91
		14		26. 26	20. 6	0. 391	237	471	374	99. 0	3. 00	3. 77	1. 94	33. 70	52. 9	23. 4	2. 99
		16		29. 63	23. 3	0. 390	263	540	414	111	2. 98	3. 74	1. 94	37. 80	58. 6	25. 6	3. 06
11	110	7	12	15. 20	11. 9	0. 433	177	311	281	73. 4	3. 41	4. 30	2. 20	22. 10	36. 1	17. 5	2. 96
		8		17. 24	13. 5	0. 433	199	355	316	82. 4	3. 40	4. 28	2. 19	25. 00	40. 7	19. 4	3. 01
		10		21. 26	16. 7	0. 432	242	445	384	100	3. 38	4. 25	2. 17	30. 60	49. 4	22. 9	3. 09
		12		25. 20	19. 8	0. 431	283	535	448	117	3. 35	4. 22	2. 15	36. 10	57. 6	26. 2	3. 16
		14		29. 06	22. 8	0. 431	321	625	508	133	3. 32	4. 18	2. 14	41. 30	65. 3	29. 1	3. 24

12.5	125	8	14	19.75	15.5	0.492	297	521	471	123	3.88	4.88	2.50	32.50	53.3	25.9	3.37
		10		24.37	19.1	0.491	362	652	574	149	3.85	4.85	2.48	40.00	64.9	30.6	3.45
		12		28.91	22.7	0.491	423	783	671	175	3.83	4.82	2.46	41.20	76.0	35.0	3.53
		14		33.37	26.2	0.490	482	916	764	200	3.80	4.78	2.45	54.20	86.4	39.1	3.61
		16		37.74	29.6	0.489	537	1050	851	224	3.77	4.75	2.43	60.90	96.3	43.0	3.68
14	140	10		27.37	21.5	0.551	515	915	817	212	4.34	5.46	2.78	50.60	82.6	39.2	3.82
		12		32.51	25.5	0.551	604	1100	959	249	4.31	5.43	2.76	59.80	96.9	45.0	3.9
		14		37.57	29.5	0.550	689	1280	1090	284	4.28	5.40	2.75	68.80	110	50.5	3.98
		16		42.54	33.4	0.549	770	1470	1220	319	4.26	5.36	2.74	77.50	123	55.6	4.06
15	150	8		23.75	18.6	0.592	521	900	827	215	4.69	5.90	3.01	47.40	78	38.1	3.99
		10		29.37	23.1	0.591	638	1130	1010	262	4.66	5.87	2.99	58.40	95.5	45.5	4.08
		12		34.91	27.4	0.591	749	1350	1190	308	4.63	5.84	2.97	69.00	112	52.4	4.15
		14		40.37	31.7	0.590	856	1580	1360	352	4.60	5.80	2.95	79.50	128	58.8	4.23
		15		43.06	33.8	0.590	907	1090	1440	374	4.59	5.78	2.95	80.60	136	61.9	4.27
		16		45.74	35.9	0.589	958	1810	1520	395	4.58	5.77	2.94	89.60	143	64.9	4.31
16	160	10	16	31.50	24.7	0.630	780	1370	1240	322	4.98	6.27	3.20	66.70	109	52.8	4.31
		12		37.44	29.4	0.630	917	1640	1460	377	4.95	6.24	3.18	79.0	129	60.7	4.39
		14		43.30	34.0	0.629	1050	1910	1670	432	4.92	6.20	3.16	91.0	147	68.2	4.47
		16		49.07	38.5	0.629	1180	2190	1870	485	4.89	6.17	3.14	103	165	75.3	4.55
18	180	12		42.24	33.2	0.710	1320	2330	2100	543	5.59	7.05	3.58	101	165	78.4	4.89
		14		48.90	38.4	0.709	1510	2720	2410	622	5.56	7.02	3.56	116	189	88.4	4.97
		16		55.47	43.5	0.709	1700	3120	2700	699	5.54	6.98	3.55	131	212	97.8	5.05
		18		61.96	48.6	0.708	1880	3500	2990	762	5.50	6.94	3.51	146	235	105	5.13

续表

型号	截面尺寸/mm			截面面积	理论重量	外表面积	惯性矩/cm^4				惯性半径/cm			截面模数/cm^3			重心距离/cm
	b	d	r	/cm^2	/(kg·m^{-1})	/(m^2·m^{-1})	I_x	I_{x1}	I_{x0}	I_{y0}	i_x	i_{x0}	i_{y0}	W_x	W_{x0}	W_{y0}	Z_0
20	200	14	18	54.64	42.9	0.788	2100	3730	3340	864	6.20	7.82	3.98	145	236	112	5.46
		16		62.01	48.7	0.788	2370	4270	3760	971	6.18	7.79	3.96	164	266	124	5.54
		18		69.30	54.4	0.787	2620	4810	4160	1080	6.15	7.75	3.94	182	294	136	5.62
		20		76.51	60.1	0.787	2870	5350	4550	1180	6.12	7.72	3.93	200	322	147	5.69
		24		90.66	71.2	0.785	3340	6460	5290	1380	6.07	7.64	3.90	236	374	167	5.87
22	220	16	21	68.67	53.9	0.866	3190	5680	5060	1310	6.81	8.59	4.37	200	326	154	6.03
		18		76.75	60.3	0.866	3540	6400	5620	1450	6.79	8.55	4.35	223	361	168	6.11
		20		84.76	66.5	0.865	3870	7110	6150	1590	6.76	8.52	4.34	245	395	182	6.18
		22		92.68	72.8	0.865	4200	7830	6670	1730	6.73	8.48	4.32	267	429	195	6.26
		24		100.5	78.9	0.864	4520	8550	7110	1870	6.71	8.45	4.31	289	461	208	6.33
		26		108.3	85.0	0.864	4830	9280	7690	2000	6.68	8.41	4.30	310	492	221	6.41
25	250	18	24	87.84	69.0	0.985	5270	9380	8370	2170	7.75	9.76	4.97	290	473	224	6.84
		20		97.05	76.2	0.984	5780	10400	9180	2380	7.72	9.73	4.95	320	519	243	6.92
		22		106.2	83.3	0.983	6280	11500	9970	2580	7.69	9.69	4.93	349	564	261	7.00
		24		115.2	90.4	0.983	6770	12500	10700	2790	7.67	9.66	4.92	378	608	278	7.07
		26		124.2	97.5	0.982	7240	13600	11500	2980	7.64	9.62	4.90	406	650	295	7.15
		28		133.0	104	0.982	7700	14600	12200	3180	7.61	9.58	4.89	433	691	311	7.22
		30		141.8	111	0.981	8160	15700	12900	3380	7.58	9.55	4.88	461	731	327	7.30
		32		150.5	118	0.981	8600	16800	13600	3570	7.56	9.51	4.87	488	770	342	7.37
		35		163.4	128	0.080	9240	18400	14600	3850	7.52	9.46	4.86	527	827	364	7.48

注：截面图中的 $r_1 = 1/3d$ 及表中 r 的数据用于孔型设计，不作交货条件。

不等边角钢截面尺寸、截面面积、理论重量及截面特性(按 GB/T 706—2016 计算)

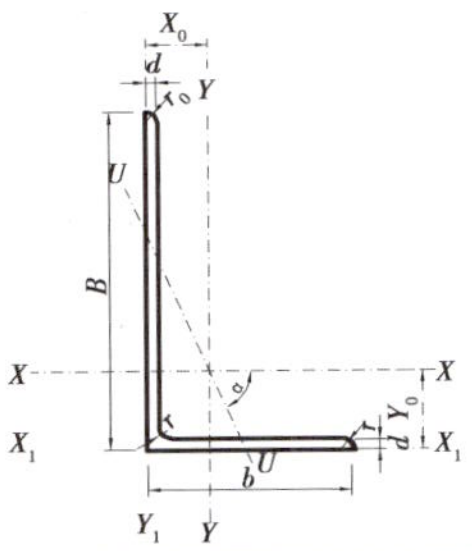

B—长边宽度;
b—短边宽度;
d—边厚度;
r—内圆弧半径;
r_1—边端圆弧半径;
X_0—重心距离;
Y_0—重心距离

型号	截面尺寸/mm				截面面积 /cm^2	理论重量 /$(kg \cdot m^{-1})$	外表面积 /$(m^2 \cdot m^{-1})$	惯性矩/cm^4					惯性半径/cm			截面模数/cm^3			tan α	重心距离/cm	
	B	b	d	r				I_x	I_{x1}	I_y	I_{y1}	I_u	i_x	i_y	i_u	W_x	W_y	W_u		X_0	Y_0
7.5/5	75	50	5	8	6.126	4.81	0.245	34.9	70.0	12.6	21.0	7.41	2.39	1.44	1.10	6.83	3.30	2.74	0.435	1.17	2.40
			6		7.260	5.70	0.245	41.1	84.3	14.7	25.4	8.54	2.38	1.42	1.08	8.12	3.88	3.19	0.435	1.21	2.44
			8		9.467	7.43	0.244	52.4	113	18.5	34.2	10.9	2.35	1.40	1.07	10.5	4.99	4.10	0.429	1.29	2.52
			10		11.59	9.10	0.244	62.7	141	22.0	43.4	13.1	2.33	1.38	1.06	12.8	6.04	4.99	0.423	1.36	2.60
8.5/5	80	50	5		6.376	5.00	0.255	42.0	85.2	12.8	21.1	7.66	2.56	1.42	1.10	7.78	3.32	2.74	0.388	1.14	2.60
			6		7.560	5.93	0.255	49.8	103	15.0	25.4	8.85	2.56	1.41	1.08	9.25	3.91	3.20	0.387	1.18	2.65
			7		8.724	6.85	0.255	56.2	119	17.0	29.8	10.2	2.54	1.39	1.08	10.6	4.48	3.70	0.384	1.21	2.69
			8		9.867	7.75	0.254	62.8	136	18.9	34.3	11.4	2.52	1.38	1.07	11.9	5.03	4.16	0.381	1.25	2.73
9/5.6	90	56	5	9	7.212	5.66	0.287	60.5	121	18.3	39.5	11.0	2.90	1.59	1.23	9.92	4.21	3.49	0.385	1.25	2.91
			6		8.557	6.72	0.286	71.0	146	21.4	35.6	12.9	2.88	1.58	1.23	11.7	4.96	4.13	0.384	1.29	2.95
			7		9.881	7.76	0.286	81.0	170	24.4	41.7	14.7	2.86	1.57	1.22	13.5	5.70	4.72	0.382	1.33	3.00
			8		11.18	8.78	0.286	91.0	194	27.2	47.9	16.3	2.85	1.56	1.21	15.3	6.41	5.29	0.380	1.36	3.04
10/6.3	100	63	6	10	9.518	7.55	0.320	99.1	200	30.9	50.5	18.4	3.21	1.79	1.38	14.6	6.35	5.25	0.394	1.43	3.24
			7		11.11	8.72	0.320	113	233	35.3	59.1	21.0	3.20	1.78	1.38	16.9	7.29	6.02	0.394	1.47	3.28
			8		12.58	9.88	0.319	127	266	39.4	67.9	23.5	3.18	1.77	1.37	19.1	8.21	6.78	0.391	1.50	3.32
			10		15.47	12.1	0.319	154	333	47.1	85.7	28.3	3.15	1.74	1.35	23.3	9.98	8.24	0.387	1.58	3.40

续表

型号	截面尺寸/mm				截面面积/cm^2	理论重量/($kg \cdot m^{-1}$)	外表面积/($m^2 \cdot m^{-1}$)	惯性矩/cm^4					惯性半径/cm			截面模数/cm^3			tan α	重心距离/cm	
	B	b	d	r				I_x	I_{x1}	I_y	I_{y1}	I_u	i_x	i_y	i_u	W_x	W_y	W_u		X_0	Y_0
10/8	100	80	6	10	10.64	8.35	0.354	107	200	61.2	103	31.7	3.17	2.40	1.72	15.2	10.2	8.37	0.627	1.97	2.95
			7		12.30	9.66	0.354	123	233	70.1	120	36.2	3.16	2.39	1.72	17.5	11.7	9.60	0.626	2.01	3.00
			8		13.94	10.9	0.353	138	267	78.6	137	40.6	3.14	2.37	1.71	19.8	13.2	10.80	0.625	2.05	3.04
			10		17.17	13.5	0.353	167	334	94.7	172	49.1	3.12	2.35	1.69	24.2	16.1	13.10	0.622	2.13	3.12
11/7	110	70	6	10	10.64	8.35	0.354	133	266	42.9	69.1	25.4	3.54	2.01	1.54	17.9	7.90	6.53	0.403	1.57	3.53
			7		12.30	9.66	0.354	153	310	49.0	80.8	29.0	3.53	2.00	1.53	20.6	9.09	7.50	0.402	1.61	3.57
			8		13.94	10.9	0.353	172	354	54.9	92.7	32.5	3.51	1.98	1.53	23.3	10.3	8.45	0.401	1.65	3.62
			10		17.17	13.5	0.353	208	443	65.9	117	39.2	3.48	1.96	1.51	28.5	12.5	10.3	0.397	1.72	3.70
12.5/8	125	80	7	11	14.10	11.1	0.403	228	455	74.4	120	43.8	4.02	2.30	1.76	26.9	12.0	9.92	0.408	1.80	4.01
			8		15.99	12.6	0.403	257	520	83.5	138	49.2	4.01	2.28	1.75	30.4	13.6	11.2	0.407	1.84	4.06
			10		19.71	15.5	0.402	312	650	101	173	59.5	3.98	2.26	1.74	37.3	16.6	13.6	0.404	1.92	4.14
			12		23.35	18.3	0.402	364	780	117	210	69.4	3.95	2.24	1.72	44.0	19.4	16.0	0.400	2.00	4.22
14/9	140	90	8	12	18.04	14.2	0.453	366	731	121	196	70.8	4.50	2.59	1.98	38.5	17.3	14.3	0.411	2.04	4.50
			10		22.26	17.5	0.452	446	913	140	246	85.8	4.47	2.56	1.96	47.3	21.2	17.5	0.409	2.12	4.58
			12		26.40	20.7	0.451	522	1100	170	297	100	4.44	2.54	1.95	55.9	25.0	20.5	0.406	2.19	4.66
			14		30.46	23.9	0.451	594	1280	192	349	114	4.42	2.51	1.94	64.2	28.5	23.5	0.403	2.27	4.74
15/9	150	90	8		18.84	14.8	0.473	442	898	123	196	74.1	4.84	2.55	1.98	43.9	17.5	14.5	0.364	1.97	4.92
			10		23.26	18.3	0.472	539	1120	149	246	89.9	4.81	2.53	1.97	54.0	21.4	17.7	0.362	2.05	5.01
			12		27.60	21.7	0.471	632	1350	173	297	105	4.79	2.50	1.95	63.8	25.1	20.8	0.359	2.12	5.09
			14		31.86	25.0	0.471	721	1570	196	350	120	4.76	2.48	1.94	73.3	28.8	23.8	0.356	2.20	5.17
			15		33.95	26.7	0.471	764	1680	207	376	127	4.74	2.47	1.93	78.0	30.5	25.3	0.354	2.24	5.21
			16		36.03	28.3	0.470	806	1800	217	403	134	4.73	2.45	1.93	82.6	32.3	26.8	0.352	2.27	5.25

16/10	160	100	10	13	25.32	19.9	0.512	669	1360	205	337	122	5.14	2.85	2.19	62.1	26.6	21.9	0.390	2.28	5.24
			12		30.05	23.6	0.511	785	1640	239	406	142	5.11	2.82	2.17	73.5	31.3	25.8	0.388	2.36	5.32
			14		34.71	27.2	0 510	896	1910	271	476	162	5.08	2.80	2.16	84.6	35.8	29.6	0.385	2.43	5.40
			16		39.28	30.8	0 510	1000	2180	302	548	183	5.05	2.77	2.16	95.3	40.2	33.4	0.382	2.51	5.48
18/11	180	110	10	14	28.37	22.3	0.571	956	1940	278	447	167	5.80	3.13	2.42	79.0	32.5	26.9	0.376	2.44	5.89
			12		33.71	26.5	0.571	1120	2330	325	539	195	5.78	3.10	2.40	93.5	38.3	31.7	0.374	2.52	5.98
			14		38.97	30.6	0.570	1290	2720	370	632	222	5.75	3.08	2.39	108	44.0	36.3	0.372	2.59	6.06
			16		44.14	34.6	0.569	1440	3110	412	726	249	5.72	3.06	2.38	122	49.4	40.9	0.369	2.67	6.14
20/12.5	200	125	12		37.91	29.8	0.641	1570	3190	483	788	286	6.44	3.57	2.74	117	50.0	41.2	0.392	2.83	6.54
			14		43.87	34.4	0.640	1800	3730	551	922	327	6.41	3.54	2.73	135	57.4	47.3	0.390	2.91	6.62
			16		49.74	39.0	0.639	2020	4260	615	1060	366	6.38	3.52	2.71	152	64.9	53.3	0.388	2.99	6.70
			18		55.53	43.6	0.639	2240	4790	677	1200	405	6.35	3.49	2.70	169	71.7	59.2	0.385	3.06	6.78

注：截面图中的 $r_1 = 1/3d$ 及表中 r 的数据用于孔型设计，不作交货条件。

参考文献

[1] 中华人民共和国住房和城乡建设部. GB 50017—2017　钢结构设计标准[S]. 北京:中国建筑工业出版社,2018.

[2] 李星荣,魏才昂,秦斌. 钢结构连接节点设计手册[M]. 3版. 北京:中国建筑工业出版社,2014.

[3] 唐丽萍,杨晓敏. 钢结构制作与安装[M]. 3版. 北京:机械工业出版社,2016.

[4] 上官子昌. 实用钢结构工程设计与计算[M]. 北京:化学工业出版社,2010.

[5] 郝海鹏. 框架柱设计方法对比研究[D]. 杭州:浙江大学,2012.

[6] 谢国昂,王松涛. 钢结构设计深化及详图表达[M]. 北京:中国建筑工业出版社,2010.